省级一流本科专业建设成果教材

智能加工技术基础

卜 匀 王伟 张悦 高志 编著

化学工业出版社
·北京·

内容简介

《智能加工技术基础》阐述了智能制造技术与智能加工技术的基本概念、发展历程及前沿趋势，对智能加工机床的技术特征进行了剖析；围绕数控加工工艺基础，展开讲解了数控车床、数控铣削中心的编程指令与操作规范，以及自动编程典型软件应用操作；引入了工业机器人技术，涵盖工业机器人基础知识、常用编程逻辑指令及操作实训；对增材制造加工技术进行了概述。本书以模块化形式构建知识体系，核心内容分成七个模块，每个模块下设多个教学课题，通过循序渐进的教学设计，帮助学生建立完整的智能加工技术专业知识架构。

本书可供高等学校机械类本科专业教学使用，也可供机械加工、智能制造专业人员参考。

图书在版编目（CIP）数据

智能加工技术基础 / 卜匀等编著. -- 北京 : 化学工业出版社, 2025. 12. --（省级一流本科专业建设成果教材). -- ISBN 978-7-122-49507-5

Ⅰ. TH166

中国国家版本馆CIP数据核字第2025GU1372号

责任编辑：李玉晖　　文字编辑：郑云海
责任校对：王鹏飞　　装帧设计：张　辉

出版发行：化学工业出版社
（北京市东城区青年湖南街13号　邮政编码100011）
印　　装：高教社（天津）印务有限公司
787mm×1092mm　1/16　印张13¾　字数319千字
2026年3月北京第1版第1次印刷

购书咨询：010－64518888
售后服务：010－64518899
网　　址：http://www.cip.com.cn
凡购买本书，如有缺损质量问题，本社销售中心负责调换。

定　　价：46.00元

前言

智能制造加工技术是指采用人工智能机械系统和人类专家结合的方式进行加工制造的一系列技术，其体系涵盖先进制造工艺、智能装备、工业互联网等多维度技术创新，智能制造加工技术的掌握已成为高等教育机械制造领域的重要使命。基于此，本书以系统化的知识架构与创新性的教学理念为导向，精心编写而成。

本书紧扣智能制造加工人才培养需求，全面展现智能加工技术的综合性、完整性、实践性与先进性。全书由四大核心内容构成：首先，系统阐述智能制造技术与智能加工技术的基本概念、发展历程及前沿趋势，同时对智能加工机床的技术特征进行深入剖析；其次，围绕数控加工工艺基础，系统展开数控车床、数控铣削中心的编程指令与操作规范教学，以及自动编程典型软件应用操作教学；再次，引入工业机器人技术模块，涵盖工业机器人基础知识、常用编程逻辑指令及操作实训；最后，对增材制造加工技术进行简要概述。核心内容分为七个模块，每个模块下设多个教学课题，通过循序渐进的教学设计，帮助学生建立完整的专业知识架构。本书可供高校机械类各专业本科生使用。

在编写过程中，本书始终贯彻 “以学生为中心，成果导向，持续改进” 的教育理念，突出精细化、重点化、实用化、兴趣化与思政化的特色。模块化知识编排不仅清晰呈现学科知识体系，更为学生自主学习提供指引，有效培养其独立查阅资料与自主探索的能力；各课题明确学习目标与重点内容，强化学习成果导向。在“数控加工技术”与“工业机器人” 教学中，采用仿真软件辅助教学模式，通过“理论讲解 + 虚拟实操”的有机结合，在降低实训成本的同时，确保学生获得接近真实场景的实践体验。此外，本书注重将创新设计、编程实践与加工技能训练相融合，通过项目式学习激发学生兴趣，并在教学过程中自然融入工匠精神、创新意识等思政元素，全面提升学生的综合实践能力与职业素养。

本书由唐山学院教材/学术专著出版资助经费资助出版。本书的顺利完成，离不开唐山学院各级领导和教育同仁的鼎力支持。在此，谨向提出意见建议与提供宝贵授课资料的各位领导和教师致以诚挚谢意，感谢他们的辛勤付出与无私奉献。由于编者水平有限，书中难免存在不足之处，恳请各位专家、读者不吝指正。

编著者

目录

模块二 智能加工机床概述 15

模块三 数控加工工艺基础 45

· 模块一 ·

概　　述

知识引入

小巧的机械表齿轮、高精度抛光模具、形状复杂的飞机叶片，这些形状各异的零件存在着共同点：表面粗糙度值较小，几何精度要求高，加工难度大，传统加工方法很难满足加工要求。随着现代多学科技术的飞速发展和高度融合，智能加工技术驶入制造领域快车道。为紧跟技术更新的步伐，本模块以基本概念、核心技术及应用等方面作为切入点，就智能制造和智能加工技术做简要介绍，为后续学习奠定基础。

课题一　智能制造概述

1　基本概念

1.1　智能、人工智能与智能制造

智能、人工智能及智能制造三者关系密切，如图 1.1 所示。

智能（intelligence）可以分为动物智能、人类智能和机器智能三类，是智力和知识融合的有机综合体。人类智能体现在感知、获取知识、发现问题、运用知识分析问题和解决

问题、进行有前瞻性的规划、适应环境及创造创新等，尤其在处于复杂多变的外部环境时，能调整处理方法，独立完成任务。机器智能指机器具有的一种模仿人的智能行为的能力，体现在机器拥有类似人类的感知、推理、判断和决策能力。人类智能为人工智能发展提供重要的理论基础与明确的目标导向，而机器智能的开发设计是基于人工智能的研究成果，是实现人工智能的目标。

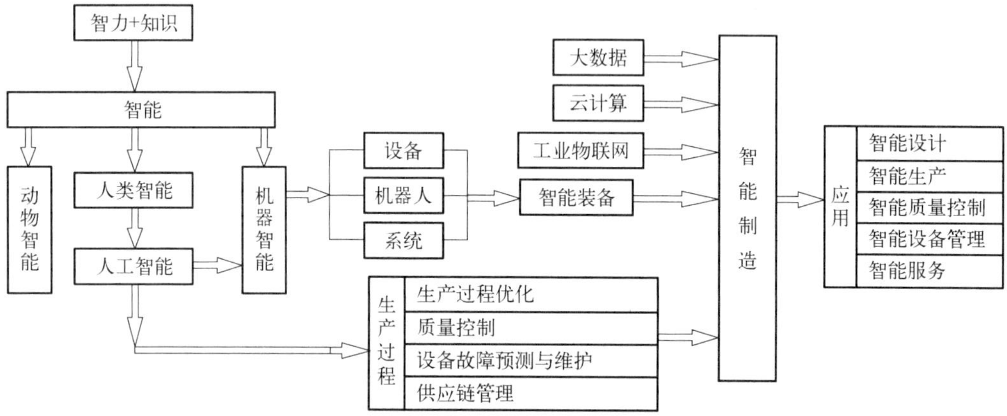

图 1.1　智能、人工智能及智能制造关系

人工智能（artificial intelligence，AI）：依赖大数据进行学习和决策任务，通过算力、算法、数据模拟，拓展和强化人类智能的技术领域。

智能制造（intelligent manufacturing）将人工智能应用于智能装备，在产品制造过程的各个环节引入 AI、物联网、大数据、云计算等信息技术，优化制造流程，实现高质高效、灵活多样化、可变柔性化及个性化的生产模式。工业机器人、自动检测监控系统、智能加工生产线等协同作业构建生产自动化；应用 AI 预测故障和优化生产参数，推动生产过程智能化；设备、各种管理系统、供应链实时协同完成体系互联化。智能制造在智能设计、智能工艺、智能生产、智能质量检测控制、智能物流管理及智能服务等领域广泛应用。

例如：汽车生产制造领域，物联网、大数据、人工智能等技术相互协同，充分展现智能制造技术的高效融合效果，为汽车产业发展带来创新发展动力。智能工厂中的智能机器人通过传感器实时感知任务需求和工作环境变化，依据预设程序和学习算法自主决策并执行操作，同时感知工作条件的变化，自适应调整工作方式，确保生产的高效与精准。

综上所述，智能、人工智能及智能制造三者之间紧密相关。智能是贯穿人类发展长河的基础能力，人工智能是实现智能制造的核心支撑技术，智能制造是人工智能在工业领域的典型应用和发展动力。三者间形成理论基础研究、技术创新支撑、产业应用的体系，互相促进，共同推动科技进步和制造领域的转型升级。

1.2　智能制造技术与智能加工技术

智能制造技术（intelligence manufacturing technology）是借助人工智能、物联网、大数据、云计算、机器学习等先进技术的融合应用，实现生产过程智能化的综合性技术体系。在整个制造生命周期内，整体智能化和协同优化是制造系统的特色，全面实现过程的智能化、自动化和高效化是智能制造根本要求。如通过物联网实现设备互联与数据高效采集，运用人工智能达成智能决策等。生产过程中，工业大数据分析和机器学习算法充分挖掘生产数据价值，探寻规律实现自动化决策，虚拟仿真技术优化物理生产，实现提高生产效率、快速响应市场变化的目标。

智能加工技术（intelligence machining technology）指利用先进的传感器技术、自动控制技术、人工智能算法和数据分析手段，实现加工过程的智能化实时监控、全面优化和精准控制的技术。其在切削加工领域中的典型应用如：实时调整刀具路径的自适应加工、自动判定加工精度的智能检测、最佳加工参数的工艺优化等；借助先进设备及仿真技术，完成加工过程的建模和仿真，进一步预测加工情况，针对加工参数进行优化处理。

综上所述，智能制造是制造业发展核心，智能制造技术集成工业互联网、人工智能等先进技术，全方位融入制造业各环节，例如应用于航空航天、化工制造、电子制造、汽车制造等行业。智能加工技术专注于加工过程实时监控、预测、优化以及加工参数自动调整，是智能制造技术在生产加工环节的细化应用，广泛应用于制造业、电子加工、机械加工、模具制造，甚至珠宝加工、医疗器械等领域。

例如螺旋桨叶片零件智能生产流程：

工厂部署智能制造系统（含数字孪生平台、智能机器人产线），实现全流程智能化。

智能制造技术的协同技术联动：物联网采集设备数据 → 大数据分析发现生产瓶颈 → AI 生成优化方案 → 机器人执行新排产计划。

具体加工流程如下：

① 感知：传感器实时监测刀具磨损、温度升降、振动变化。

② 决策：AI 模型根据数据动态调整切削用量等加工参数。

③ 执行：数控机床自动执行优化后的指令。

④ 反馈：加工数据上传至数字孪生平台，用作工艺改进的长期参考数据。

2　智能制造的特征及发展

2.1　智能制造的特征

智能制造具备如下五大特征。

网络化：生产过程中，设备与设备、电脑与设备之间实现网络连接，所有工况设备及工位统一网络化管理，各类传感器实时采集数据，方便识别、管理及控制。

智能化：在生产过程中，设定时间间隔采样数据，进行多形式的数据理论分析，优化参数，改进设备，提升产品质量。

透明化：企业各级管理者实时管控各个生产环节，生产过程透明化。例如：在制造业企业中，制造执行系统（EMS）从开始下达产品订单，到产品最终完成，管理系统会高度优化整个生产流程，令决策者和各级管理者根据实时掌握的生产状态，准确判断每个生产环节，措施应对自如，保证生产计划圆满完成。

数字化：生产文档管理数字化。针对各类生产信息，员工现场快速查询、浏览及下载，无纸化办公工作高效、信息准确、绿色环保、节约成本。

可控化：制造生产现场，各种智能设备柔性化执行任务，生产调度灵活，实现生产过程的高度可控。

2.2 智能制造的发展

智能制造已成为全球制造业发展的关键领域，为抢占先机，各工业大国纷纷制定相关战略规划。新一轮科技革命和产业变革正在席卷全球。

（1）国外发展

日本于 1994 年率先启动先进制造国际合作研究项目，正式开启“科技工业联盟”战略计划的建设。在智能制造技术的推动下，电子制造业不断创新发展，产品质量领先全球其他国家；精益生产和智能制造的融合独具特色，产品的精细化和品质化水平大幅提升；尤其汽车制造企业采用优化精益生产流程技术，实现生产过程的零库存和高质量成果显著。

美国为扭转制造业的落后趋势，于 2011 年推出“先进制造伙伴计划”，开启工业互联网战略计划。利用人工智能技术，美国一些科技企业开发出先进的智能制造软件，实现对生产过程的精准模拟和全面优化。

德国于 2013 年正式推出“工业 4.0”战略，借助信息物理融合系统，针对生产环节中的供应、制造、销售信息实现数据化、智能化，提高制造业的整体智能化水平。德国在智能装备制造和工业互联网方面呈现突出优势。

（2）国内发展

2015 年国务院正式发布“中国制造 2025”计划，掀开制造业发展新篇章。“智能制造工程”作为计划中五大工程之一，以智能制造作为制造业发展主攻方向。在此背景下，智能工厂或数字化车间作为重点领域的建设工作稳步升级。截至 2023 年，相关数据显示，我国智能制造产业规模已突破 3 万亿元，年复合增长率保持在 15% 以上，彰显巨大增长潜力。

我国的技术创新在其他领域成果斐然。例如，在 5G 通信技术与工业互联网的融合应用方面，实现工业设备的实时远程控制和海量数据的快速传输，为智能制造的发展提供有力支撑。人工智能技术的应用不断深入，在制造业中智能设计、智能检测等方面取得显著成效。

3 智能制造技术核心技术

智能制造技术体系涵盖众多领域，已成为驱动制造业向高端化和智能化转型升级的关键技术力量。

（1）工业物联网（IIoT）

工业物联网（IIoT）作为智能制造技术的基础支撑，将设备、机器与系统接入互联网，实现数据的实时采集与高效传输。关键技术包括：

① 传感器原理与选型、工业通信协议（5G/6G、OPC UA、MQTT）；

② 数据采集与边缘计算实践。

在现代化工厂中，各类生产设备实现互联互通，能够将运行数据、生产参数等关键信息及时反馈至管理系统，提供制定生产决策需要的大量数据。例如，通过传感器实时监测设备的温度、压力等关键指标，一旦数据偏离预设范围，系统自动触发，启动预警机制，避免因设备故障导致的生产中断，确保生产持续稳定进行。

（2）工业人工智能

人工智能（AI）作为智能制造不可或缺的核心要素之一，主要包括以下三方面内容：

① 机器学习基础（回归、分类、聚类）；

② 计算机视觉在质检中的应用（YOLO 目标检测）；

③ 预测性维护模型构建（LSTM、XGBoost）。

工业人工智能领域，机器学习基础中的回归、分类、聚类等算法能够对海量生产数据进行深度分析与模式识别，揭示数据隐含的潜在规律，优化生产流程。如预测性维护模型，利用 LSTM、XGBoost 等算法，AI 通过学习设备的历史数据与实时运行数据，精准预测设备故障发生的时间节点，提前部署维护维修任务，显著降低修护成本，减少停机时间。在质量检测环节，计算机视觉技术，如 YOLO 目标检测，能够在生产线上实时、快速、准确地识别产品表面缺陷，保障产品质量。

（3）工业大数据与云计算

大数据技术负责存储和处理生产过程中产生的海量数据，针对这些数据，云计算提供强大的数据处理算力支持。两者的融合，让海量工业数据的处理成为现实。大数据与云计算技术相辅相成，在智能制造体系中提供关键支撑作用，具有重大实际应用价值，主要包括以下三方面内容：

① 工业数据预处理与特征工程；

② 云平台部署与管理（如 AWS IoT、华为云）；

③ 实时数据分析工具（如 Spark Streaming、Flink）。

工业数据预处理与特征工程对原始数据进行处理、转换，提炼关键特征。借助云平台，实现数据的高效存储、生命周期管理与实时共享；企业根据实际需求灵活获取计算资源，安排智能制造应用，洞悉市场变化，调整产品输出。Spark Streaming、Flink 等实时数据分析工具，能在数据产生的瞬间进行分析，即时为决策提供支持。

（4）智能设计与仿真

① CAD/CAE 工具应用（如 SolidWorks、ANSYS）；

② 数字孪生技术（物理建模、虚拟调试）；

③ 基于 AI 的优化设计（如生成式设计算法）。

在智能设计与仿真领域，CAD/CAE 工具如 SolidWorks、ANSYS 广泛应用，助力工程设计人员高效创建精准的三维模型，并进行复杂的工程分析。数字孪生技术通过对物理实体进行精确建模，实现虚拟调试，提前发现并解决潜在问题，缩短开发周期。基于 AI 驱动的生成式设计算法，根据预设的目标和工程约束条件，自动生成多种技术可行且创新的设计方案。

（5）工业软件与系统集成

工业软件与系统集成是智能制造实现制造过程智能化的核心中枢。

① MES 系统功能与实施（生产调度、追溯）；

② PLM 与 ERP 系统协同（产品全生命周期管理）；

③ 系统集成技术（API 接口开发、中间件应用）。

MES 系统实施生产调度的优化与追溯管理的功能。PLM 与 ERP 系统协同，从产品设计开始直至产品报废的全生命周期执行数字化管理。系统集成技术通过 API 接口开发与中间件应用，打破信息孤岛，实现各系统间无缝对接。

智能制造技术依托多元核心模块，全方位革新制造业。这些核心技术协同运作，推动制造业向智能化、高效化、高质化快步迈进，转型升级。

4 智能制造技术的应用

4.1 智能制造技术应用领域

当下，智能制造技术应用领域广泛且影响深远。

（1）智能设计

在产品研发设计阶段，借助计算机辅助设计与辅助工程软件，可以建立三维模型，并开展虚拟性能测试。

例如：大型飞机设计。

大型飞机的协同设计平台搭建起一座跨国、跨界、跨域的桥梁，异国异域的不同团队在统一的设计环境下协同工作，共建共享成果。设计方拥有设计、查看和修改图纸的权限；供给方及时掌握设计需求，快速响应，提供零部件设计方案；用户方监督设计进程，借助平台提出需求和建议。协同设计模式有力保障设计修改即时性、三方设计要求一致性和完成设计质量高效性，精准对接市场需求。对飞机发动机叶片完成三维建模设计后，利用人工智能算法对叶片形状、材料选择等参数进行优化，通过全面精准的动力学特性、结构强度模拟分析，从海量数据中迅速找到并提供最优的设计参数组合方案。

（2）智能生产领域典型应用——智能工厂

例如：富士康工厂，以工业机器人与自动化生产线为基础，结合制造执行系统、智能物流与供应链，实现从原材料加工到成品组装全过程的自动化与精细化管理的智能工厂。设备配备传感器，能够实时反馈运行数据，具备自我诊断与故障预警功能，显著提升生产效率与产品质量的可靠性。企业运营成本降低，运营效率提高。

（3）智能质量管控

在质量控制领域，在线检测设备运用机器视觉、激光测量等技术，对生产线上的产品进行全面检测，发现问题后立即发出警报并追根溯源。对海量数据进行分析，预测质量发展趋势，提前预防缺陷的产生。

（4）能源管理

智能制造技术借助能源监测系统实时监控企业的能源消耗情况，根据收集的数据智能调整设备功率，精准优化能源利用效率，降低生产成本，成功减少碳排放。

（5）智能服务

以大型风力发电机组为例，其通常分布在偏远地区，监控中心借助远程运维与故障诊断系统，能够实时监测风机的运行状态参数变化情况。监测到异常参数后，系统自动判断故障类型，指导维修人员进行远程维修或安排现场维修，大大缩短设备停机时间，保证风机设备稳定运行。

由此可见，智能制造技术贯穿于制造业的全生命周期，重塑了产业格局，推动行业朝着高效、智能、绿色的方向发展。

4.2 智能制造技术应用实例

在实际应用层面，智能制造技术在多个行业展现出显著优势。

（1）汽车制造业

汽车制造业是智能制造技术的典型应用领域。

特斯拉超级工厂广泛运用自动化机器人与人工智能技术执行生产运作任务。生产线工作节拍有序进行，机器人精准完成车身焊接、零部件安装等复杂操作。人工智能算法实时监测设备，提前预判故障并维护，减少停产时长。供应链管理中，通过大数据与物联网技术，给零部件配备电子标签，精准管控库存。

在汽车智能制造典范——宝马铁西工厂车身车间，先进机器人配备高精度传感器与智能控制系统，协同承担焊接、铆接等工序，例如焊接环节，靠视觉识别精准定位焊点，严控误差。总装车间中，AGV 按预设路径配送零部件，装配工人借助智能眼镜获取装配指导，降低失误率。使用大数据分析技术实现设备预防性维护，为确保生产线持续稳定运行构筑数据防线。

北汽集团新能源享界超级工厂应用智能调度、视觉引导等技术及先进自动化与伺服技术，使冲压车间冲次大幅提升，零件尺寸精准控制，外观件下线合格率超 97%。涂装车间核心主线全自动化，车底涂胶由智能视觉 AI 与机器人完成。总装工厂设全自动智能驾驶标定间，车辆检测、标定实现自动化。

（2）电子信息产业

电子信息产业是智能制造技术的深耕领域。

富士康构建工业互联网工厂，引入智能传感器与自动化设备，实时采集设备温度、产品质量等数据，经平台分析，为生产决策提供依据。以手机组装为例，自动化设备提高装配精度与效率，工厂还依据数据分析优化生产流程，实现可视化、智能化管理，降低人力成本，增强竞争力。

华为东莞松山湖工厂生产线广泛运用自动化、智能化设备，如手机主板贴片时，高速贴片机靠先进视觉识别系统，短时间内精准贴装微小电子元器件，精度达微米级。工厂引入人工智能用于产品质量检测，经对大量质量数据学习分析，快速精准识别缺陷与潜在问题，提高检测效率与准确性。

（3）家电制造业

海尔互联工厂搭建以用户为中心的智能制造体系平台，实现大规模差异化定制服务。用户线上自主配置家电，工厂接收需求并转化为生产指令。生产时，智能设备依据配置灵活生产，如冰箱生产线能识别不同箱体、门体参数并精准加工。工厂运用数字孪生技术仿真生产过程，提前优化问题，满足个性化需求。

（4）其他

鹏辉远建材数字工厂运用数字化智能化装备、智能软件排版和编码、产品溯源系统等应用技术，将石材产品设计端上“云”，生产端实现数字化管理，缩短排版加工时间，提升日产能。通过云仓实现实时库存管理，借助追溯码实现生产、销售等各环节数据打通。

复杂零部件制造中，3D 打印技术根据设计模型直接打印出零部件，减少材料浪费，提高生产效率，满足零部件高精度与轻量化的严格要求。

综上所述，智能制造技术应用实例充分彰显了智能制造在多领域的关键应用，在提高生产效率、提升产品质量、降低生产成本等方面表现出巨大的优势，将持续推动制造业向更高水平发展。

5　智能制造技术的发展趋势

智能制造技术正向着智能化、集成化、绿色化的方向发展。

在智能化方面，人工智能、机器学习、深度学习等技术将更深入地融入智能制造的各个环节，使设备和系统具备更强的自主决策和优化能力。

在集成化方面，不仅企业内部的设计、生产、管理等环节将实现更深度的集成，而且不同企业之间、产业链上下游之间也将实现更紧密的协同集成，形成一个管理严谨、规模庞大的智能制造生态系统。例如，汽车制造业中，整车生产厂商与零部件供应商之间依托信息共享和协同工作系统平台，实现了产品研发同步、生产计划匹配、物流配送精准调度等方面的无缝对接，提高了整个产业链的效率。

在绿色化方面，智能制造以节能减排和资源的循环利用作为核心目标，采用可降解环保材料和低碳生产工艺，降低对环境的影响。例如，在生产实践中，借助数字技术优化生产流程和设备运行参数，减少能源消耗；建设废料和废气回收和再利用管理体系，通过技术实现资源利用最大化，最大限度释放废物的经济价值。

课题二　智能加工技术

1　智能切削加工流程

传统切削加工技术与数控加工技术的发展应用为智能加工技术奠定了坚实的基础，智能加工技术作为智能制造技术的核心技术之一，已经成为切削加工技术发展的必然趋势。

智能切削加工零件流程：工艺规划、仿真加工和预测优化、在线监测与优化控制、质量检测与判断、数据处理等，如图 1.2 所示。

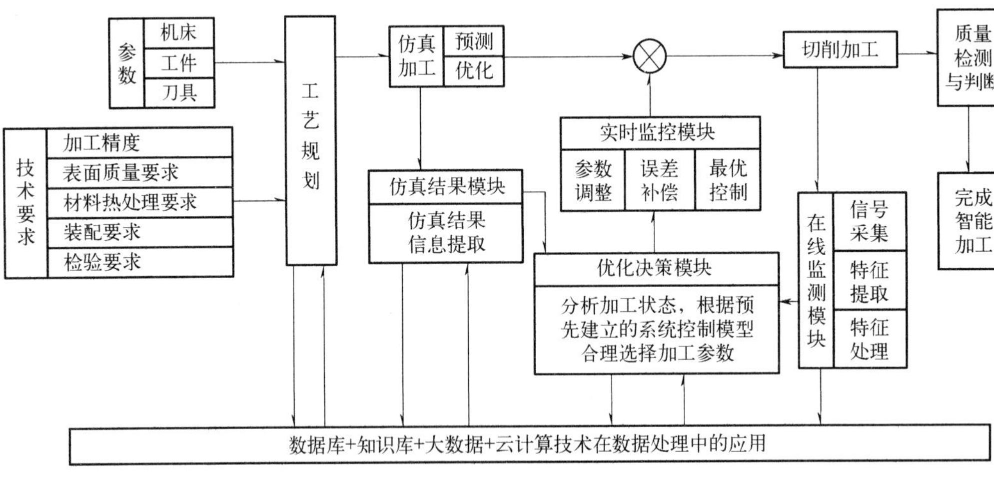

图 1.2　智能切削加工流程

加工前，依托大数据和云计算技术，借鉴已有制造工艺数据，设定机床、刀具、工件等参数，确定加工精度、表面质量、材料热处理、装配、检验等技术要求，制订零件整体加工工艺规划，建立零件几何模型，进行加工过程仿真，优化加工路径、切削用量和刀具参数，提前预测切削过程中状态的变化与加工质量等。加工过程中，利用传感器技术在线监测刀具磨损、切削力、切削振动、切削温度、零件表面质量、设备状态等参数，对采集的数据信号进行特征提取与分析处理，从中发掘规律，进行特征判断、智能推理与决策，合理选择加工参数；自适应控制技术实时优化与控制，自动调整切削用量等加工参数，进行误差补偿，确保加工过程始终保持在最佳控制状态。加工后，利用检测技术针对零件几何尺寸与精度、表面粗糙度值、表面形状等进行检测，以判断零件质量是否合格。数据处理始终贯穿加工的全部流程，基于数据库和知识库的结构管理，以及大数据和云计算技术高效算力在数据处理中的应用，协同人工智能与优化算法对切削过程中的实时数据进行优化，实现加工环节的智能优化。

智能加工技术通过实时采集、分析与处理加工过程中的各类数据，实现加工系统的自主决策、自适应控制与优化，加工效率与加工质量双双提升，加工精度、稳定性明显提高，有力推动制造业向柔性化、智能化方向迈进转型。

2　智能加工技术的核心原理与技术

智能加工技术深度融合数字化技术、自适应控制、人工智能、物联网技术、传感器技术及先进制造工艺等多学科知识体系。

2.1　数字化加工基础

（1）CAD/CAM 技术

计算机辅助设计（CAD）和计算机辅助制造（CAM）常用工具软件有 Proe、UG、MasterCAM、CATIA、CAXA 等，助力工程设计人员高效创建精准的三维模型，对模型进行一系列的工艺规程参数设置，模拟加工，后处理转化为数控加工代码，传输到数控设备上，控制数控机床执行件完成零件的自动加工。

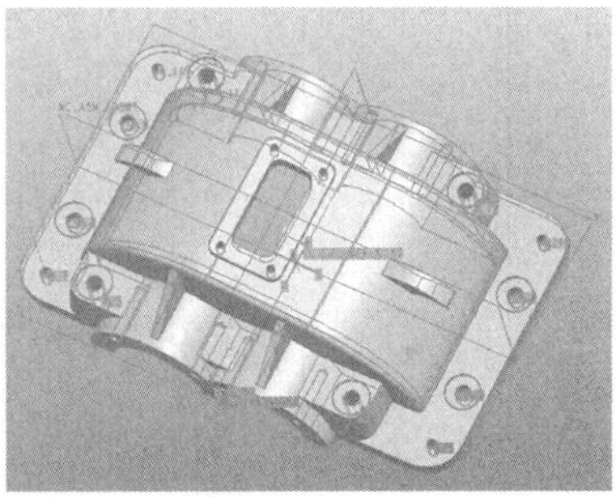

图 1.3　零件三维模型

例如：应用 Proe 软件绘制减速器箱体零件三维模型，如图 1.3 所示。退刀过程参数设置如图 1.4 所示。参数设置完成后进行仿真加工，如图 1.5 所示。后处理操作与数控代码输出见图 1.6。

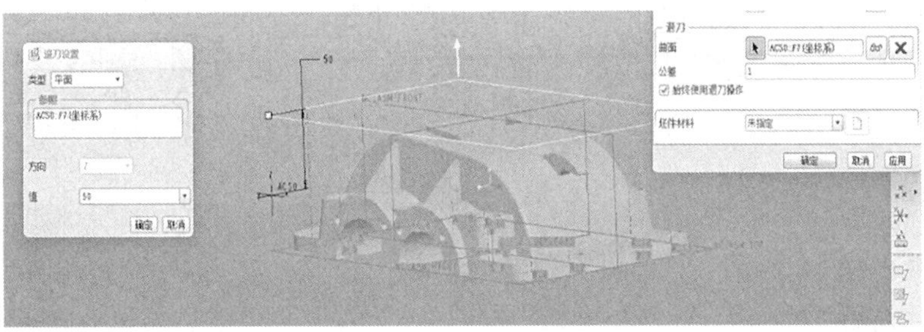

图 1.4　退刀过程参数设置

（2）数控编程技术

数控编程有手工和自动两种方法，从零件图的分析开始至完成数控程序的编制，数控程序是按照一定格式编写的数控机床工作的指令文件，是加工前必须完成的重要工作内容之一。以车床主轴零件加工为例，如图 1.7 所示，手工编制零件左端部分粗加工程序后，仿真加工得到零件外形，如图 1.8 所示。

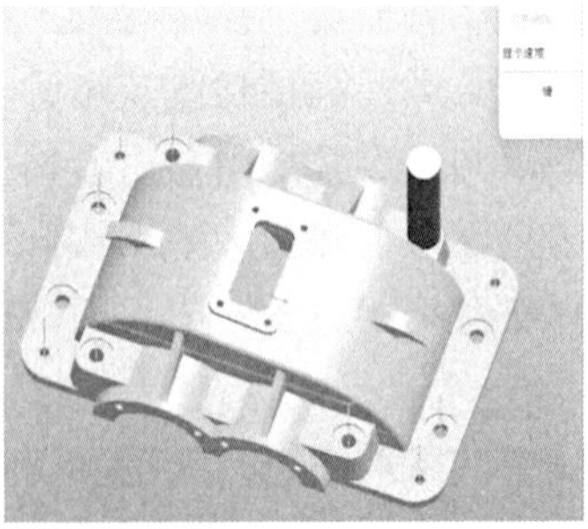

图 1.5　加工仿真

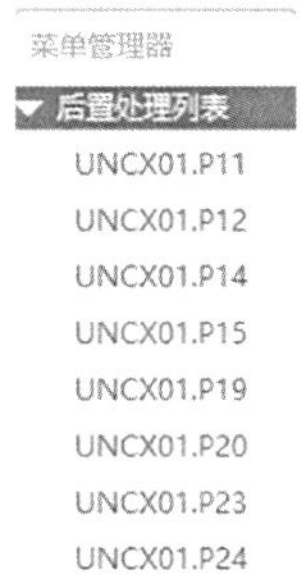

图 1.6　后处理操作与数控代码输出

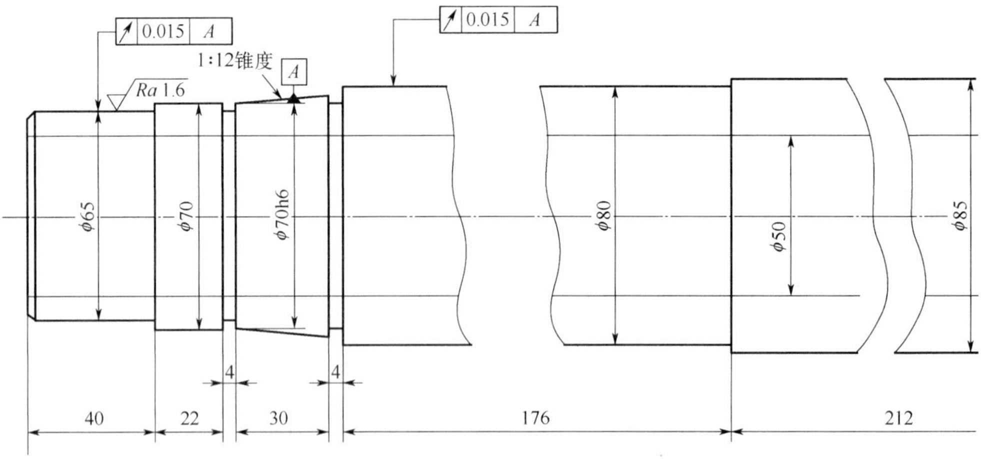

图 1.7　车床主轴零件局部

图 1.8　主轴左端部分粗加工二维仿真

手工编程部分程序段：

```
………
T0101
G00 X200 Z100
M03 S500
G00 X180 Z5
G71 U1 R0.5
G71 P10 Q20 U0.5 W0.2 F0.1
```

```
N10 G01 X0
Z0
G01 X61
X65 Z-2
Z-40
………
```

数控编程技术详解见后续模块。

2.2 智能化控制技术

（1）自适应控制原理与应用

自适应控制：系统运行中，影响系统的状态和相关环境参数一旦发生变化，应对策略会自动调控系统的变化，在完成运行的全部过程中，系统始终处于最优的性能。其核心过程如下：系统输入/输出数据→监测→分析大量数据→内在规律→动态特性参数→调节控制器参数。这一过程闭环运行，实时调整，保持系统最佳运行状态。自适应控制系统由测量环节、参数估计环节及控制决策环节三大模块组成。

应用：五轴联动加工中心机床智能加工航空发动机叶片自适应控制过程。

① 监测：工件方面，叶片材料选用高温合金或钛合金，曲面形状复杂，不同部位的加工难度和受力情况不同，切削力、切削热及刀具磨损影响严重，传感器实时监测切削力、切削温度等参数；五轴联动加工中心机床的精度方面，监测机床设备如振动、温度、噪声等的运行状态参数，获取大量数据。

② 数据处理：应用误差理论与数据处理技术，分析采集的数据，得到参数变化规律，从而准确预判各参数动态走向。

③ 决策控制：控制决策环节自动调整。参数调整→各轴的运动速度、加速度、切削用量→保证切削力合理；加工路径优化→保障叶片的表面质量和加工精度；机床振动异常→自保护启动→主轴转速降低→发送预警信息，提高设备的可靠性和使用寿命。

（2）人工智能在加工控制中的应用

主要体现在四方面：智能决策与优化，设备运行状态监测与智能维护，加工过程自适应控制的深化，实时质量检测与缺陷预测。

例如：数控机床精密加工电子元器件，建立多种机器学习模型，基于刀具材料、工件材料、加工尺寸、精度要求等输入信息数据，实现切削速度、进给量和背吃刀量的预测；根据主轴、丝杠等机床关键部件的振动数据，精准识别齿轮磨损、轴承磨损、丝杠松动等情况，提前维护机床设备；多轴联动机床采用人工智能驱动的自适应控制系统，更加迅速合理地调整加工参数和控制策略，实现加工过程的自适应优化；在毫秒级时间内，基于人工智能的质量检测系统能够完成对精密电子元件的检测，识别出微米级别的缺陷，提高加工效率，稳定输出高质量产品。

2.3 物联网与加工系统集成

在工业物联网加持下，设备实现互联互通。依托大量的传感器、智能仪表等设备，构建起全方位的数据采集网络，大量数据实时、稳定地传输至云平台或数据处理中心，为加工控制提供丰富的数据基础。采用 OPC UA 协议，不同品牌、型号的加工设备，如数控机床、加工中心、机器人及自动生产线上的各类辅助设备，都能进行数据交互通信与协同作业。工业物联网为加工控制系统的集成提供了技术支撑，促进了加工控制向智能化方向升级。

例如，在智能加工车间中，工业物联网协助所有设备等连接成一个有机整体：原料配送→加工→产品质检→质检结果反馈→搬运设备。若检测的产品存在缺陷，工业物联网系统行动：信息传递→人工智能质量检测与缺陷预测系统→分析产生缺陷原因→加工设备反馈调整建议，设备间协同优化。

2.4 智能切削加工中的关键技术

智能切削加工关键技术包括：智能加工工艺规划、加工过程检测、智能决策和控制、数据处理、智能刀具及智能机床等。

智能加工工艺规划：将数据处理技术（数据库、知识库、大数据云平台等）引入机床工装、夹具、刀具及切削用量的选取过程中。以往加工相同类型的零件时会积累大量数据，对这些数据进行提取分析，选择适合加工新零件的工艺规程，进行工艺规划仿真与优化。

加工过程检测：对机床、刀具和工件在产生相对运动的加工过程中进行状态监测，感知加工状态。

智能决策和控制：动态加工中，优化决策模块利用在线监测模块获取的信息，根据优化需求对加工过程进行目标优化。

智能刀具：刀具被赋予新的智能功能，具有自我感知、自我调节等能力。

智能机床：在现代传感器技术、信息技术、自动化技术、网络技术、人工智能技术等加持下，可以实现智能感知、智能决策、智能执行，已经部分实现了机床的智能化加工，保障加工过程的高精高效。

3 智能加工技术的应用

3.1 应用方向

（1）质量控制与优化

实时质量监控：数控机床内部嵌入传感器，结合人工智能算法，实时分析处理加工过程中获取的数据，快速检测并发出指令纠正偏差，提高产品质量，确保产品一致性。

缺陷检测与优化：AI 算法通过分析传感器采集的数据，检测到人类操作员可能遗漏的偏差和异常，优化生产。

（2）预测性维护

设备故障预测：AI 借助历史存储数据进行深度分析，并结合传感器实时输入的数据信息，预测机器出现故障的部件及时间，提前维护维修。研究表明，运用 AI 驱动的预测性维护方案，可以减少 25%的维护成本，减少 35%的计划外停机时间。

刀具磨损监测：利用机器学习模型分析切削力、温度和振动数据，精准预测刀具磨损情况。既延长刀具使用寿命，又避免因刀具磨损导致零件质量问题。

（3）加工路径优化

智能刀具路径生成：为减少加工时间，根据被加工零件的形状、几何尺寸及材料属性，AI 算法自动生成刀具优化路径。

生产计划优化：调度系统经 AI 驱动，提高生产效率，优化生产计划，缩短交货时间。

（4）自动化与柔性生产

自动化加工：依托 AI 技术，数控机床自动化能力大幅提高，程序参数设置、换刀操作、新设计调整的人为干预率几乎为零。

柔性生产：AI 能够快速调整生产参数，满足产品单件、小批量定制需求。

（5）智能编程与仿真

自动编程：CAD 生成的模型精准呈现零件特征，结合材料属性，AI 系统参考历史积累的海量数据生成加工零件的刀具路径，减少手动编程的需求，提高编程效率。

虚拟仿真：企业借助数字孪生技术，在产品设计阶段全方位模拟生产过程，提前发现并解决潜在问题，加速产品上市。

这些先进技术通过提升生产效率、精细优化质量控制、实现预测性维护等多种方式，切实推动机械加工行业的智能化转型。

3.2 智能加工技术应用效果

提升加工精度与一致性：智能化系统借助精准数控程序和传感器，依据实时反馈，灵活调整切削速度等工艺参数，维持机床设备最佳运行状态，精确管控加工流程。

缩短生产周期：设备按预设程序自动切换工序，优化刀具路径，缩短加工时间。加工状态实时监测，可提前维护设备，降低停机损耗故障率。

降低人工依赖与成本：自动化设备承担重复、高危工作，智能加工系统实现原材料到成品的全流程自动化，极大减轻劳动强度，减少人工失误。

优化生产流程与效率：数据分析与自适应控制助力精准优化加工。智能机床结合物联网，实现设备无缝对接与高效信息流通。虚拟化生产与数字化双胞胎技术，帮助企业在设计阶段模拟生产，提前解决问题，加快产品上市。

实施预测性维护：通过集成传感器和物联网，智能设备实时监测运行状态，大数据分析预测故障概率。如配备智能维护系统的机床，提前筹备维修，防止生产中断，提高设备可用率。

达成柔性生产：智能加工技术增强机械加工灵活性，快速调整生产参数，满足定制化、小批量生产需求。

例如，三一重工“18 号工厂”通过数字化技术实现生产过程的智能化控制和管理；马扎克 FMS 柔性制造系统可实现 10 小时以上的无人化运转，开动率可达 90%以上，实现高质量高效率生产模式。智能加工技术广泛应用，强劲推动制造业向智能化方向转型升级，助力实现智能化生产目标，全方位重塑整个制造业的产业格局。持续深化智能加工技术的研究与推广应用，已成为引领制造业迈向高质量发展的必由之路。

3.3 智能加工技术应用行业及发展趋势

（1）应用行业

在航空航天领域，利用五轴联动加工中心、数控电解加工、激光加工等先进技术，实现形状复杂的航空发动机叶片的高精度、高效率加工，以及机身框架、机翼大梁等结构件制造；利用大型数控龙门加工中心、自动化装配技术和数字化测量技术，实现高精度制造和快速装配。在汽车制造行业，利用高速加工中心、自动化生产线和在线监测技术，实现发动机缸体高效高精度加工；利用工业机器人、柔性生产线和数字化管理系统，实现汽车零部件柔性制造。在电子制造产业，利用数控钻床、激光蚀刻机和自动化检测设备，实现印刷电路高精度、高效率加工等。

（2）发展趋势

智能制造生态系统的构建，以及智能加工设备、工业互联网平台、供应链管理系统和大数据分析中心等协同发展，对推动制造业转型升级和产业集群发展有重要意义。绿色智能加工技术在实现可持续发展、满足环保要求方面有广阔的市场前景。

课后习题

1. 简述智能制造技术与智能加工技术的区别与联系。
2. 简述智能制造技术的核心技术、应用及发展趋势。
3. 简述智能加工技术的概念和加工流程。
4. 简述智能加工技术的核心技术。
5. 举例说明智能加工技术的应用及发展趋势。

· 模块二 ·

智能加工机床概述

知识引入

小巧的机械表齿轮、高精度的抛光模具、形状复杂的飞机叶片等零件，既需要计算机辅助工具设计，更需要智能装备，如高档数控机床、机器人、增材制造装备、智能传感等装备参与加工。本模块以典型的智能加工装备——数控机床为例，阐述数控机床基本概念，理解数控系统插补控制原理，熟悉几类典型数控机床及智能数控机床。

课题一　数控机床概述及数控系统插补原理

1　数控机床概述

数控机床（computer numerical control machine tool）：一种装备程序控制系统的自动化加工设备，加工中计算机通过数字化信息精确控制工作台运动与加工流程。

1.1　数控机床的组成

（1）数控机床加工零件的过程

以数控铣床为例，铣削加工零件的过程如图 2.1 所示。

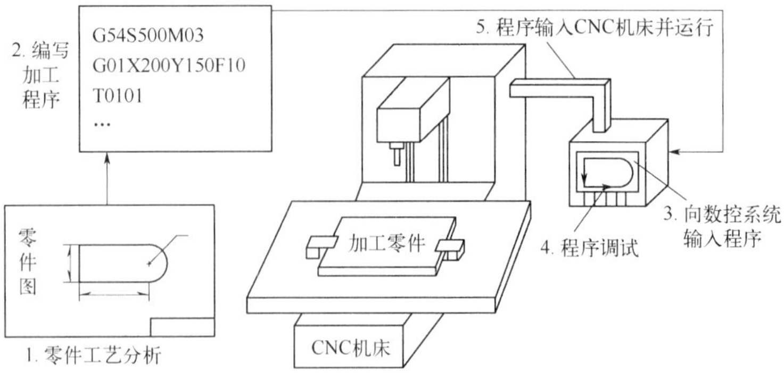

图 2.1 数控铣削加工过程示意图

① 零件工艺分析。根据图纸所示零件的几何形状和技术要求，确定加工方案、夹具选择、刀具选择、毛坯设计等，建立合理的工件坐标系，确定刀具起始点、走刀路线、切削用量参数，计算交点、切点、圆心及拐点的坐标数据。

② 编写加工程序。根据机床所用数控系统程序编制规则，手工编写 G 代码程序，也可以利用计算机辅助软件自动生成加工程序。

③ 向数控系统输入程序。手工编程的 G 代码程序通过操作面板输入数控系统，自动编程通过接口直接传输至数控系统中，将加工程序（G 代码）解析。

④ 程序调试。对刀操作，刀具路径模拟，加工仿真试运行，检查错误，修改程序。

⑤ 程序输入 CNC 机床并运行。

（2）数控机床的组成

数控机床的基本组成包括：控制介质、数控系统、伺服驱动系统、机床本体、检测反馈装置和辅助控制装置等，如图 2.2 所示。

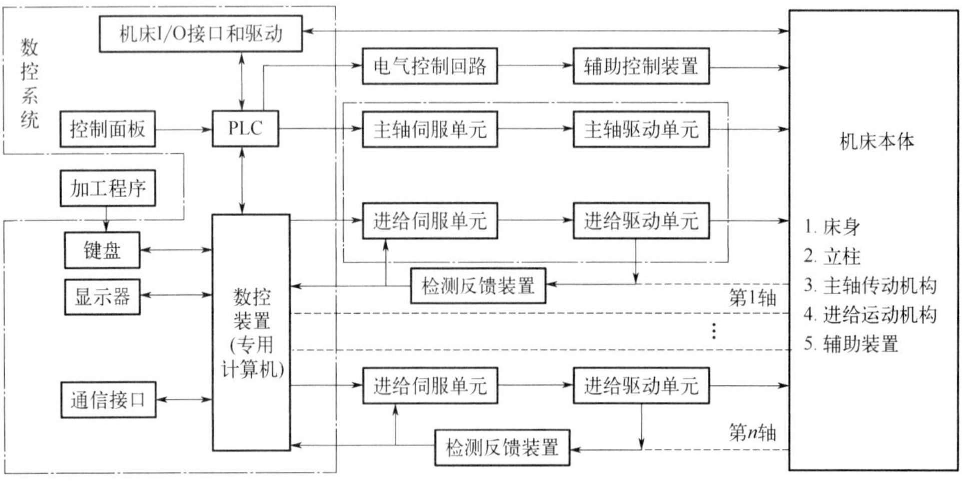

图 2.2 数控机床的基本组成

1）控制介质：人与数控设备之间传递信息、建立联系的中间媒介物，例如用磁盘存储加工程序。随着技术的更新，通过网络直接将程序传输到数控系统已成为发展必然。

2）数控系统：由硬件和软件组成。硬件主要由输入/输出设备、数控装置、PLC 等组件组成；软件包括系统软件和应用软件，如插补运算、速度控制、位置控制等软件，用于实现对机床的各种控制功能。

输入/输出装置是人机交互通道，通常包括键盘、显示器、控制面板和通信接口等。

数控装置是数控系统的核心，相当于一台专用计算机设备，负责读取键盘输入数据及进给驱动单元反馈的加工位置信息，完成数控程序存储、译码与运行，输出控制信号指令，协同 PLC 单元，间接控制主轴伺服单元与机床辅助功能，促使机床各部件有序协同运动，根据工艺要求完成零件加工任务。

PLC：可编程逻辑控制器，执行与逻辑运算有关的动作，处理 M 代码、S 代码、T 代码等顺序动作信息，辅助完成对设备的控制。

当前常见的数控系统类型众多，例如国际知名品牌 FANUC 数控系统、SIEMENS 数控系统和三菱数控系统；国产优秀品牌，如四开公司研发的 SKY2000、自主产权的华中数控系统、北京凯恩帝数控、广州数控、南京华新、南京迈顺等，均是行业佼佼者。相同品牌不同数控系统及不同品牌数控系统的操作系统及面板设计有较大区别，如图 2.3 所示是不同数控系统的面板。

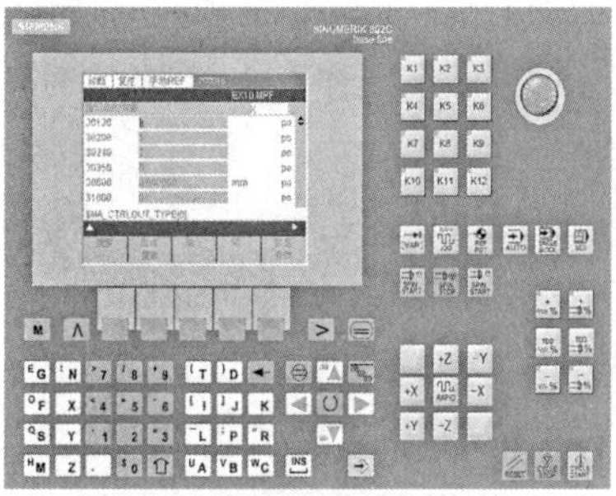

(a) SINUMERIK 802C数控面板

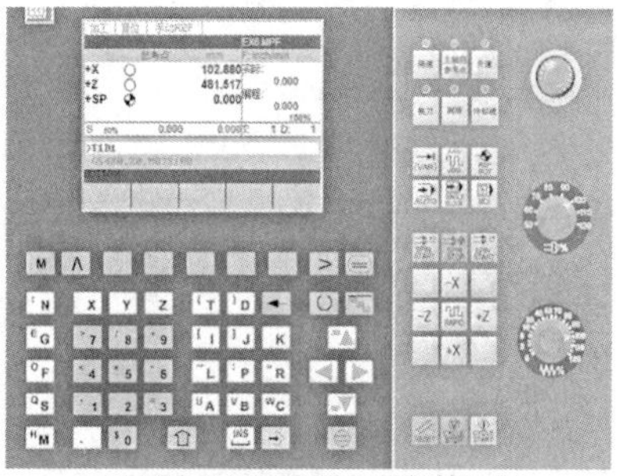

(b) SINUMERIK 802S T数控面板

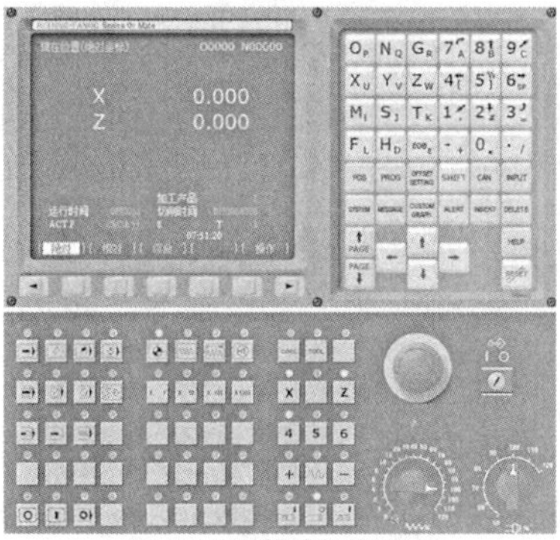

(c) FANUC数控操作面板

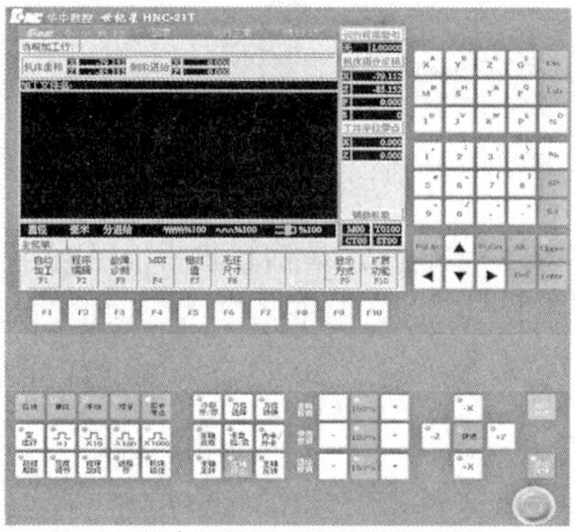

(d) 华中数控HNC-21T操作面板

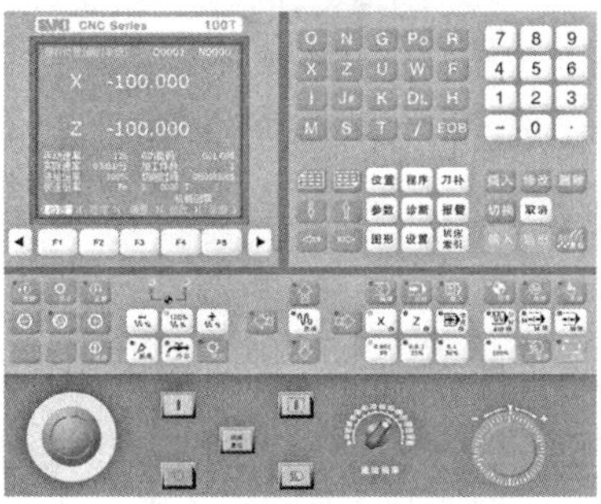

(e) 北京凯恩帝KND 100T操作面板

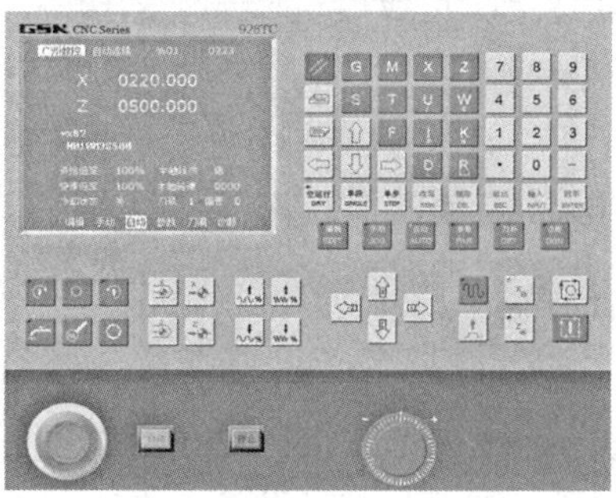

(f) 广州数控928TC操作面板

图 2.3　不同数控系统面板图

3）伺服驱动系统：由伺服驱动器和伺服驱动元件组成，如图 2.4、图 2.5 所示，数控装置以高速高精进行计算，之后发出微弱的电脉冲信号，伺服驱动系统接收，经转换、放大后成为强电的驱动电信号，驱动执行元件——伺服电机转动，完成对机床各坐标轴运动的精准操控。伺服系统性能直接影响数控机床的加工精度和运行速度。

伺服驱动元件作用：将电信号转化为机械运动。元件种类丰富，常用元件包括功率步进电机、电液脉冲电机、直流伺服电动机、交流伺服电动机等。

脉冲当量：衡量数控系统精度的重要指标。数控装置每发出一个脉冲信号，执行部件移动一个相应的位移量。实际加工中，脉冲当量值越小，位移距离越小，加工精度越高。

主轴伺服单元：控制主轴转速和转向。

进给伺服单元：接收位移指令，进行速度控制和反馈控制。

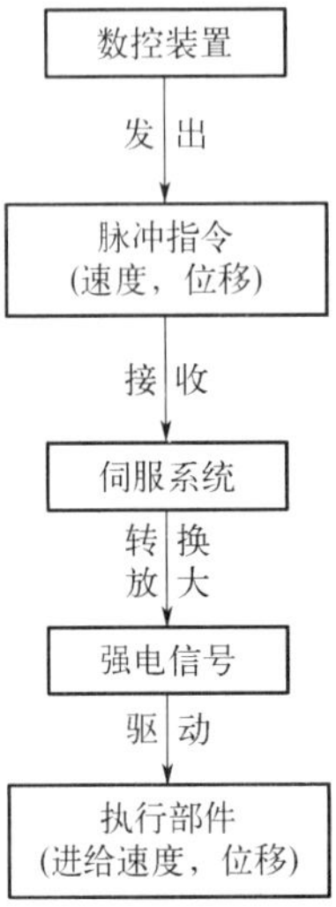

图 2.4　伺服系统工作过程

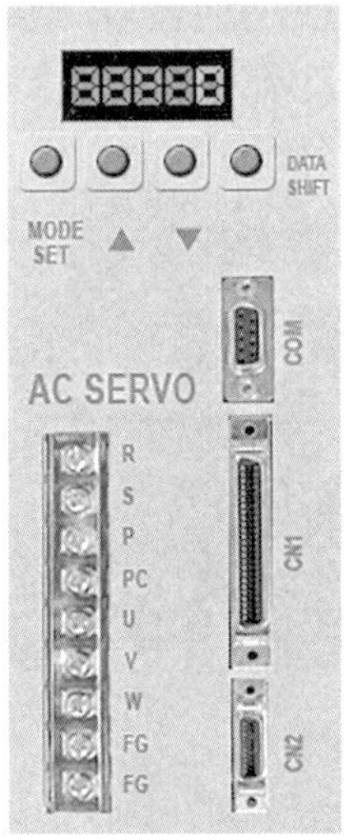

图 2.5　伺服驱动器外观

4）机床本体：数控机床的核心机械结构部分，主要包括床身、立柱、工作台、主轴箱、进给机构等部件。机床本体是参与零件加工的执行部件，其精度、刚度、稳定性等性能指标直接影响加工质量的优劣。机床本体采用模块化制造生产理念，划分为数控系统、主轴单元、数控刀架和转台、滚动部件、刀库和机械手、高速防护罩六大模块，利于提升生产效率。

5）检测反馈装置：闭环控制数控机床的核心组件。完成实际运动位移的实时检测和反馈工作，精度直接决定数控机床加工精度。

6）辅助控制装置：刀库、冷却、润滑、排屑、防护、液压、气动等装置，以及刀具自动交换系统、工件自动装夹系统等，保证机床正常运行。

1.2　数控机床的特点

（1）适应性强

加工外形差异较大的工件，数控机床需更换程序；加工外形相似工件，只需修改部分程序段；模具凹凸模加工，只修改刀补参数，即可快速适应新的加工需求。准备周期短，灵活性强，使个性化、差异化生产和新产品的快速研制成为现实。

（2）加工精度高，产品质量稳定

数控机床具有高精度的机械结构和先进的伺服控制系统，刀具和工件的相对运动精度达到微米级，加工过程中规避人工参与，能够达到较高的加工精度，特别是保证加工精度的一致性。

（3）自动化程度高

零件装夹、刀具选择和更换、加工参数调整和加工过程的监控，均由机床自动完成，减少人为因素对加工质量的影响。

（4）生产效率高

工件一次装夹可实现多道工序的自动化加工，大幅度缩减加工辅助时间，提高生产效率。

（5）生产管理效率高

利用柔性制造单元、柔性制造系统、计算机集成制造、智能制造等技术，与其他设备一起组网，组建无人工厂、无人车间。

（6）具有故障诊断功能

实时监测机床运行，具有故障自诊断和报警功能，故障发生后能迅速查明故障类型和部位，并排除故障，减少停机时间和防止故障扩大。

1.3　数控机床的分类

数控机床品类繁多，按照机械加工的运动轨迹、数控系统的功能水平、工艺方法、伺服控制方式四个不同角度分类，各自功能特点比较如表 2.1 ~ 表 2.4 所示。

表 2.1　数控机床比较（按机械加工的运动轨迹分类）

序号	运动轨迹	运动特点	加工示意图	代表性机床
1	点位控制	高速移动，精确控制刀具开始点→1→2→3 点的定位精度，不考虑运动轨迹，移动过程中不进行任何切削加工	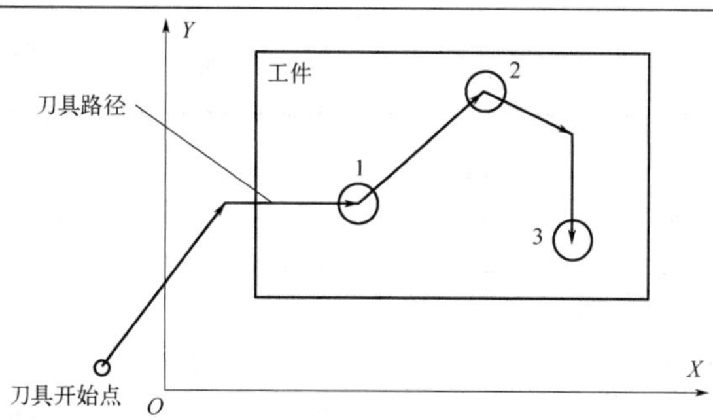	数控坐标镗床、数控钻床、数控压力机、数控电焊机、数控三坐标测量机等
2	直线控制	保证刀具开始点→1→2→3→4→5→6→1 点的准确定位，运动过程中保持一定的切削速度加工工件，轨迹平行于坐标轴	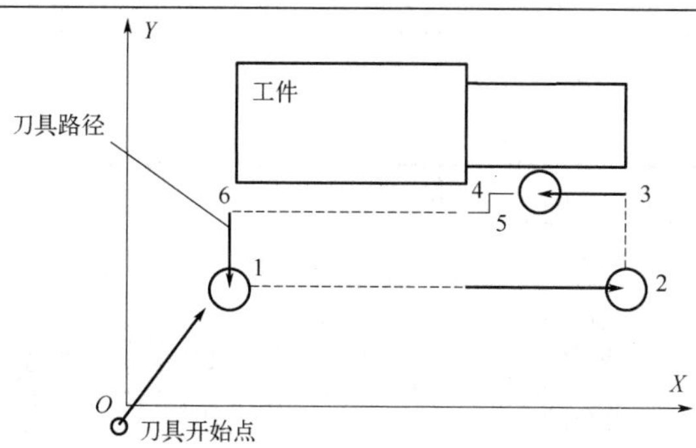	简易数控车床、简易数控铣床等

续表

序号	运动轨迹	运动特点	加工示意图	代表性机床
3	轮廓控制	同时控制两个或两个以上坐标轴协同运动，完成曲线、曲面和复杂型面的加工；位置和速度被不间断地严格控制	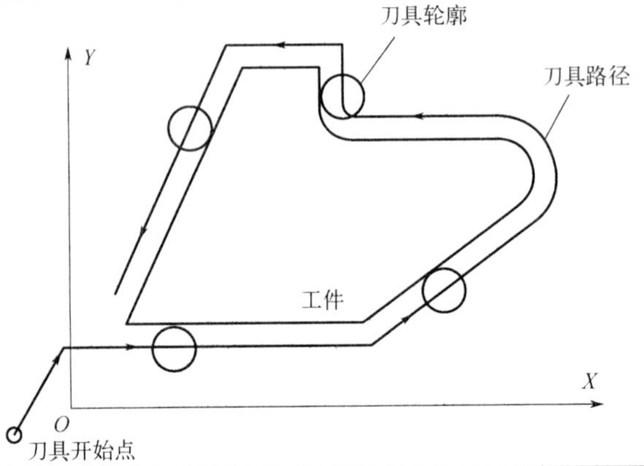	数控车床、数控铣床、加工中心等

表 2.2　数控机床比较（按数控系统的功能水平分类）

功能水平	分辨力和进给速度	伺服进给类型	主轴功能	联动轴数	通信功能	内装 PLC	显示功能	主 CPU
高档（标准型）	0.1μm、15～100m/min	闭环直流或交流伺服系统	自动无级变速、C 轴功能	3～5 轴	MAP 通信接口、联网能力	有	三维图形显示、图形编辑	64 位
中档（普通型）	1μm、15～24m/min	半闭环直流或交流伺服系统	自动无级变速	3～5 轴	RS-232C 或 DNC 接口	有	CRT 显示字符、图形	16 位或 32 位
低档（经济型）	10μm、8～15m/min	开环、步进电机系统	不能无级变速	2 轴	无	无	数码管显示、CRT 显示字符	8 位

表 2.3　数控机床比较（按工艺方法分类）

序号	加工方式	工艺类型	代表性机床
1	金属切削类	完成工艺与普通金属切削机床相似	数控车床、数控镗床、数控铣床、数控钻床、加工中心等
2	金属成形类	挤、压、冲、拉等工艺	数控压力机、折弯机、弯管机、旋压机、卷板机等
3	特种加工类	特种工艺	数控电火花机床、数控线切割机床、激光加工机床等
4	其他类	多坐标测量、电焊等工艺	火焰切割机、数控等离子切割、多坐标测量机、电焊机等

表 2.4　数控机床比较（按伺服控制方式分类）

控制类型	精度	工作过程	结构图
开环控制： 无检测反馈装置	取决于驱动元件和步进电机的性能、传动机构精度，加工精度相对较低。 例如：经济型数控机床	数控装置→脉冲指令单向传送→驱动电路放大→步进电机转过一个角度→传动机构带动工作台移动	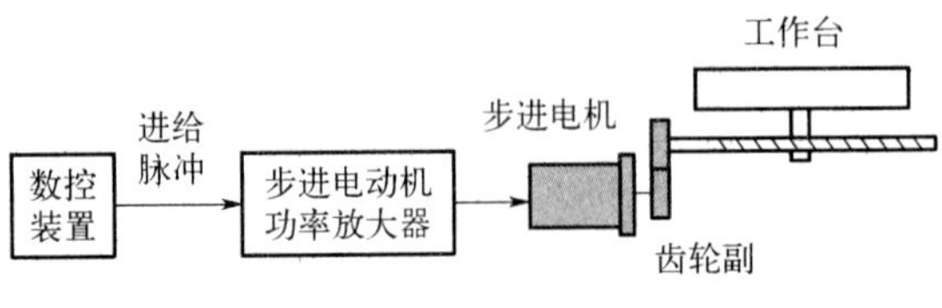

续表

控制类型	精度	工作过程	结构图
闭环控制： 检测反馈装置安装在工作台或导轨上→给数控装置反馈实际位移值	精度高，设计和调整难度较大，容易造成系统不稳定，例如，加工中心	检测装置实时检测位移→电信号→数控装置，指令位移值与实际位移值比较差值→控制器调节→控制伺服电机转动→机械传动装置移动→减小偏差的方向	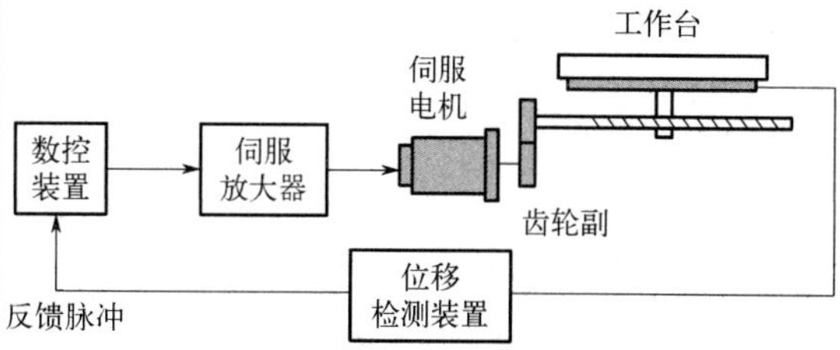
半闭环控制： 检测反馈装置安装电动机或丝杠的端部→反馈转速	环路内无机械传动环节，能获得稳定的控制特性和较好精度。系统结构简单，便于调节，稳定性较好。如数控车床、数控铣床	检测装置实时检测伺服电动机或丝杠的角位移→工作台等执行部件的实际位置量→比较指令位移值与实际位移值差值→控制伺服电机转动→机械传动装置移动→减小偏差的方向	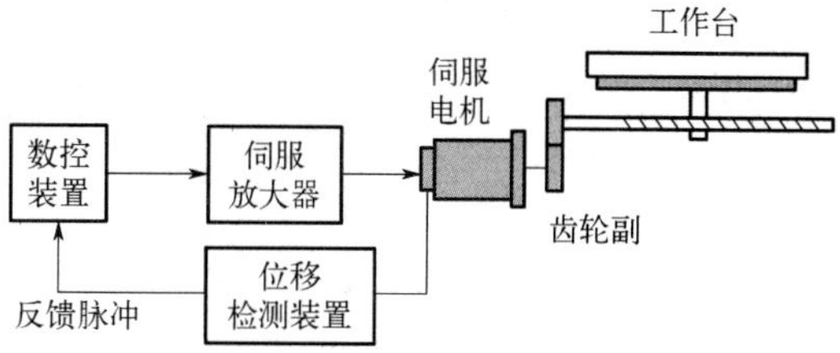

1.4　数控机床与传统机床的区别

① 加工过程。根据图纸分析零件的工艺要求，按一定规则编写加工程序（G 代码）；将加工程序（G 代码）输入数控装置，经解析转换为精确的脉冲指令输出，伺服系统将其变换和放大后驱动伺服电机转动，带动机床的执行件运动，实现加工过程。

② 进给运动。横向（纵向）进给步进电机→横向（纵向）丝杠转动→拖板运动→刀架移动。取代传统机床的进给齿轮传动，简化进给运动传动链，提高传动精度。数控车床进给传动系统示意图如图 2.6 所示。

③ 伺服系统、编码器控制实现零件微米级精度加工。

④ 加工中心实现自动换刀。

⑤ 飞机发动机叶片、大梁等复杂曲面、异形结构件的加工易于实现。

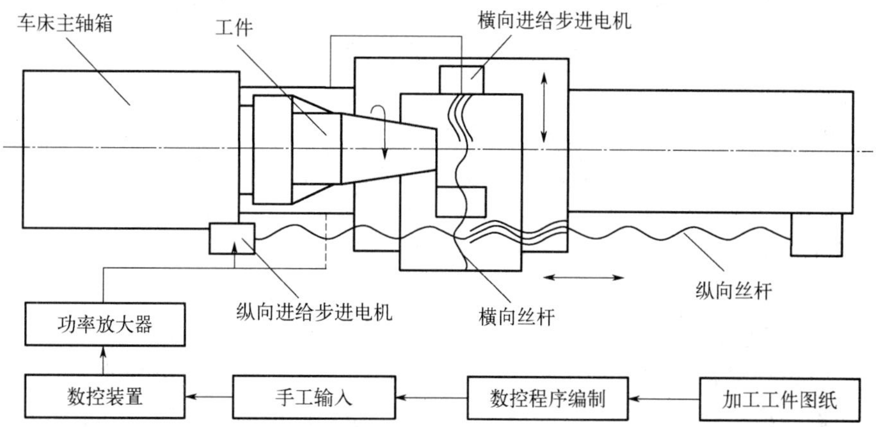

图 2.6　数控车床进给传动系统示意图

2　数控系统插补控制原理

2.1　数控装置的工作原理

数控装置作为数控系统的核心部分直接影响数控系统的性能，其工作原理如图 2.7 所示。

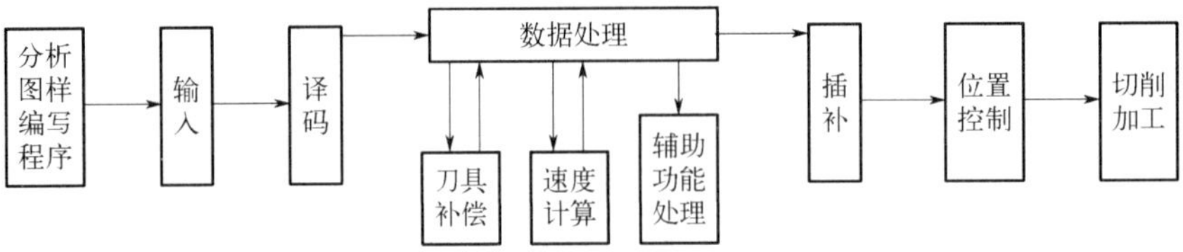

图 2.7　数控装置工作原理

（1）程序输入

将根据图样编写的精准严密的数控加工程序传输到 CNC 装置。

（2）译码

以程序段为处理单元，将工件轮廓信息、加工速度及其他辅助功能指令等信息，按一定规则翻译转换成计算机内部能识别的数据形式，并按预先约定格式有序存放在指定的内存区间的过程。

（3）数据处理

数据处理程序是数控系统关键模块，包括刀具补偿、速度计算以及辅助功能处理。

刀具补偿包括刀具半径补偿和刀具长度补偿。刀具实际尺寸和编程尺寸会存在差异，编程时不考虑刀具尺寸的影响，直接按零件轮廓数据编程，加工时刀具半径补偿功能自动调整刀具路径，将零件轮廓轨迹转化成刀具中心轨迹数据，简化编程，尤其在更换刀具或刀具磨损后，无需调整程序，只需修改参数，就可以重新快速加工。

速度计算：①根据编程时给定的刀具移动合成速度，计算出各坐标方向的运动分速度；②机床允许的最低速度和最高速度的限制处理；③自动加减速处理。

辅助功能处理诸如刀具更换、主轴启停、冷却液开关等一些开关量信号，保障加工过程高效、安全。

（4）插补

通过一定计算方式或采用特定的算法，在程序给定的起点和终点坐标值之间，插入补上一系列中间点的坐标值，即“数据点密化”，这些中间点依次连接形成直线段或圆弧段，完成与所求轮廓的逼近或拟合，使路径更加精细。数控装置实时计算这些密化点，并根据计算结果向各坐标轴发出进给指令，零件轮廓被快速加工完成。

（5）位置控制

任务：在每个采样周期内，将插补计算的理论位置与检测系统反馈的工作台实际位置相比较，获取差值，将差值作为信号指令，控制进给伺服电动机转速，进而控制工作台或刀具的位移，此外还可以补偿传动链中螺距及反向间隙产生的误差。

（6）输入/输出处理控制

主要负责处理 CNC 装置和机床之间的双向传输信号，管控输入和输出过程。

（7）显示

功能多样，显示内容包括：完整零件程序或程序段呈现、各类参数设置界面、刀具信息、机床运行状态、报警提示、刀具加工轨迹动态模拟显示以及在线编程时的图形可视化展现等。

（8）诊断

机床开机和工作运行中 CNC 装置随机检查，完成自诊断；通过网络，CNC 装置与远程通信诊断中心计算机完成连接，诊断中心对 CNC 装置进行在线诊断，确定故障位置并进行修复，实现联机诊断。

2.2　插补分类

插补是数控系统的重要功能，根据有限信息完成数据点的密化，分直线插补和曲线插补两种。插补运算速度直接影响数控系统的控制速度，插补运算精度影响数控系统的精度。基准脉冲插补和数据采样插补是普遍应用的两类插补方法，这两类方法比较如表 2.5 所示。

表 2.5　两类常用插补方法比较表

插补方法	基准脉冲插补（脉冲增量法）	数据采样插补（时间增量插补）
插补结果输出形式	脉冲	标准二进制数（位置增量数据）
特点	每插补运算一次，最多给每一轴一个进给脉冲	根据用户程序的进给速度，轮廓曲线按插补周期分割为一系列微小直线段
局限性	算法速度受到限制，输出脉冲的最大速度取决于插补软件进行一次插补运算所需时间	算法的进给速度不受限制，插补程序比较复杂
工作进程	每发出一个脉冲，工作台移动一个基本长度单位——脉冲当量	①粗插补：根据进给速度 T，每个插补周期 T 内，输出微小直线段 $\Delta L=FT$；②精插补：对粗插补得到的小线段 ΔL 进一步完成数据点密化
常用方法	逐点比较法，数字积分法	直接函数法，扩展数字积分法
应用	中等精度，速度的经济型数控	高精高速数控

2.3　逐点比较插补法

理念：逐点比较法用折线逼近直线或曲线，最大逼近误差不能大于一个脉冲当量。

插补原理：逐点比较法中，刀具每进给一步，均需将当前位置与给定理想轨迹作对比，根据比较结果来确定下一步的进给方向，使刀具保持向减小偏差并趋向目标终点的方向移动，实现对预设理想轨迹的逐渐拟合。逐点比较法流程图见图 2.8。

特点：逐点比较法运算简明清晰，插补误差始终控制在一个脉冲当量之内，系统输出脉冲均匀，速度变化小，通过减小脉冲当量的方法可以有效提高加工精度，此法易于实现两坐标插补。

逐点比较法应用分为直线和圆弧两种基本插补形式。

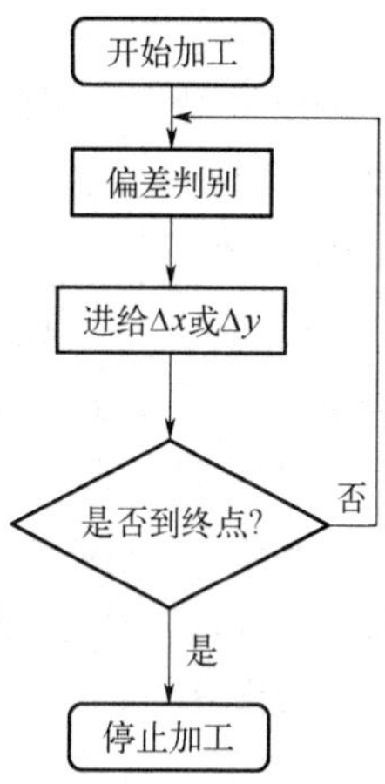

图 2.8　逐点比较法流程

（1）插补计算的步骤

偏差判别：判别刀具加工起始点相对于给定理想轨迹的位置关系，以便确定刀具后续进给方向。

坐标进给：根据判别的位置结果，使加工点向给定轨迹趋近，即向减小误差方向移动一步。

偏差计算：完成一次坐标进给后，重新计算新加工点与给定轨迹之间的偏差，作为下一步偏差判别依据。

终点判别：一轮插补计算结束后，判断当前位置是否到达终点，若到达，结束插补；否则，继续重复以上步骤，直到完成整个加工任务。

（2）逐点比较法直线插补

1）理论推导

以第一象限直线 OE（OE 为理论轨迹）为例，起点 O 为坐标原点，直线终点坐标 E（X_e，Y_e），直线方程为：$X_eY-XY_e=0$。直线 OE 为给定轨迹，N''、N'、N 为动点，动点坐标（X_i，Y_i），动点与直线存在三种位置关系：N''在直线上方、N'在直线下方、N 在直线上，如图 2.9 所示。

① 动点 N''点在直线 OE 上方，则有 $Y_i/X_i > Y_e/X_e$，即 $X_eY_i-X_iY_e > 0$；

② 动点 N'在直线下方，则有 $X_eY_i - X_iY_e < 0$；

③ 动点 N 在直线上，则有 $Y_i/X_i=Y_e/X_e$，即 $X_eY_i-X_iY_e=0$。

因此构造偏差函数为 $F= X_eY_i-X_iY_e$，F 的绝对值越小，动点离直线越近。

对于第一象限的直线 OE，偏差符号与进给方向的关系为：

① $F > 0$ 时，表示动点 N''在直线 OE 的上方，$+X$ 向进给；

② $F < 0$ 时，表示动点 N'在直线 OE 的下方，$+Y$ 向进给；

③ $F=0$ 时，表示动点 N 在直线 OE 上，应作进一步判断：分别计算$+X$、$+Y$、$+X+Y$（同时进给）三种进给方式对应的 F 值，比较三个 F 值，绝对值最小者即为进给方向。即当动点在直线上时，应该按使误差最小的方向进给。

终点的判别：当沿 X、Y 两个坐标方向走的步数分别等于 X_e 和 Y_e 时到达终点，停止插补计算。

逐点法插补运算时，如果按式 $F= X_eY_i-X_iY_e$ 计算偏差，需进行两次乘法和一次减法计算，电路设计麻烦，编程运算复杂，速度较慢，所以采用递推算法简化偏差函数 F 的运算。公式推导如下。

新偏差计算：

$F_m \geqslant 0$ 时，F 下一点：$X_{m+1}=X_m+1$，$Y_{m+1}=Y_m$。

新偏差：$F_{m+1}=Y_{m+1}\times X_e-X_{m+1}\times Y_e =Y_mX_e-(X_m+1)Y_e=F_m-Y_e$。

当 $F_m < 0$ 时，F 下一点：$X_{m+1}=X_m$，$Y_{m+1}=Y_m+1$，$F_{m+1}=F_m+X_e$。

新偏差公式中没有乘法，只有加减法，而且只包含常量的终点坐标值 X_e 和 Y_e，不需要计算和保存刀具中间点坐标，每一新加工点的偏差值都可由前一加工点偏差值和终点坐标值相加或相减得到，计算简便，运算时间显著减少，有效提高了插补速度。

终点判别实施方法：设置一个长度计数器，计数器中存入两坐标进给步数总和，即终点坐标绝对值之和（$|X_e|+|Y_e|$），当 X 或 Y 坐标进给时，计数长度减 1，当计数长度减到零

时，表明动点已到达终点，停止插补。

2）其他象限的直线插补原则

偏差计算公式全部和第一象限相同，但终点坐标有负值时，要取绝对值后再参加运算。

当 $F>0$ 时，走 X 方向，不管正负，均向使 X 的绝对值增大的方向走。

当 $F<0$ 时，走 Y 方向，不管正负，均向使 Y 的绝对值增大的方向走。

当 $F=0$ 时，需判断进给方向。

其他象限直线插补进给方向如图 2.10 所示。

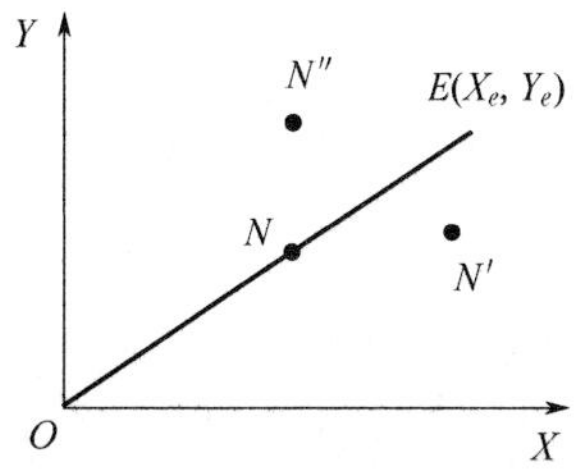

图 2.9　第Ⅰ象限直线与动点间关系

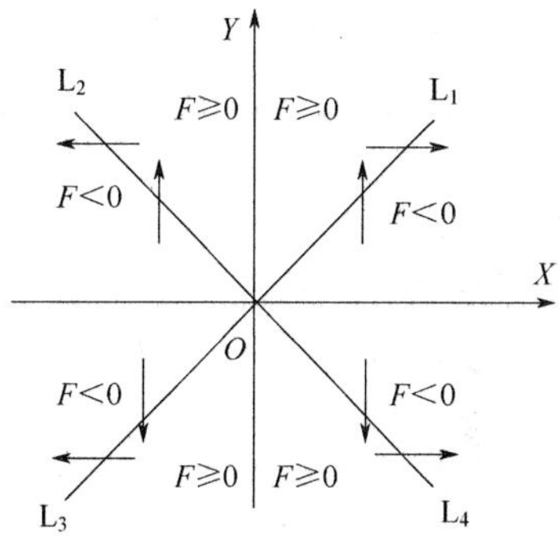

图 2.10　其他象限直线插补进给方向

3）例

直线 OA，起点坐标为坐标原点 O（0, 0），终点坐标为 A（10, 5），应用逐点比较法对该线段进行插补计算，并画出插补轨迹图。

解：根据前面的理论，设置一终点计数器，寄存 OA 线段 X、Y 两个方向步数总和 $\Sigma_0=10+5=15$，每进给一步 Σ 减 1，当 Σ 减至 0，表示到达终点，插补结束；插补的运算过程如表 2.6 所示，插补轨迹如图 2.11 所示。

表 2.6　插补的运算表

脉冲个数	偏差判别	进给方向	新偏差计算	终点判别
0			$F_0=0$	$\Sigma_0=15$
1	$F_0=0$	$+X$	$F_1=F_0-Y_e=0-5=-5$	$\Sigma_1=\Sigma_0-1=15-1=14$
2	$F_1=-5<0$	$+Y$	$F_2=F_1+X_e=-5+10=5$	$\Sigma_2=\Sigma_1-1=14-1=13$
3	$F_2=5>0$	$+X$	$F_3=F_2-Y_e=5-5=0$	$\Sigma_3=\Sigma_2-1=13-1=12$
4	$F_3=0$	$+X$	$F_4=F_3-Y_e=0-5=-5$	$\Sigma_4=\Sigma_3-1=12-1=11$
5	$F_4=-5<0$	$+Y$	$F_5=F_4+X_e=-5+10=5$	$\Sigma_5=\Sigma_4-1=11-1=10$
6	$F_5=5>0$	$+X$	$F_6=F_5-Y_e=5-5=0$	$\Sigma_6=\Sigma_5-1=10-1=9$
7	$F_6=0$	$+X$	$F_7=F_6-Y_e=0-5=-5$	$\Sigma_7=\Sigma_6-1=9-1=8$
8	$F_7=-5<0$	$+Y$	$F_8=F_7+X_e=-5+10=5$	$\Sigma_8=\Sigma_7-1=8-1=7$
9	$F_8=5>0$	$+X$	$F_9=F_8-Y_e=5-5=0$	$\Sigma_9=\Sigma_8-1=7-1=6$
10	$F_9=0$	$+X$	$F_{10}=F_9-Y_e=0-5=-5$	$\Sigma_{10}=\Sigma_9-1=6-1=5$

续表

脉冲个数	偏差判别	进给方向	新偏差计算	终点判别
11	$F_{10}=-5<0$	$+Y$	$F_{11}=F_{10}+X_e=-5+10=5$	$\Sigma_{11}=\Sigma_{10}-1=5-1=4$
12	$F_{11}=5>0$	$+X$	$F_{12}=F_{11}-Y_e=5-5=0$	$\Sigma_{12}=\Sigma_{11}-1=4-1=3$
13	$F_{12}=0$	$+X$	$F_{13}=F_{12}-Y_e=0-5=-5$	$\Sigma_{13}=\Sigma_{12}-1=3-1=2$
14	$F_{13}=-5<0$	$+Y$	$F_{14}=F_{13}+X_e=-5+10=5$	$\Sigma_{14}=\Sigma_{13}-1=2-1=1$
15	$F_{14}=5>0$	$+X$	$F_{15}=F_{14}-Y_e=5-5=0$	$\Sigma_{15}=\Sigma_{14}-1=1-1=0$

（3）圆弧插补

设圆弧圆心在坐标原点 O，圆弧半径为 R，加工点和圆弧的位置关系可能有三种，即圆弧上 N，圆弧外 N''，圆弧内 N'，如图 2.12 所示。

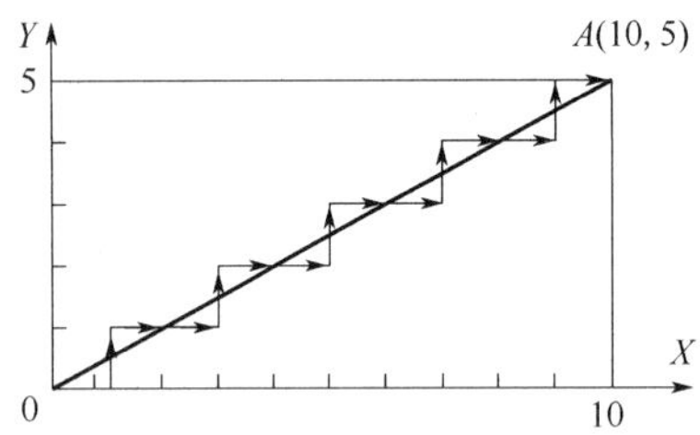

图 2.11　插补轨迹

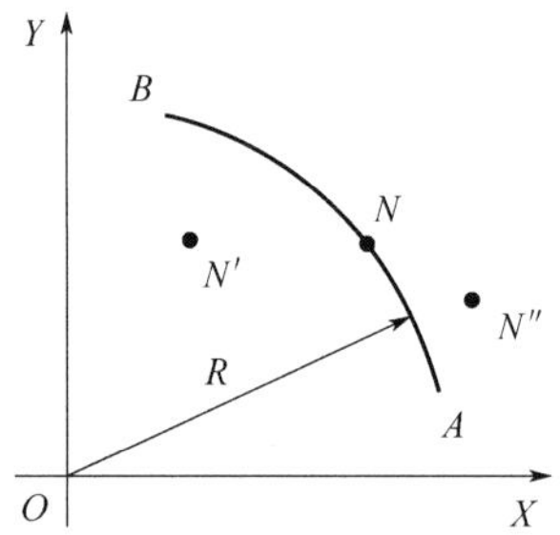

图 2.12　第Ⅰ象限动点与圆弧间关系

设加工点为动点 $N(X_i,\ Y_j)$，动点 N 到原点的距离 $ON^2=X_i^2+Y_j^2$。

当动点 N 位于圆弧上时，有 $X_i^2+Y_j^2-R^2=0$。

当动点 $N\rightarrow N''$位于圆弧外时，有 $X_i^2+Y_j^2-R^2>0$。

当动点 $N\rightarrow N'$位于圆弧内时，有 $X_i^2+Y_j^2-R^2<0$。

定义圆弧插补偏差判别函数为 $F=X_i^2+Y_j^2-R^2$。

为使加工点逼近圆弧，动点 N''位于圆弧外时，应向圆内进给，动点 N'在圆弧内时，应向圆外走一步，当动点 N 落在圆弧上时，应判断向哪个方向走误差最小。以第一象限加工顺圆弧为例说明走刀方向。

逐点法圆弧插补偏差的递推公式：

$+X$ 方向：$F_{i+1,j}=(x_i+1)^2+y_i^2-R^2=x_i^2+2x_i+1+y_j^2-R^2=F_{ij}+2x_i+1$

$-Y$ 方向：$F_{i,j-1}=x_i^2+(y_i-1)^2-R^2=x_i^2+y_j^2-2Y_j+1-R^2=F_{ij}-2y_j+1$

$+X-Y$ 方向：$F_{i+1,j-1}=(x_i+1)^2+(y_i-1)^2-R^2$

其他方向计算方法与上面相同，不再重述。

进给后新动点的偏差值与前一动点偏差值和坐标值有关，随着插补的进行，动点坐标值改变，故在圆弧插补的同时，还须进行新的动点坐标值修正计算。

终点判别：圆弧在同一个象限，终点判别方法与直线插补相同。将 XY 轴走的步数总和存入一个计数器，每走一步减 1，减到 0 时发出停止信号。

（4）四个象限的圆弧插补

做题步骤：

① 根据圆弧所在象限及走向判断 XY 坐标的进给方向，具体判断方向如图 2.13 所示；

② 推导判别函数 F 的计算公式；

③ 计算总的步数作为终点判别的依据；

④ 计算表；

⑤ 画出走步轨迹图，图和表可以互相验证。

对于跨象限圆弧，即圆弧的起点和终点不在一个象限内，可将圆弧从 $X=0$ 或 $Y=0$ 处分成两段分别考虑。

2.4　数字积分法

数字积分法支持多坐标联动控制，易于高效实现二次曲线、高次曲线的插补，运算速度快、应用广泛，在数控加工插补运算领域占有重要地位。

数字积分器工作原理简介：系统以一定时间间隔发出一个脉冲信号，与门打开一次，函数寄存器 J_{VX}、J_{VY} 中的函数值被传输送入累加器 J_{RX}、J_{RY} 里累加一次，假设累加器的容量为一个单位面积，数次累加后，当累加和超过累加器的容量时，即会发出溢出脉冲，最终溢出脉冲总数等于所求的总面积。以直线插补为例，直线数字积分器如图 2.14 所示。

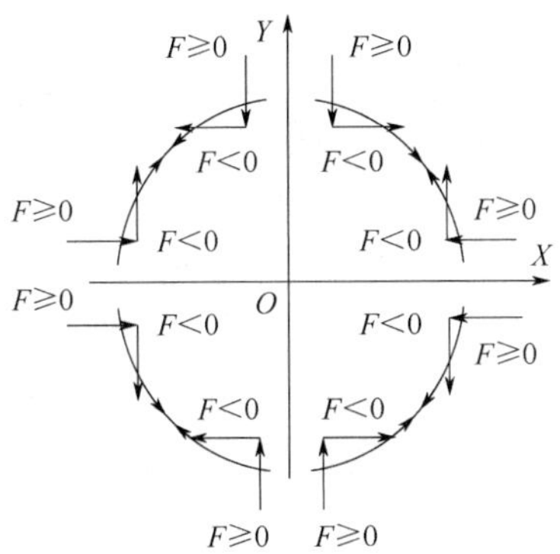

图 2.13　圆弧插补其他象限进给方向

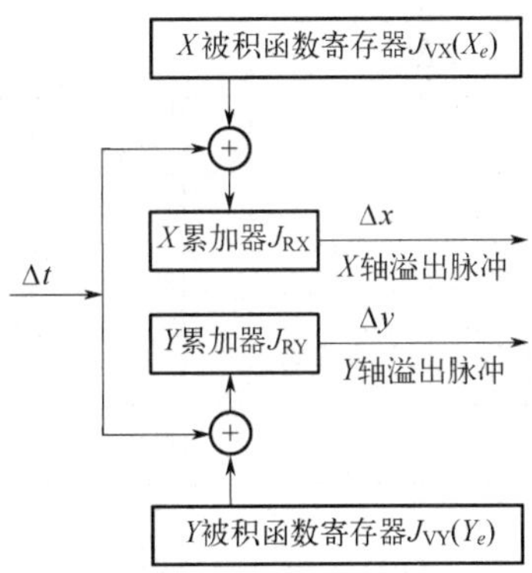

图 2.14　平面直线插补积分器框图

举例：终点坐标 E（7, 4），寄存器和累加器容量为 1，将 7 和 4 分别分成 8 段，每一段分别为 7/8、4/8，将其分别存入 X、Y 函数寄存器中，当第一个时钟脉冲到来时，将寄存器中的数值分别送入相应的累加器中进行累加，小于累加器容量不会产生溢出脉冲，累加器中的数值分别是 7/8、4/8；第二个时钟脉冲来到时，再将寄存器中的数送入各自的累加器，重复该过程。

（1）数字积分法直线插补

积分法直线插补理念：假定进给速度恒定，X 向的位移等于 X 向分速度对时间的积分，

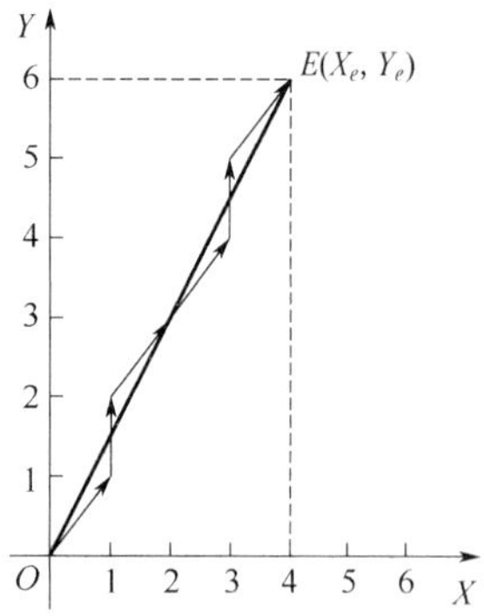

图 2.15　插补轨迹

经过 m 次累加到达终点；Y 方向采取同样的分析累加方法。为保证插补精度，要求每次累加增量不超过一个脉冲，寄存器和累加器的位数为 n，最大寄存值 2^n-1，累加器每满位溢出一次，发出一个进给脉冲。从原点出发，经过 2^n 次累加，加工动点到达终点。

数字积分法插补实质：利用速度分量进行数字积分的方法来确定在各坐标轴上刀具坐标值的过程。

例：第Ⅰ象限直线 OE，起点在原点 O (0, 0)，终点 E (4, 6)，设寄存器位数为 3 位，试用数字积分法进行插补计算。

解：寄存器位数 N=3，累加次数 $n=2^N=8$；插补前 $\Sigma J=J_{RX}=J_{RY}=0$，$J_{VX}=X_e=4$，$J_{VY}=Y_e=6$。插补运算过程如表 2.7 所示，插补轨迹如图 2.15 所示。

表 2.7　数字积分法插补运算

累加次数 n	X 积分器		Y 积分器		终点判别 J_Σ
	$J_{RX}+J_{VX}$	溢出（$+\Delta X$）	$J_{RY}+J_{VY}$	溢出（$+\Delta Y$）	
开始	0	0	0	0	8
1	0+4=4	0	0+6=6	0	7
2	4+4=8	1	6+6=12	1	6
3	0+4=4	0	4+6=10	1	5
4	4+4=8	1	2+6=8	1	4
5	0+4=4	0	0+6=6	0	3
6	4+4=8	1	6+6=12	1	2
7	0+4=4	0	4+6=10	1	1
8	4+4=8	1	2+6=8	1	0（终点）

（2）圆弧插补积分器与直线插补积分器的区别

两者原理相似，但应用中存在较大区别。

1）直线插补被积函数寄存器存放的数值为线段终点坐标，是常量；圆弧插补积分器寄存器初始寄存对应的是当前点的坐标，是变量，插补过程中需不断修正该数值。

2）圆弧插补，X 被积函数寄存器中存族 Y 坐标，Y 被积函数寄存器中存放 X 坐标，交叉存放，并且都是动点坐标值。直线插补 X、Y 寄存器分别存放 x_e 和 y_e，不交叉，是常量。

圆弧数字积分器框图如图 2.16 所示。

（3）数字积分法插补的象限处理

寄存器存放数值取绝对值，用绝对值进行累加，进给方向另讨论。以动点运动使该坐标绝对值增加还是减小作为依据，来决定坐标值的修改是加 1 还是减 1。

（4）数字积分法稳速控制

在实际加工中会出现这样的问题：①寄存器位数较大，被积函数数值均较小，结果会出现经多次累加无溢出脉冲的现象。②寄存器位数较大，被积函数数值中一个较小，另一个较大，结果一个方向无溢出，另一个方向连续溢出，插补轨迹偏离给定加工轨迹。

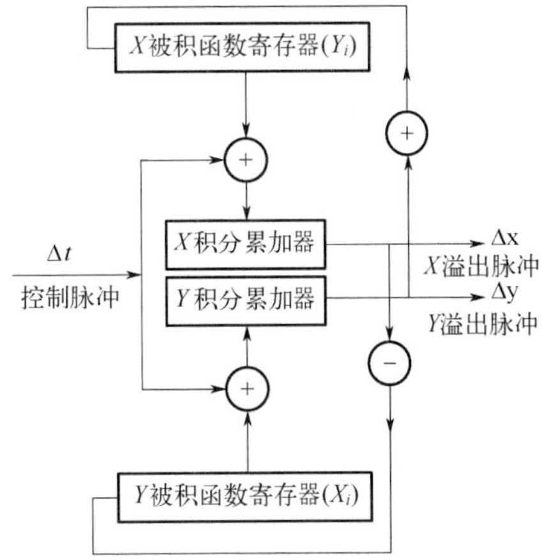

图 2.16 圆弧数字积分器框图

解决方法：

1）左移规格化

例如：二进制数据 00001010 存放在 8 位寄存器中，至少需要 2^4 次累加，才可能溢出一个脉冲，溢出速度慢直接导致进给速度很慢。解决方法：插补累加之前左移四次，放大该数值为 10100000，最高位是 1，再进行累加，至少两次累加就可以产生一个溢出脉冲，提高进给速度。

这种方法称为规格化，由数值左移达到放大数值的目的，故称左移规格化。由于被积函数寄存器存放数据要求不同，直线与圆弧插补工作过程有差异，所以规格化方法有所区别。

① 直线插补时，将 X 轴与 Y 轴被积函数寄存器里的数值同时左移，最低位移入零，直到其中之一最高位为 1 时为止，即达到规格化要求。数据左移规格化处理后，每累加两次必有一次溢出，溢出速度快，进给速度快，加工效率和质量均提高。

实质：放大了 k 值，X、Y 两坐标扩大同样倍数，斜率不变，加快插补速度。

② 圆弧插补时，同样采用左移规格化方法提高圆弧插补的速度均匀性，要求被积函数寄存器容量大于被加工圆弧半径的 2 倍，J_{VX}、J_{VY} 寄存器存放最大数值的次高位为 1 时，即成为规格化数。插补过程中，一个坐标方向进给，需修正另一个被积函数数值，防止因修正产生溢出，规格化数提前一位产生。例如：规格化过程中左移 Q 位，当 J_{RY} 溢出时，J_{VX} 中的数应该加 2^Q，而不是加“1”，即在 J_{VX} 寄存器的第 $Q+1$ 位加“1”。

2）提高插补精度的措施

半加载：针对数字积分法在寄存器中预置初值 $2^n/2$，使第一个脉冲的溢出提前，调整溢出脉冲的时间分布，实现有效减小插补误差的目的。

2.5 数据采样插补法

数据采样插补又称为时间分割法或时间增量法。

原理：以插补周期 T 作为时间分割段，根据数控程序中给定的进给速度 F，将给定轮廓曲线 L 分割为若干微小的插补进给线段 $\Delta L=FT$，将这些微小线段 $\Delta L_1,\Delta L_2,\cdots,\Delta L_n$ 首尾连接，拟合逼近给定轮廓曲线。

过程：在插补运算流程中，以固定时长的插补周期 T 为时间单位完成一次插补计算，得出插补周期内各坐标轴的进给量 ΔX 和 ΔY，获得下一个插补点的指令位置；针对连续的插补周期，进行不间断的插补计算得到插补点位置，完成轮廓走刀加工。

注意：①为有效控制插补计算误差，插补周期应尽量选小。②系统进行轮廓插补控制时，既完成插补计算，又处理其他一些任务，所以时间要求：$T_{插补周期} > T_{插补运算时间} + T_{其他实时任务}$。

轨迹误差：在一个插补周期 T 内，直线插补动点运动的直线段与给定直线重合，不会造成轨迹误差。圆弧插补可以采用切线、割线、弦线和微小圆弧段等不同形式来逼近圆弧，均会带来轨迹误差，但精度不同。例如：弦线逼近圆弧时，插补误差与进给速度 F 的平方、插补周期 T 的平方成正比，与圆弧半径 R 成反比。在满足允许误差的情况下，应根据具体情况选择合适的逼近线段。

2.6　刀具补偿

（1）刀具的补偿原理

1）刀具长度补偿

刀具长度补偿：加工过程中刀具磨损或更换，使刀具实际长度发生改变，和系统中存储长度数值不一致，数控系统自动实现对刀具长度差额的补偿的方法。

例如：数控装置控制刀架参考点的位置，刀架上安装不同种类及长度的刀具，工件轮廓由刀尖切出，更换刀具后，数控系统自动用刀具长度补偿来实现刀尖轨迹与刀架参考点之间数值的转换。

2）刀具半径补偿

刀具半径补偿：零件轮廓加工中，由于刀具半径或刀尖圆角半径的存在，刀具中心的运动轨迹不是所加工零件轮廓轨迹，刀具中心将偏移（内、外）工件轮廓面的一个半径值。为简化编程、提高效率，在加工准备阶段向数控系统输入刀具半径值，根据这个半径值，数控系统自动把零件轮廓轨迹转换成刀具中心轨迹。

刀具中心运动轨迹在编程轨迹前进方向的左侧时，称为左刀补，用 G41 表示；反之称为右刀补，用 G42 表示。G40 为撤销刀具补偿指令。零件程序编制中只需指明刀具半径左刀补或右刀补及撤销刀补即可，无需计算刀具半径值。

（2）刀具半径补偿算法

1）直线加工时刀具半径补偿计算

直线刀具补偿后的轨迹是与原直线平行的直线，只需精确计算出刀具中心轨迹的起点和终点坐标值，就可确定刀具实际运动路径。

2）圆弧加工时刀具半径补偿计算

圆弧刀具补偿后的刀具中心轨迹是一个与圆弧同心的一段圆弧，只需要精确计算出刀补后圆弧的起点坐标和终点坐标值，就可确定刀具实际运动路径。

课后习题

1. 简述数控机床的工作原理、组成、特点及分类。
2. 数控机床与普通机床的区别与联系。
3. 简述数控系统插补控制原理。
4. 直线 AB，起点 $A(0, 0)$，终点 $B(6, 4)$，利用逐点比较法插补计算直线 AB 轨迹。
5. 简述数字积分法直线插补原理。

课题二　典型数控机床简介

1　数控车床

数控车床是采用数控技术对车床的运动和加工过程进行自动控制的金属切削机床，如图 2.17 所示。

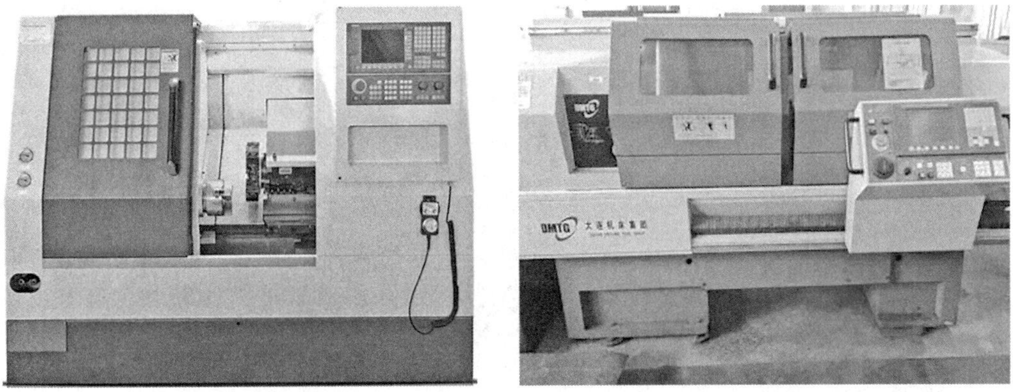

(a) C320KTT卧式数控车床　　(b) 大连机床集团数控车床

图 2.17　数控车床实例

（1）组成

数控车床主要由三部分组成。

机械部分：主轴箱、床身、进给机构、尾座。

电气部分：数控系统、伺服系统、电气控制系统。

辅助部分：冷却系统、润滑系统、排屑装置。

（2）加工零件类型

数控车床可加工零件类型多种多样，常见的类型如下。

轴类零件：如汽车发动机中的凸轮轴、电机轴、机床变速器中的传动轴等。

盘类零件：机床的变速齿轮、汽车的差速器齿轮等齿轮零件；管道连接用的法兰盘、电机与减速器连接的法兰盘等。

套类零件：汽车轮毂轴承套、机床主轴轴承套；发动机的活塞衬套、连杆衬套等。

螺纹类零件：螺栓、螺母、丝杠等。

其他特殊形状零件：航空发动机叶轮。

（3）数控车床发展前景

高速高精度：技术的发展对零件精度要求愈来愈高，促使数控车床向快进给、高转速、高定位精度发展。

智能化：人工智能、物联网技术的融入，使数控车床功能越发强大，加工可靠性与自动化程度大幅提升。

复合化：集车铣、车磨等多种加工功能，一次装夹完成多工序加工，实现复杂零件高效加工。

绿色化：坚定可持续发展目标，采用节能电机、传动及冷却润滑技术，降低能耗与废物排放。

个性化定制：依据市场需求，提供适配特殊零件加工与特定工艺的数控车床定制方案。

2　数控铣床

数控铣床是完成铣削加工的数控机床。如图 2.18 所示，数控铣床组成包括四部分。

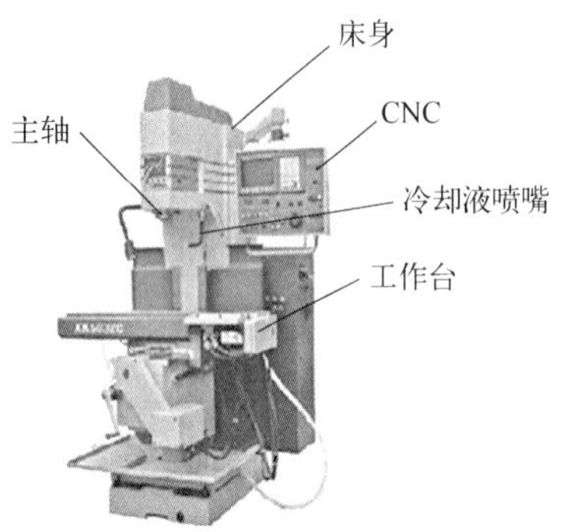

(a) 机床组成1

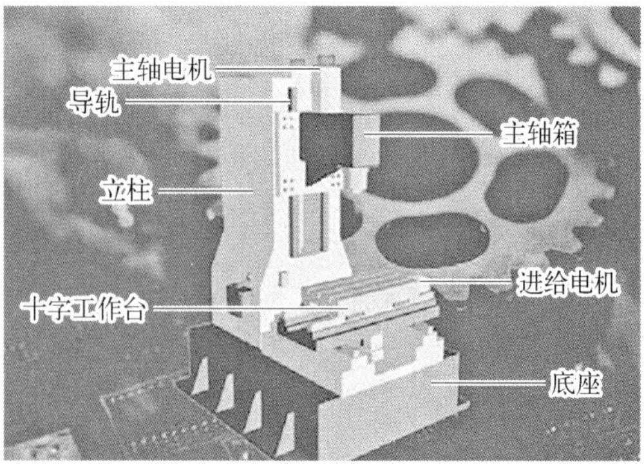

(b) 机床组成2

图 2.18　立式数控铣床

（1）主传动系统

主传动系统是数控机床重要组成部分，一般采用直流或交流无级调速电机通过传动带带动主轴旋转，实现主轴的自动无级调速及恒切削速度控制，其精度、抗振性和热变形直接影响加工质量。具有速度高、消耗功率大的特点。数控机床主传动系统组成包括：主传动装置、主轴部件、主轴定向准停装置、主轴润滑和密封。主传动结构如图 2.19 所示。

主轴部件是主传动系统的重要组成部分，是数控铣床的重要部件之一，是机床实现主轴旋转运动的执行件。

如图 2.20 所示为数控铣床主轴部件图，铣床主轴是中空轴，由前后轴承支承，前端有锥孔与刀柄相配。

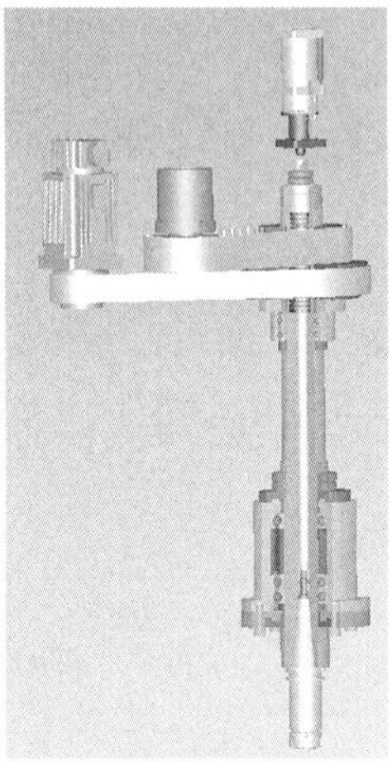

图 2.19　主传动结构

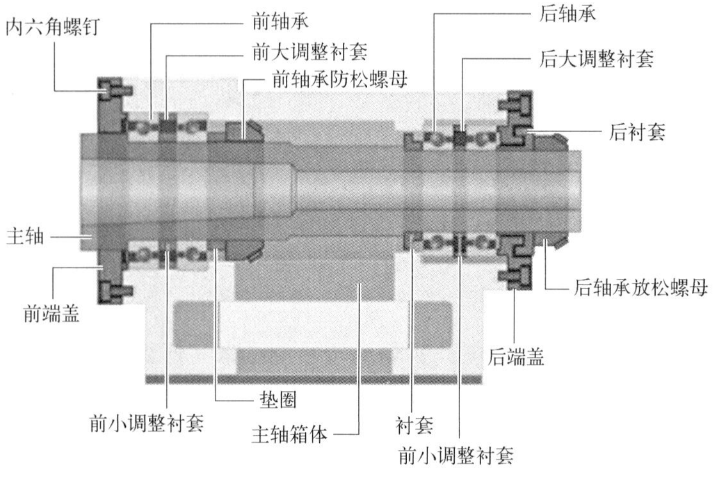

图 2.20　数控铣床的主轴部件

数控机床主轴轴承选型应根据数控机床的规格和精度要求。一般中小规格数控机床的主轴，从精度与承载需求考虑，多采用成组高精度滚动轴承；重型数控机床承受巨大切削力和冲击载荷，常采用液体静压轴承；为适应高速下耐磨和轻量化的要求，高速主轴常采用氮化硅材料的陶瓷滚动轴承。

（2）进给伺服系统

作为运动控制的执行单元，接收数控系统发出的脉冲指令，经放大和转换处理后驱动电机、丝杠等机床执行部件，使工作台、刀架等运动件按照程序设定的进给速度实现预期的轨迹运动。

如图 2.21 所示，数控铣床的进给传动装置多采用伺服电动机驱动，电机轴伸端通过高精度十字联轴器与滚珠丝杠连接，直接带动滚珠丝杠旋转，获得较高的传动精度。滚珠丝杠副将进给伺服电动机的旋转运动转换为工作台或刀具的直线运动，进给传动系统结构如图 2.22 所示。

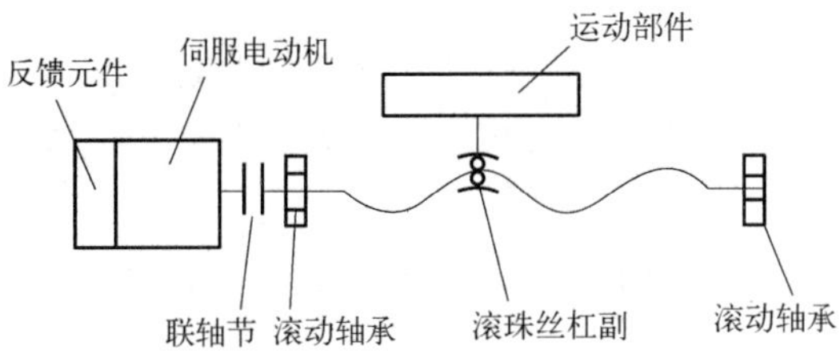

图 2.21　进给传动系统图

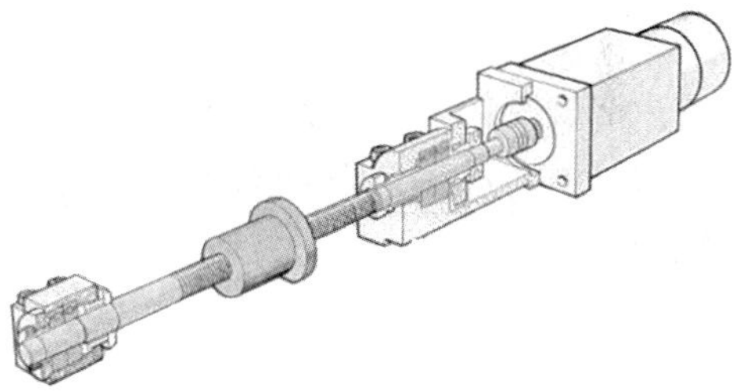

图 2.22　进给传动系统结构三维图

（3）控制系统

数控铣床运动控制的中心。

（4）辅助装置

如液动、气动、冷却、润滑、排屑和防护等装置。

数控铣床主要加工对象：平面类和曲面类零件。例如，叶轮粗加工阶段，使用数控铣床进行平面铣削和轮廓铣削，去除大部分余量，为精加工作准备。

3　加工中心

加工中心配备有自动换刀装置（ATC），能实现多工序复合加工的高度自动化数控机床，是应用最为广泛的数控机床。

工件一次装夹后，根据程序要求控制换刀系统，自动选取刀具，更换刀具，之后完成铣削、镗削、钻削、攻螺纹等多工序加工，保障加工质量的可靠性；加工中心具备高强度刚度机械结构与精密传动系统，可以满足各类精密零件加工需求。

3.1　组成

基础部件：由床身、工作台、立柱等组成，需要有足够的刚度和稳定性以承受切削力与运动部件重量。

主轴部件：由主轴、主轴轴承和密封件等零部件组成。主轴转速、精度和刚性影响加工质量与效率。

数控系统：执行顺序控制动作和加工过程的控制中心。

进给系统：由伺服电机、联轴器、滚珠丝杠副、导轨等组成，实现工作台和主轴箱等运动部件精确进给，其精度和响应速度对加工精度和表面质量影响大，能快速移动和微量进给。

自动换刀装置：由刀库和刀具交换机构等部件组成。刀库存储刀具，需要换刀时，数控系统发出指令，相应刀具到达指定位置，机械手取出相应的刀具装入主轴孔内，然后再把从主轴上替换下的刀具送回到刀库，完成整个换刀动作。刀库常见的有盘式、链式等类型。

辅助装置：对加工中心的工作效率、加工精度和可靠性起保证作用，由润滑系统、冷却系统、排屑防护、液压、气压和检测系统等组成。

3.2　加工中心常见分类

（1）按主轴空间位置

立式：主轴轴线垂直于工作台，多固定立柱、长方形工作台，无分度回转，一般为三直线轴，可装水平回转台加工螺旋线零件，适合加工板、盘、模具及小型壳体类零件。

卧式：主轴水平，常带自动分度回转工作台，3～5个运动坐标，多为三直加一回转，适合加工箱体类零件。

龙门式：外形似数控龙门铣床，主轴多垂直，除自动换刀外，还有可换主轴头配件，适合加工大型、复杂工件。

复合式：主轴可水平垂直转换，如立卧式，一次装夹完成多种工序。

（2）按运动坐标数和同时控制坐标数

三轴二联动：三运动轴，两轴联动，适用于简单二维平面及部分三维加工。

三轴三联动：三轴联动，可加工简单三维曲面。

四轴三联动：三轴基础加一旋转轴，三轴联动，可加工多面体等复杂零件。

五轴四联动：五轴，四轴联动，一次装夹可完成更复杂曲面、多面体加工。

六轴五联动：六轴，五轴联动，用于航空航天等对精度和复杂度要求极高领域。

（3）按工作台数量和功能

单工作台：结构简单，适用于单件、小批量或对效率要求不高的生产。

双工作台：一个工作台参与加工时，另一个工作台装夹工件，提高效率。

多工作台：可实现复杂流程和更高效率，适用于大规模批量生产。

（4）按加工工艺

铣床加工中心：用于平面、轮廓、曲面铣削，应用于汽车、船舶、航空航天等领域。

钻床加工中心：主要用于孔加工。

组合加工中心：集成铣床、钻床、攻螺纹机等功能，适用于复杂零部件。

（5）按主轴数量

单主轴：应用广泛，适用于单件、小批量生产。

双主轴：可同时加工两个零件，提高效率，用于批量生产。

（6）按精度

普通：分辨率1μm，最大进给速度15～25m/min，定位精度10μm左右。

高精度：分辨率 0.1μm，最大进给速度 15 ~ 100m/min，定位精度 2μm 左右。

（7）按换刀形式

带刀库机械手：换刀由刀库、机械手完成。

无机械手：刀库和主轴箱配合换刀。

转塔刀库式：常用于小型加工中心，多用于孔加工。

3.3 应用特点

在机加工领域，加工中心主要用于箱体类、复杂曲面、异形件、盘类或板类等零件的加工。

箱体类零件，针对多孔系、多型腔的箱体零件，加工优势明显。

复杂曲面，如飞机机翼、汽车外形曲面、轮机叶片、螺旋桨、各种曲面成形模具等，采用多坐标联动加工中心。

异形件，如插件、基座、样板等不规则形状的零件，选用合理工艺措施前提下，经一次或两次装夹，加工中心可顺利完成多道工序或全部的加工内容。

板或盘类零件，针对多面有分布孔系、曲面的零件，亦选用立式加工中心，而针对有镜像孔的零件加工可选用卧式加工中心。

数控铣削加工中心生产效率高，加工精度高。

3.4 应用现状及发展趋势

数控铣削加工中心作为制造业的核心装备，近年来在全球市场呈现出销售额稳定增长的态势。研究数据表明，2024 年全球五轴数控机床市场销售额达到 103.9 亿美元；基于当前市场趋势与行业发展预期，预计到 2031 年，该数值将增长至 204 亿美元。

在数控铣削加工中心领域，国外技术水平占据领先地位。日本山崎马扎克（Yamazaki Mazak）高稳定性和智能化的产品在全球市场广泛销售。德国德马吉森精机（DMG Mori Seiki）凭借高精度、高性能的设备，在航空航天等高端制造领域发挥着重要作用。相关数控加工中心实例如图 2.23 所示。

(a) 山崎马扎克MAZAK HCN-5000/50S卧式加工中心

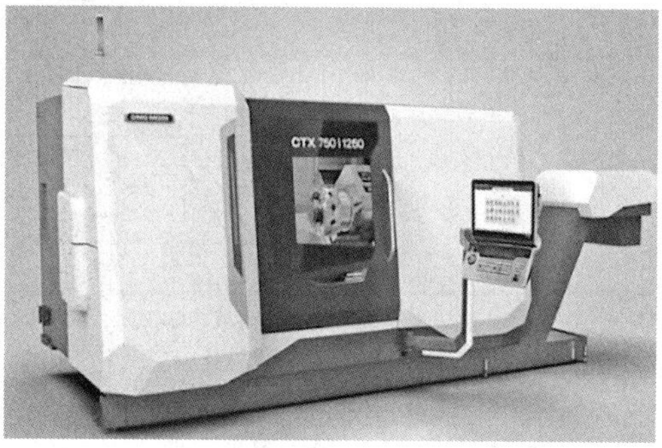

(b) 德国德马吉 CTX 750|1250车削中心

图 2.23 国外数控加工中心实例

国内数控铣削加工中心行业发展势头迅猛，与国际先进水平的差距不断缩小。众多企业积极组织，加大研发投入力度，市场规模持续扩大。例如，大连机床、沈阳机床等企业的产品性能逐步提升，在中低端市场具有较强的竞争力，在部分高端产品市场上也开始崭露头角。国内数控加工中心实例如图 2.24 所示。

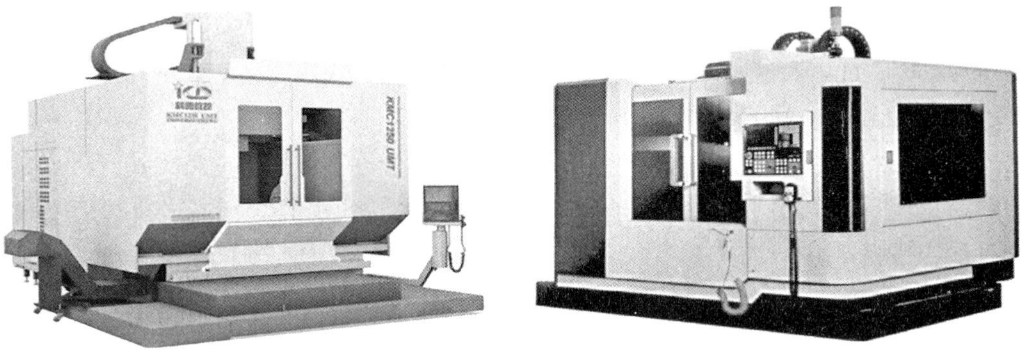

(a) 大连科德KMC1250 UMT五轴铣车复合立式加工中心　(b) 沈阳精机VMC850B数控立式加工中心

图 2.24　国内数控加工中心实例

数控铣削加工中心在高端制造领域的应用将更加广泛，发展趋势主要表现在三方面。

① 智能化。融入人工智能、大数据等先进技术，实现智能编程、智能诊断和自适应加工，实现提高生产效率和加工精度的目标。

② 高精度化。优化机械结构、提升数控系统性能，以满足航空航天零件等超精密加工的需求。

③ 多轴化。多轴化将成为主流发展趋势，多坐标轴联动可精确地加工复杂曲面零件，减少多次装夹带来的误差，自动换刀可以节省时间、提高生产效率。

4　数控电火花加工机床

4.1　概述

数控电火花加工机床原理：在一定介质（工作液）中，工具与工件不直接接触，而是通过脉冲电源产生的脉冲性火花放电，瞬间产生高温蚀除金属材料，实现对工件的加工。

如图 2.25 所示为电火花成形加工原理。数控电火花加工机床由以下几部分构成。

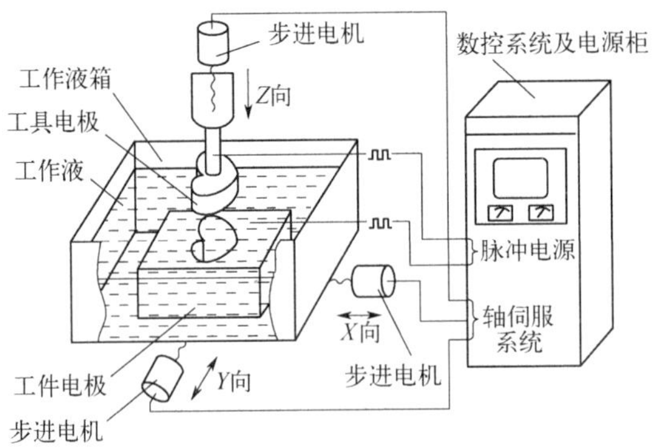

图 2.25　电火花成形加工原理示意图

脉冲电源系统：提供电火花加工的脉冲能量，能调节脉冲宽度、间隔及峰值电流，适配不同材料与加工需求。

电极系统：包括工具电极和工件电极两部分。工具电极根据加工对象与工艺选择形状、尺寸及材料，加工中会有损耗，可借助工艺安排与补偿确保精度。

工作液循环系统：工作液具有绝缘、排屑与冷却的作用。工作液由泵输送至加工区，回流后经过滤处理再循环利用。

数控系统：根据程序控制机床坐标轴运动，控制工具电极与工件相对轨迹，保证加工形状尺寸，实时监控调整参数。

机械本体：床身、立柱、工作台等，支承安装各部件，保证相对位置与运动精度，要求具有高刚度、高强度和可靠的稳定性。

数控电火花加工机床按照加工方式可分为沉积式和线切割式两类。

4.2 电火花成形加工

电火花成形加工机床大多参与型腔加工，如模具和精密零件加工使用成形电极，工件和工具只有一个相对的伺服进给运动。如图 2.26 所示为数控电火花成形机床。

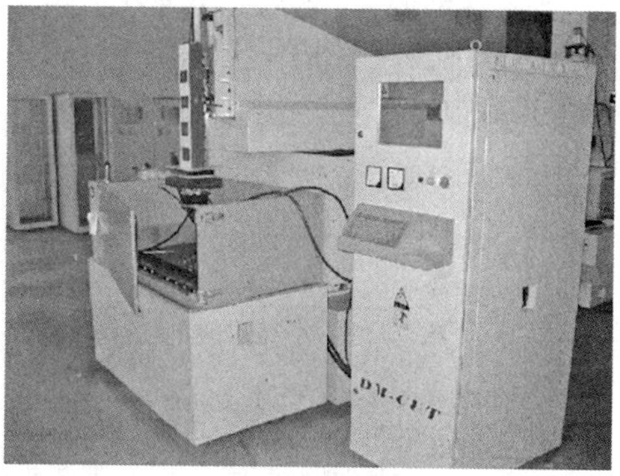

图 2.26　数控电火花成形机床

（1）数控电火花成形加工的特点及应用

主要有如下五个方面：

① 适合难切削材料的加工；

② 可加工特殊及复杂形状的零件；

③ 利用电能、热能直接进行加工，便于实现加工过程自动控制；

④ 主要加工金属等导电材料，一定条件下也可加工半导体和非导体材料；

⑤ 加工效率较低，电极存在损耗，加工的最小角半径受限制。

（2）多孔工件加工

加工如图 2.27 所示零件，其外形尺寸为 80mm×80mm×6mm，需加工 9 个对角线为 13mm、深度为 2mm 的方孔。

加工步骤：

① 加工方法分析：工件中间位置 9 个方孔尺寸相同、对称排列且间距相等，确定其中一个孔作为基准孔，再按孔间距离完成其余孔加工。选择手工编程并调用子程序。

② 准备工具电极：在数控铣床上加工电极，材料选取合适的金属。图 2.28 所示为电极。

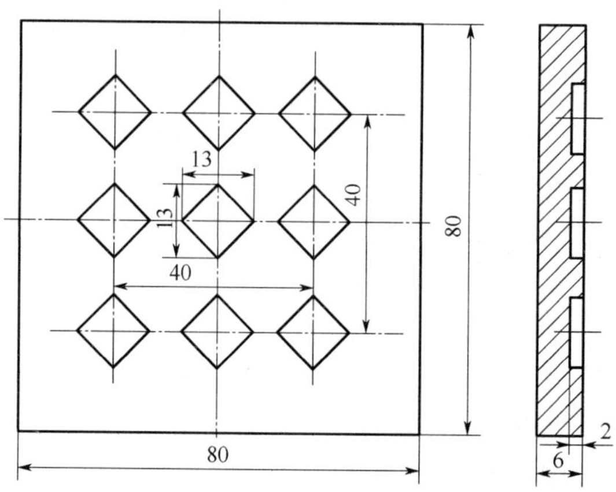

图 2.27　电火花成形加工零件图

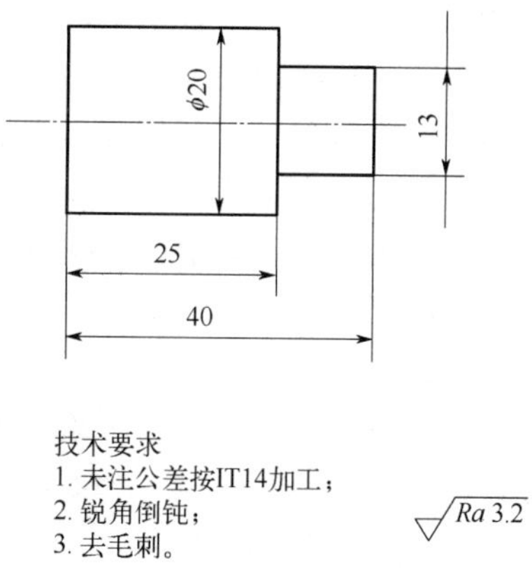

图 2.28　电极

③ 编写程序：手工编程，确定各方孔的加工路径，设计加工参数。

④ 毛坯装夹和定位：毛坯件先进行铣削和磨削，之后将工件定位安装在工作台上，并用百分表找正后将压板夹紧。

⑤ 工具电极装夹：选用通用夹具，如钻夹头、螺纹夹头等，手动将电极装夹在机床主轴下端。装夹时要保证电极与夹具接触紧密、导电良好，如图 2.29 所示。

⑥ 工具电极的校正：通过目测法、测量法等校正电极，使其与工件达到正确的相对位置。

⑦ 放电加工：设定绝对坐标系原点在工件左下角，采用手动点位控制方式使工具电极接触工件两侧面并完成对刀，然后根据各孔坐标值，选择合适的电规准（如脉冲宽度 50μs，峰值电流 10A，脉冲间隔 60μs）依次加工各孔，如图 2.30 所示。

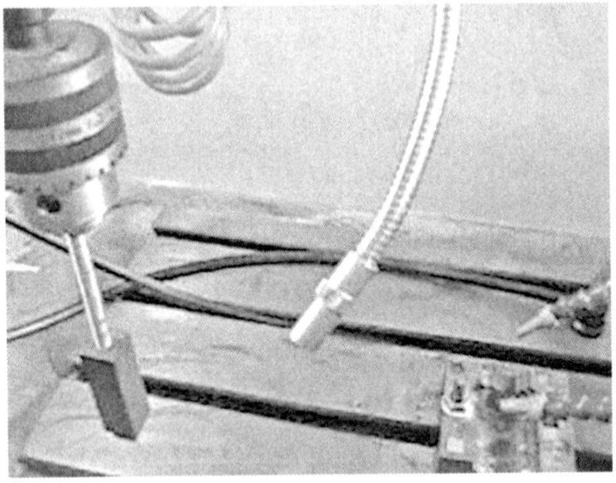

图 2.29　工具电极装夹及移位

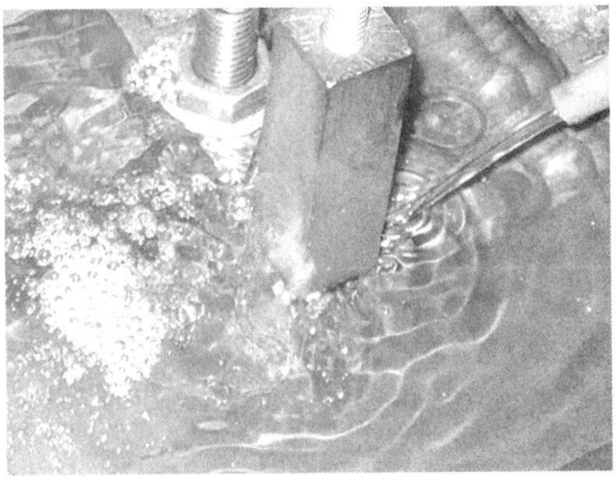

图 2.30　放电加工

4.3　数控线切割加工机床

数控线切割机床采用线状电极（如钼丝、铜丝）作为工具阴极，电极丝沿着轴线移动，靠火花放电对工件进行切割。加工时工具和工件在水平两个方向同时有相对伺服进给运动，切割出二维图形，主要加工贯通的孔和外形。电火花线切割原理如图 2.31 所示。

（1）线切割机床组成、分类及应用

线切割机床由机床本体、工作液循环系统、脉冲电源及数控装置等几部分组成。机床本体包括：床身 1、坐标工作台 2（安装在床身上，由上下两层组成，上层 6 为 X 方向滑板，下层为 Y 轴方向滑板）、走丝机构 3（储丝筒 5、导轮、张紧装置等）、丝架 4。机床本体结构如图 2.32 所示。根据电极丝运行速度不同，数控电火花线切割机通常分为快速走丝和慢速走丝两大类。两类机床应用比较如表 2.8 所示。

应用范围：电火花切割机床在新产品试制、精密零件和模具加工中应用广泛。

（2）应用实例

加工零件如图 2.33 所示。

1）零件图分析：明确加工要求，分析零件的结构、工艺性和技术要求，确定定位方法。

零件的尖角 A 和 D 符合线切割加工的工艺条件，线电极具有一定的直径 d，加工时又有放电间隙 e，使线电极中心的运动轨迹与给定图样的相差距离 $L=d/2+e$。

2）加工质量分析：大多数线切割机床的脉冲当量一般为 0.001mm，切割加工精度一

般为 IT6 级左右。

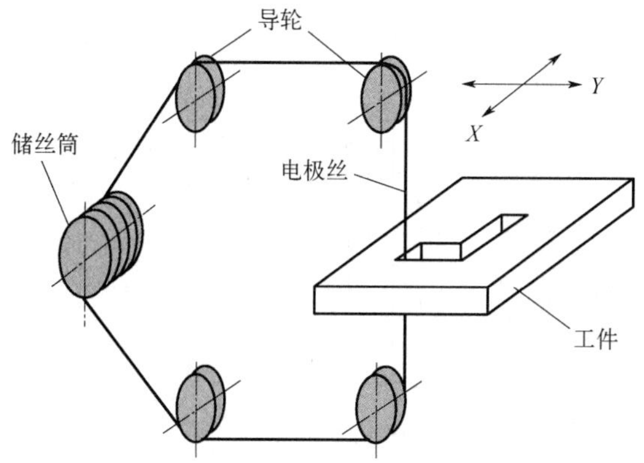

图 2.31　电火花线切割原理

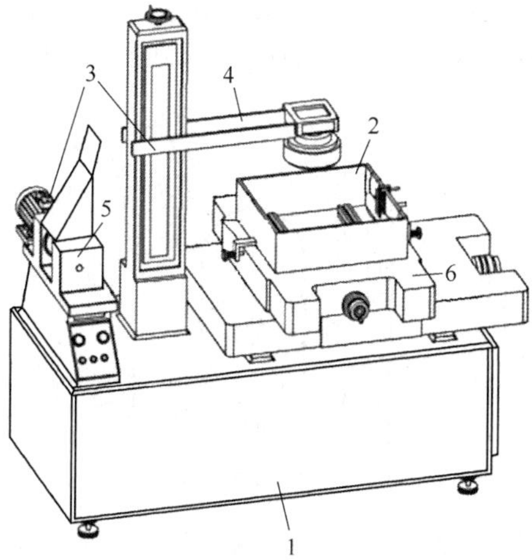

图 2.32　线切割机床本体结构简图

表 2.8　快速走丝和慢速走丝电火花线切割机床应用比较

项目	电极丝材料	电极丝运动形式	走丝速度	电极丝损耗	价格	机床结构	加工效率
快速走丝	钼或钨钼合金	往复循环运动	8～12m/s	大	低	简单	高
慢速走丝	黄铜	单向运动	1～15mm/min	小	高	复杂	低

3）毛坯准备：选用 45 钢板材毛坯，80mm×60mm×10mm，加工前进行必要的时效处理和清理。

4）加工路线选择：左侧夹持板材。

方案一：如图 2.34 所示，从 E 点切入毛坯，完成 E→A→B→C→D→A→E 加工循环；靠近左侧夹持部分先被切割，余下材料与夹持部分连接较少。工件刚性下降，易产生变形，影响加工精度和质量。

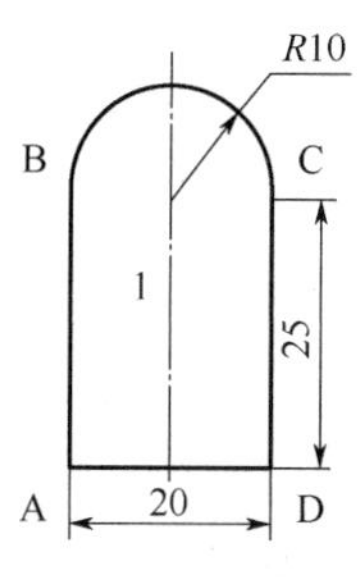

图 2.33　零件图

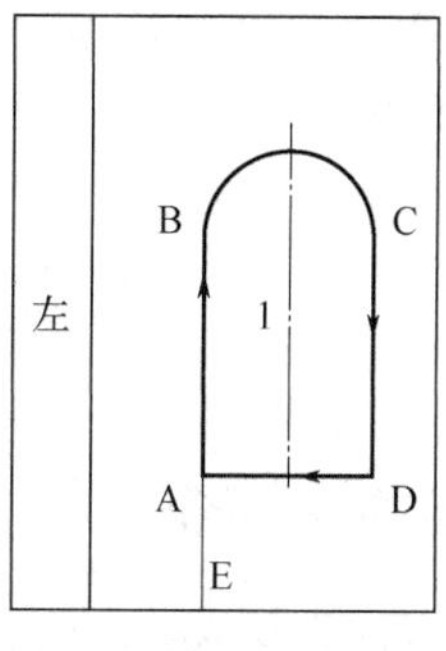

图 2.34　方案一

方案二：如图 2.35 所示，从 E 点切入毛坯，完成 E→A→D→C→B→A→E 加工循环；靠近夹持的工件部分最后被切割，随着加工的进行，余下材料与夹持部分连接逐渐减少，工件刚性下降，同样容易变形。

方案三：如图 2.36 所示，工件预制穿丝孔 E，从穿丝孔开始加工，完成 E→A→D→C→B→A→E 加工循环；保证刚度，不易变形。

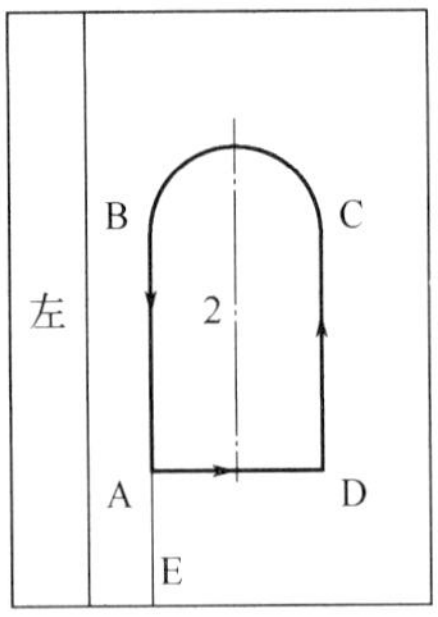

图 2.35 方案二

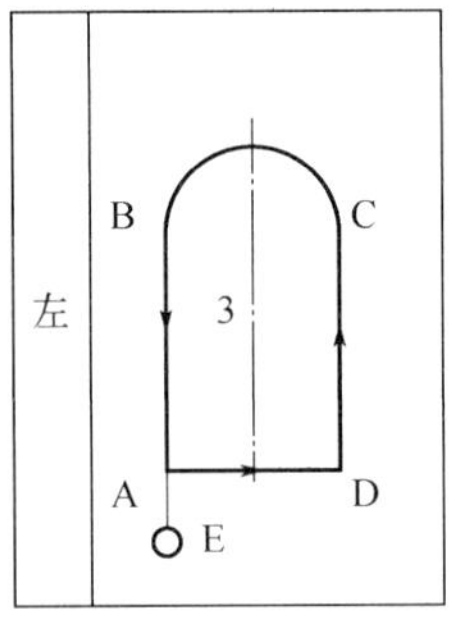

图 2.36 方案三

同时加工两个工件，如图 2.37 所示，为保证加工刚度，可采用方案如图 2.38 所示。

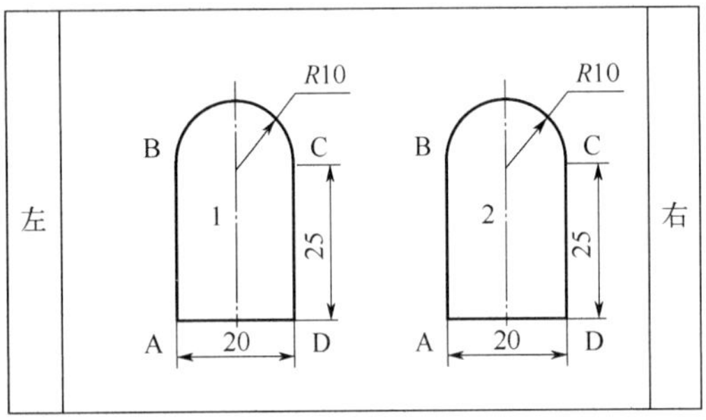

图 2.37 两个零件

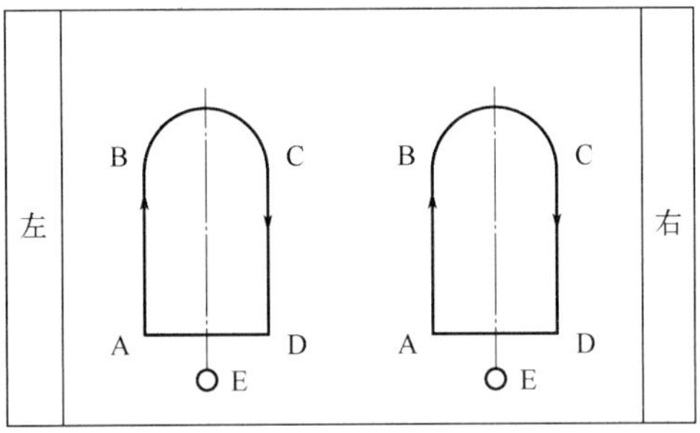

图 2.38 两个零件同时加工方案

方案四：选择不同的穿丝孔，分别加工。

注意：采用左右两侧夹持毛坯件装夹，不能沿工件端面加工，避免电极丝受电火花单向冲击，使电极丝运行不稳定。加工路线距离端面应大于 5mm，以保证工件结构强度。

5）绘制图形：建立加工对象的几何模型，然后在模型上进行工艺规划、确定切削用量及走刀方式，由计算机自动完成机床刀具运动轨迹数据的计算、自动生成加工程序等工作。

6）自动加工，检测。

课题三 智能数控机床

1 智能数控机床简介

智能数控机床（ICNC）是基于数控机床，融合人工智能、物联网等技术，科学应用自主感知、智能决策、智能学习与执行能力，实现智能化生产的先进设备。

（1）数控机床与智能数控机床的区别与联系

智能数控机床借助先进技术实现更高级的智能化与自动化，与数控机床在概念、技术功能上存在较大差异，具体表现在智能化、数据处理能力和互联互通能力等方面，如表 2.9 所示。

表 2.9　数控机床与智能数控机床主要区别

<table>
<tr><td rowspan="2">项目</td><td colspan="2">智能化</td><td colspan="3">数据处理能力</td><td colspan="2">互联互通能力</td></tr>
<tr><td>实时感知</td><td>参数调整</td><td>机床运行数据</td><td>采集分析运行加工数据</td><td>目的</td><td>通信接口</td><td>与其他设备连接度</td></tr>
<tr><td>数控机床</td><td>缺乏</td><td>人工设置</td><td>加工程序译码</td><td>简单有限</td><td>加工程序执行</td><td>程序传输；简单状态监控</td><td>连接程度低</td></tr>
<tr><td>智能数控机床</td><td>能够</td><td>人工智能算法自动调整</td><td>大量采集</td><td>深度分析，建立模型</td><td>优化预测与故障诊断</td><td>物联网全面互通互联</td><td>实时共享数据</td></tr>
</table>

数控机床与智能数控机床均以数控技术为核心，融合多学科技术，关联紧密；智能数控机床继承数控机床基本加工功能，并引入智能化功能；智能技术可满足高精度、高效率生产需求，顺应制造业智能化发展趋势，数控机床向智能数控机床转型是制造业智能化升级的巨大成果。

（2）智能数控机床关键技术及工作过程

1）关键技术

① 智能数控技术：完成数据采集，具有扩展性、互换性和操作性特点的开放式数控系统框架。

② 传感器技术：在机床关键部位安装传感器，采集切削力、温度等运行数据，为智能决策提供依据。

③ 人工智能算法：运用机器学习等技术分析数据，构建加工模型，预测刀具磨损等情况，优化加工参数。

④ 物联网技术：实现机床间、机床与车间管理系统的互联互通，上传运行数据，接收云端指令，达成远程监控管理。

⑤ 云计算技术：提供强大运算与存储能力，支持大数据分析，助力机床共享资源，实现协同制造。

2）智能数控机床的工作过程

加工过程中，借助电流、功率、切削力、视觉、加速度、位移、温度等传感器实时监测机床的主轴、导轨、轴承、刀具等工作运行状态和环境的变化，通过仿真和智能算法，实时调节和控制，完成加工过程中的切削用量等参数的优化，预测性能变化，抑制或消除振动，补偿热变形，充分发挥智能数控机床的潜力。

① 数据采集与预处理：开机后传感器采集数据，经预处理确保数据准确可靠。

② 智能决策与参数优化：依据加工实时状态与目标，用人工智能算法调整切削速度等参数。

③ 自适应加工控制：根据刀具磨损等实时调整参数，同时监测机床预防故障。

④ 远程监控与管理：借助物联网将运行数据上传云端，管理人员远程监控与控制。

⑤ 数据分析与学习：分析加工数据，用机器学习优化模型，反馈结果助力企业生产决策。

2 i5 智能机床

i5 智能机床是基于信息驱动技术，以互联网为载体，实现操作、编程、维护和管理智能化的智能装备。i5 智能机床一览表见表 2.10。

表 2.10　i5 智能机床一览表

<table>
<tr><td rowspan="12">i5 智能机床：沈阳机床股份有限公司 2007～2014，历时 7 年研发推出产品</td><td rowspan="2">序号</td><td rowspan="2">i5 含义</td><td colspan="2">开发产品</td></tr>
<tr><td>i5 智能机床常见系列及加工零件类型</td><td>软件平台</td></tr>
<tr><td rowspan="2">1</td><td>工业化</td><td>M 系列，智能加工中心</td><td rowspan="2">Wis 车间信息管理系统</td></tr>
<tr><td>Industry</td><td>高精度复杂零件加工</td></tr>
<tr><td rowspan="2">2</td><td>信息化</td><td>T 系列，智能卧式车削中心</td><td rowspan="2">虚拟现实机床</td></tr>
<tr><td>Information</td><td>车削类零件</td></tr>
<tr><td rowspan="2">3</td><td>网络化</td><td>F 系列</td><td rowspan="2">iFactory 智能工厂</td></tr>
<tr><td>Internet</td><td>机械、航空用小型零件</td></tr>
<tr><td rowspan="2">4</td><td>智能化</td><td>L 系列</td><td rowspan="2">iSESOL 工业云</td></tr>
<tr><td>Intelligence</td><td>能源、航空用复杂零件加工</td></tr>
<tr><td rowspan="2">5</td><td>集成化</td><td>M1 系列，智能钻攻中心</td><td rowspan="2">i5OS 工业操作系统</td></tr>
<tr><td>Integration</td><td>零件孔加工</td></tr>
</table>

i5 智能机床的命名由四部分组成：机床品类、类代码、系代码和型代码。例如 i5-M1.4，命名代码意义：i5—智能机床品类；M—铣床类产品；1—1 系产品；4—4 型标准平台。i5-M1.4 智能机床主要结构组成如图 2.39 所示。

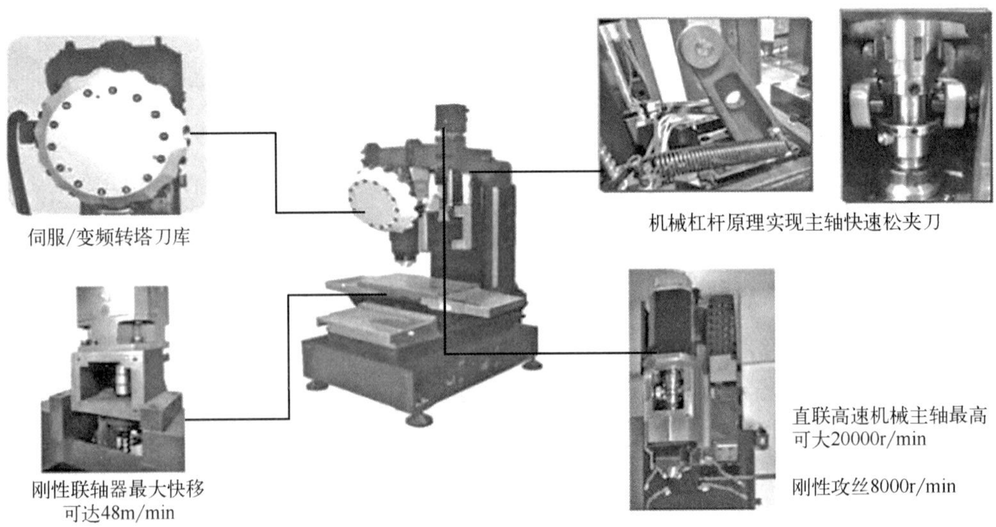

图 2.39　i5-M1.4 智能机床主要结构组成

i5 智能系统是沈阳机床股份有限公司上海研究院自主研发的，具有开放性和通用性特点，拥有自主知识产权的智能化数控系统。i5 智能系统的结构如图 2.40 所示。

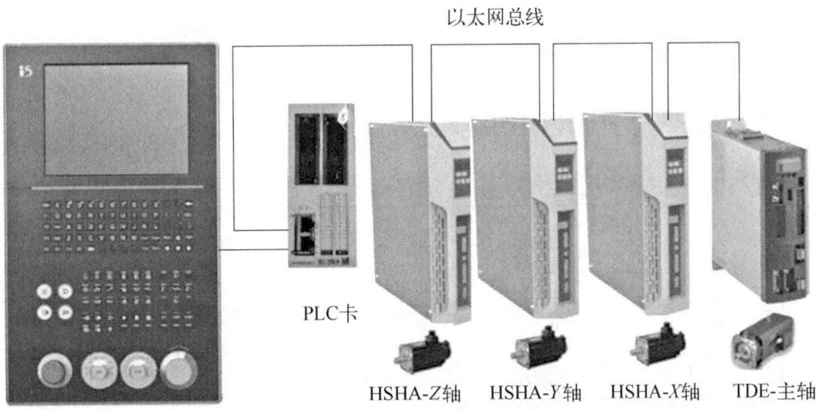

图 2.40　i5 智能系统的结构图

i5 智能系统的具体特点：

① 基于 PC 平台的数控系统。基于 PC 平台的 i5 智能系统采用软件和硬件分离、硬件可以通用的设计方法，操作方便，可以进行系统升级、维护和二次开发，并且拥有超强计算能力。

② 智能化的数控系统。操作智能化、编程智能化、维修智能化和管理智能化。具体的工作，例如图形的模拟、工艺支持、刀具寿命管理和集成报修等变得简单智能。

③ 互联化的数控系统。在单台 i5 机床实现联网以后，i 平台与 iSESOL 平台随之建立，进一步推动 i5 系统的互联化。

a. i 平台。i 平台是 i5 产品全生命周期平台，为 i5 数控机床的用户提供信息化服务，并且只对 i5 用户开放。在平台的支持下，通过网络把多台智能机床连接在一起，形成一个智慧工厂，在移动终端或计算机上，管理人员通过互联网看到车间内所有机床的实时状态，安排车间的生产计划并控制机床的操作。

b. iSESOL 平台。智能工业工程与在线服务平台，是一个为工业化服务的信息平台，对所有人开放。其主要功能包括生产能力调整与协调、制造支持、产品定制化、机床租赁、制造业人才培训和交互式智能制造等。

i5 智能系统应用：

① 多轴联动加工。i5 智能数控系统支持多轴联动功能，可实现复杂曲面的直接插补加工，能够加工出各种形状复杂的零部件，如叶轮、叶片、模具等，满足航空航天、汽车、医疗等行业对高精度复杂零件的加工需求。

② 复合加工。可以进行多种工艺方法控制和复合加工工艺控制。例如车铣复合加工中心，一次装夹中完成车削、铣削、钻孔、镗削等多种加工工序，提高了加工效率和精度，适于加工形状复杂、精度要求高的异形回转体长轴及盘类零件。

③ 高精度加工。集成了智能补偿技术，机床达到定位精度 5μm、重复定位精度 3μm，能够保证加工零件的尺寸精度和形位公差。

④ 高效加工。采用先进的技术和设计，如多工序集成技术，只需一次装卡即可完成全部加工需求，使整体生产过程中切削及辅助时间减少 30%。

例如，i5M8.1 三轴立式加工中心，通过门式框架搭配固定工作台，工作台两侧加装两台关节机器人自动上下料，实现机内自动化，完成上下料无等待、主轴不停转持续加工，整体加工效率比市场通用三轴立式加工中心提升 30%。i5 立式加工中心操作界面如图 2.41 所示。

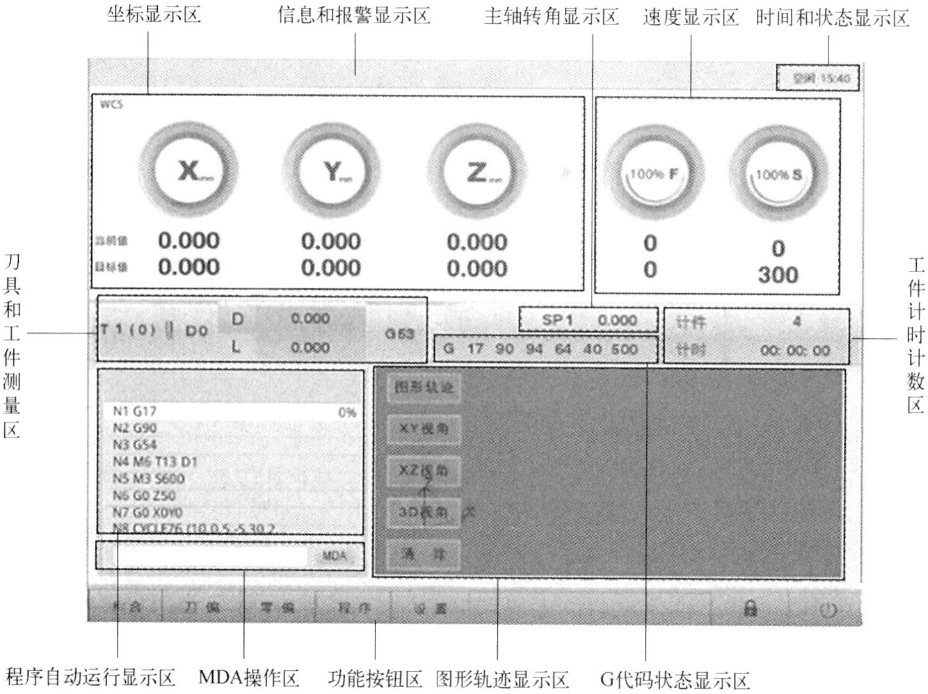

图 2.41　i5 立式加工中心操作界面

i5 智能加工机床适应多种行业：通过配置不同的功能模块和附件，可以适应不同行业的加工需求。例如，M8 系列铣床的不同配置可分别用于模具、3C 产品、汽车零部件、航空航天等领域零件的加工。

课后习题

1. 举例说明几种典型数控机床的应用。
2. 简述智能数控机床的应用。

· 模块三 ·
数控加工工艺基础

知识引入

在智能化制造浪潮席卷的当下，数控加工技术已然成为现代机械制造的核心支柱。数控加工工艺如同精密的导航图，科学规划每一道加工工序；数控刀具是高效加工的利刃，直接影响切削质量与效率；数控机床夹具则像稳固的基石，确保工件精准定位；数控车削专攻回转体零件，数控铣削精雕复杂平面与轮廓。三者紧密配合，助力机械制造迈向高精度、高效率的新高度。

课题一　数控加工工艺设计

数控加工工艺设计是数控加工的关键环节，它将零件的设计要求转化为具体的加工步骤和操作指令，直接影响加工质量、效率和成本。在现代制造业中，数控加工技术被广泛应用，科学合理的工艺设计是发挥数控设备优势，实现高精度、高效率生产的前提。

1　数控加工工艺概述

（1）概念与特点

数控加工工艺是使用数控机床完成零件加工过程的一种特定工艺体系。数控加工与传统加工方法在本质上有显著区别，主要体现在加工控制方式不同。数控加工的整个加工过程基于预先编制的数字指令程序进行，加工过程自动运行。

数控加工工艺体系独具特色，具体表现如下：

1）工艺内容要求

工艺内容规划和描述要求更加具体、详细、严密、精确，关注到每一个细节，确保工艺方案的全面性、可操作性和可执行性。

2）数学处理与计算

制订数控加工工艺时，需要针对零件图形展开系统的数学处理工作，精确计算编程尺寸参数，完成设定值的计算，保障加工指令的准确。

3）进给速度影响

进给速度的选择和控制将直接影响到零件形状精度，需深入研究设置进给速度值，确保加工中能够实现精确的调整控制。

4）刀具选择重视

强调刀具选择的重要性。刀具性能与参数影响加工质量、效率，应合理选择配置刀具。

5）特殊工艺要求方面

切削用量与效率：数控机床切削用量比普通机床适用范围大，加工效率能够显著提高。

工序特点：数控加工工艺的工序相对集中，工序内容比普通机床加工的工序内容更加丰富并且复杂。

装夹与干涉：由于数控机床加工的零件结构比较复杂，在确定装夹方案和夹具开发设计时，要特别关注刀具、夹具、工件三者间的空间干涉问题，保障加工过程安全可靠。

6）程序相关

数控加工程序的编制、校验与优化修改是数控加工工艺的一项特殊内容，涉及加工过程的稳定性和加工零件的精准性。

（2）设计基本原则

数控加工工艺设计以实现加工过程的优化为目的，需遵循以下基本原则：

① 质量保障原则：以保障尺寸精度、形状精度、位置精度和表面质量为目标，满足使用性能要求。批量加工零件时，应确保质量稳定可靠。

② 效率优化至上原则：合理安排加工顺序，合理选择切削参数，缩减加工时间，提高生产效率。同时，要综合考量切削参数对加工质量和效率的综合影响，寻求二者最佳平衡点。

③ 成本可控原则：在保证质量和效率的前提下，控制刀具、夹具等成本；合理选择切削参数，减少能源消耗，实现加工过程的可持续性。

2 数控加工工艺设计的主要内容

数控加工工艺设计工作能够顺利展开，通常离不开以下三个阶段任务的完成：数控加工工艺内容选择确切、数控加工工艺性分析清楚和数控加工工艺路线设计明确。

2.1 数控加工工艺内容选择

在确定数控加工内容时，需要考虑零件的具体情况，现将适合与不适合数控加工的内容均列入表 3.1，在确切选择数控加工工艺内容时，可按表 3.1 所述内容综合考量。

表 3.1 数控加工工艺内容选择

适合数控加工的内容		不适合数控加工的内容	
1	优选通用机床无法加工的内容	1	占机调整时间长的加工内容
2	通用机床难加工，确保加工质量的难度较高的内容	2	加工部位分散，需要多次安装调整、反复设置原点
3	通用机床加工效率呈明显低下态势、工人手工操作导致劳动强度大	3	获取数据困难，容易和检验依据发生冲突的，按某些特定的制造依据加工的型面轮廓

2.2 数控加工工艺性分析

（1）几何要素条件完整、准确

程序编写初期，编程人员针对被编写零件的轮廓几何要素参数，以及各几何要素之间相互关系的掌控必须精准。自动编程要求对零件轮廓的所有几何元素必须进行明确定义，手工编程要求提前精确算出每个节点的坐标值。任何一点的不明确或不确定，都会导致编程工作停滞。然而，在设计过程中技术人员可能存在考虑不周或疏忽的情况，常导致参数缺失或模糊的问题，例如圆弧与直线、圆弧与圆弧之间的位置关系（相切、相交或相离）界定不清。故在校验、审核和分析图纸时，必须仔细核算，如发现问题，应及时与相关技术人员沟通。

（2）尺寸标注满足数控加工工艺的特点

为便于数控加工，零件图尺寸的标注可从表 3.2 中几个方面考虑。

表 3.2 尺寸标注满足数控加工工艺要求表

序号	要求	具体内容
1	符合数控编程习惯	1）坐标标注：尽量采用直角坐标标注，明确各点的坐标值，利于编程时直接获取数据，减少计算量。针对复杂的曲线或曲面轮廓，直角坐标标注较困难，可结合极坐标标注关键节点的坐标
		2）基准统一：以同一基准为依据进行尺寸标注，使编程时能基于统一的基准确定加工位置和尺寸，保证加工精度和各部分之间的位置关系
2	适应加工工艺顺序	1）按加工顺序标注：依照“先粗后精、先主后次”工艺原则，按加工顺序针对相应加工表面标注尺寸，便于工艺人员制订工艺路线，利于编程人员确定刀具路径
		2）体现加工余量：清晰标注出需要预留加工余量的部位和尺寸，避免因余量标注不明导致加工失误
3	便于测量与定位	1）直接标注测量尺寸：标注加工过程中便于测量的尺寸，尽量使测量工具能直接测量出所需尺寸，减少间接测量和换算
		2）突出定位尺寸：明确标注用于定位的尺寸和基准，方便装夹和找正，确保零件在加工过程中的位置准确
4	清晰简洁无歧义	1）布局清晰：尺寸线、数字和箭头等的布局应整齐、有序，避免相互交叉、重叠或过于密集，保证图纸清晰可读
		2）表达简洁：用简洁明了的方式标注尺寸，避免复杂的标注方式或过多的辅助线，使工艺人员和操作人员能快速准确地理解尺寸要求
		3）消除歧义：保证每个尺寸的标注都只有一种理解方式，避免使用含糊不清或容易引起误解的标注方法
5	符合标准规范	1）遵循国家标准：严格按照相关的国家标准和行业规范进行尺寸标注，采用标准的符号、代号和标注方法，确保图纸的规范性和通用性
		2）保持一致性：在同一零件图及相关的装配图中，尺寸标注的方法和风格应保持一致，包括字体大小、箭头样式等细节

(3) 定位基准可靠

数控加工工序安排要求通常较为集中，基于同一基准完成定位成为后续加工的关键。因此，通常需要设置一些辅助基准，或者在毛坯上增设一些工艺凸台，以保障定位的准确性与稳定性。如图 3.1 所示，锥度心轴在车削、磨削加工中一般采用双顶尖装夹，因此应有安装卡箍（鸡心夹）的部位，否则工件无法正常装夹。

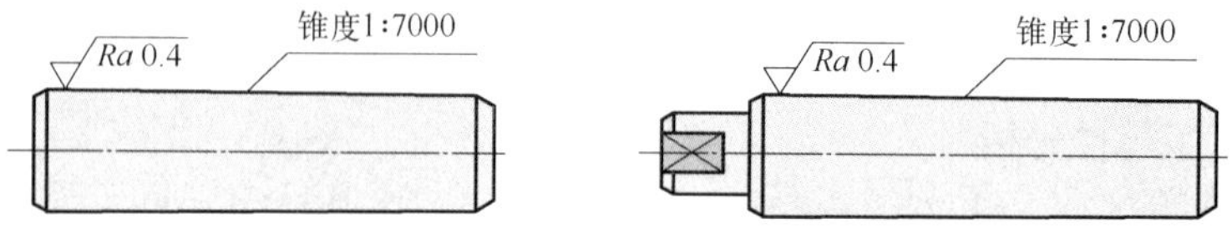

图 3.1　锥度心轴的辅助基准

如图 3.2 所示，电机端盖一般采用三爪自定心卡盘装夹，在一次装夹中加工出有关表面，因此应具备卡盘装夹的部位。

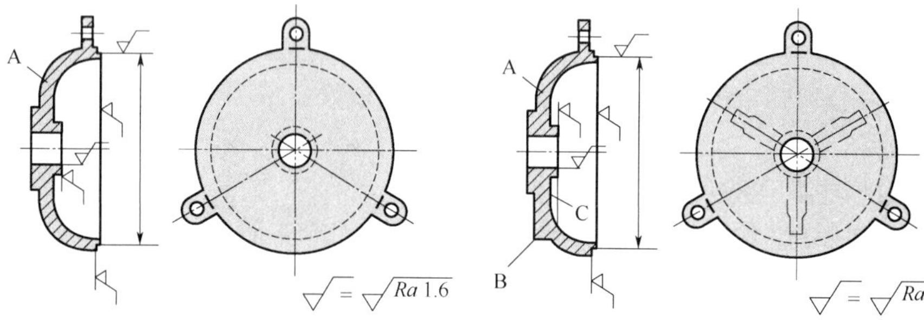

图 3.2　电机端盖的辅助基准

(4) 统一几何类型和尺寸

零件的外形与内腔宜采用统一的几何类型及尺寸标准，既可以减少刀具更换次数，又能提升加工效率与精度。零件的形状尽可能采用对称设计，数控机床特有的镜像加工功能对于对称型零件的编程有独到优势，可以节省大量的编程时间，降低计算量，提高加工效率。

2.3　数控加工工艺路线的设计

数控加工工序设计的主要任务是将工艺过程分解为具体工序。确定各工序的加工内容、加工顺序、切削用量、刀具和夹具等工艺装备，保精度保效率；合理规划走刀路径，明确刀具运动轨迹，避免走刀干涉。编制工序卡，为编制加工程序作好充分准备。

(1) 工序的划分

数控加工工序的划分一般采用下列方法：

① 以一次安装、加工作为一道工序；

② 以同一把刀具加工的内容划分工序；

③ 以加工部位划分工序；

④ 以粗、精加工划分工序。

(2) 加工顺序的安排

加工顺序应遵循以下原则进行安排：

① 独立性。前道工序的加工不能对后道工序的定位与夹紧产生影响，中间有通用机床

穿插加工工序的环节，也应综合考虑工序间的衔接，避免产生加工误差。

② 先进行内腔结构加工，再进行外形轮廓加工，保障零件整体精度。

③ 采用相同定位夹紧方式或同一把刀具完成加工的内容，最好合理规划工序，采用连续加工工序，可有效减少重复定位次数、换刀次数与挪动压板次数，提升生产稳定性。

（3）确定走刀路线

走刀路线既反映出工步的内容，又反映出工步顺序，是刀具在整个加工工序中的运动轨迹。走刀路线是编写程序的依据之一，其安排是否科学合理，直接影响零件的加工质量。设定走刀路线时应遵循以下原则：

① 寻求最短加工路线；

② 最终轮廓一次走刀完成；

③ 选择切入切出方向进刀、退刀；

④ 选择使工件在加工后变形小的路线。

（4）定位与夹紧方案的规划

规划定位与夹紧方案需着重关注以下几个要点：

① 基准统一，即尽力达成设计基准、工艺基准和编程计算基准，确保三基准选取的一致性；

② 最大化整合加工工序，最大限度减少装夹频次，力争在单次装夹下完成尽可能多的待加工表面的加工；

③ 规避占用机床加工时间长、人工调整耗时久的装夹方式；

④ 夹紧力作用点位于工件刚性较佳的区域，避免工件装夹变形。

（5）刀具与工件相对位置的确定

对刀点作为基准点，承担明确刀具与工件相对位置的职责，通常会选取零件的加工原点。其选择遵循以下准则：

① 所选取的对刀点应能使所编数控程序简化；

② 对刀点应位于方便进行找正操作、便于精准确定零件加工原点的位置；

③ 应将对刀点设置在加工过程中便于检测、观察的可靠之处；

④ 数控加工工艺中，对刀点选取科学合理有助于提高工件加工的尺寸精度与表面质量。

换刀点是在加工中心、数控车床等多刀加工机床中，为实现自动换刀操作而设定的点。即便是手动换刀的数控铣床，也同样需要设置换刀点。换刀点一般设置在远离被加工零件轮廓处，要求预留足够的安全距离，以避免换刀过程中发生干涉碰撞，损伤零件、刀具或夹具。

（6）切削用量的确定

数控加工中，合理选择切削用量是确保零件加工质量的关键因素之一。编程人员在确定切削用量时，需综合考虑被加工工件的材料特性、硬度指标、切削工况、背吃刀量、进给量以及刀具耐用度等因素，分析各因素间相互作用关系，最终选择适宜的切削速度。

1）根据加工材料特性

工件材料：硬度低、塑性好的材料，如铝合金，可采用较高的切削速度和进给量。硬度高、强度大的材料，如淬火钢，需降低切削速度，减小进给量，以防止刀具过度磨损或破损。

刀具材料：常见刀具材料的选用范围内，高速钢刀具的切削速度低于硬质合金刀具，陶瓷刀具和 PCD 刀具等超硬材料刀具适合更高切削速度的加工。例如加工铸铁材料时，选用硬质合金刀具的切削速度明显高于高速钢刀具的切削速度。

2）依据加工工艺要求

基于加工类型：粗加工时以提高效率为目的，在机床、刀具和工件刚度允许的情况下，可采用较大的背吃刀量、进给量，同时适当降低切削速度。精加工时，以保证加工精度和表面质量为目的，背吃刀量和进给量减小，降低切削力，同时提高切削速度，令切屑形成稳定。

基于加工精度和表面质量：要求高的加工精度或控制在较低水平的表面粗糙度时，需选择较小的进给量和匹配的切削速度。如镜面铣削，要采用高切削速度、小进给量。

3）结合机床性能

机床功率：机床的功率大可承受更大的切削力，能采用较大的切削用量。功率小的机床则需降低切削用量，以免过载。

机床转速范围：机床最高转速限制了切削速度的上限。如一些普通数控车床的最高转速为 3000r/min，加工时切削速度不能超过此转速对应的线速度。

4）参考刀具规格和性能

刀具直径：刀具直径大，切削速度可适当降低，以防止刀具边缘线速度过高导致磨损加剧。如铣刀直径从 10mm 增大到 20mm，切削速度可能要降低到原先的一半。

刀具齿数：多齿刀具的进给量一般要比单齿刀具小，以保证每个刀齿的切削负荷合理。

5）借助经验数据和试验

切削手册：可查阅切削手册等资料获取推荐的切削用量范围，再根据实际情况调整。

工艺试验：对于新材料或新工艺，严格通过工艺试验确定最佳切削用量。先进行单因素试验，固定其他参数，改变一个参数研究其影响，再进行多因素综合试验，找到最优组合。

（7）数控加工工艺与普通工序的衔接

1）工艺规划阶段

整体工艺分析：对零件进行全面分析，明确精度、表面质量等要求。根据零件结构和批量等，确定哪些适合普通加工，如简单平面、沟槽等；哪些适合数控加工，如复杂曲面、精密孔系等。

加工顺序安排：遵循先粗后精、先主后次原则。大余量工件，一般先安排普通机床进行粗加工，为数控加工预留合适余量，普通机床完成大余量去除工作后，再进行数控精加工。

2）加工准备阶段

基准选择与统一：选择统一的定位基准，如以零件上的某个平面或孔为基准，在普通加工中先加工出基准，为数控加工提供准确的定位基准。

工装夹具协调：选择的夹具要兼顾普通加工和数控加工。若普通加工用通用夹具，数控加工时尽量也能用，以减少装夹误差和装夹时间。

刀具选用配合：普通加工和数控加工刀具选用可相互借鉴。如普通加工用的某种刀具在粗加工时效果好，数控加工粗加工也可选用类似刀具。

3）加工执行阶段

余量控制与传递：普通加工为数控加工留余量要合理，粗加工后检测余量，确保数控加工能顺利进行。数控加工中粗、精加工工序之间也要合理分配余量。

精度控制与补偿：普通加工完成后检测尺寸、形位公差等，超差及时调整。数控加工根据普通加工的精度情况，进行精度补偿。

加工参数调整：数控加工可根据普通加工的情况调整参数。如普通加工发现材料硬度高，数控加工应马上调整参数，适当降低切削速度、增加进给量。

4）检测与反馈阶段

普通加工后的检测：普通加工工序完成后，进行尺寸精度、形位公差等检测，合格后才能进入数控加工。

数控加工中的检测与反馈：数控机床具备在线检测功能，加工中发现问题及时调整刀具路径等。完成后全面检测，根据结果优化后续的普通加工和数控加工工艺。

课题二　数控机床刀具

先进切削刀具是推动制造技术不断发展的关键要素，在保障产品质量、降低生产成本方面发挥着不可替代的作用。刀具和机床之间存在着相互影响、协同发展的密切联系。当下，高端数控机床已成为现代制造业的核心装备，其与先进刀具技术相互配合，共同推动加工工艺的创新，促使制造行业进入数控加工新阶段。

1　数控刀具的分类

数控刀具应具备如下特点：①很高的切削效率；②高的精度和重复定位精度；③高的可靠性和耐用度；④刀具尺寸实现预调；⑤实现快速换刀；⑥具有完善的工具系统和刀具管理系统；⑦具有刀具在线监控及尺寸补偿系统。

基于数控刀具的技术特点，数控刀具的设计需满足更高标准的要求。需充分结合数控机床高速运转、高效加工作业及高度自动化的特性，数控刀具的构成通常包含通用刀具、通用连接刀柄及少量专用刀柄。作为连接刀具与机床动力头的重要组件，刀柄的标准化与系列化发展已形成行业产业共识，并已得到逐步推进落实。

1.1　数控刀具从结构角度分类

从刀具结构维度出发，数控刀具可作如下分类。

① 整体式刀具：该类刀具采用整块材料经磨削工艺制成，实际使用时，可依据不同的加工要求，将切削部分修磨成多样化的几何形状，典型代表如各种钻头、立铣刀等基础加工工具。

② 镶嵌式刀具：具体分为焊接式与机夹式两种类型。现阶段，机夹可转位刀具在数控刀具体系中占据主导地位，其使用数量在数控刀具总量中的占比达到 30%～40%，而在金属材料切除效率方面，更是高达 80%～90%，高效加工多用此刀具。通过机械夹固方式将此类刀具的可转位刀片固定于刀体，无需焊接工艺，避免焊接热应力对刀片性能的影响。

③ 减振式刀具：在镗孔加工场景中应用较多，当刀具工作臂的长度与直径比值超过 4 时，为有效抑制加工过程中的振动现象，提升加工精度，会采用具有特殊结构设计的减振刀具，通过结构优化实现切削稳定性的增强。

④ 内冷式刀具：针对深孔加工的特殊工况需求设计，其独特的技术优势体现在切削液供给系统的创新设计上。刀具通过刀体内部开设贯穿冷却通道，供给系统借助机床主轴或刀盘将切削液输送至刀体内部，再通过预设的喷孔直接喷射到切削刃工作区域，从而实现对切削区域的高效冷却与润滑，满足深孔加工的苛刻工况要求。

⑤ 特殊形式刀具：包含多种具有独特设计的刀具类型，诸如强力夹紧刀具、复合刀具等，此类刀具旨在满足特定加工场景下的特殊需求，通过结构创新或功能整合，解决常规刀具难以应对的加工难题，拓展数控加工的应用范围。

1.2 数控刀具从制造所采用的材料角度分类

从刀具制造采用材料维度出发，数控刀具可作如表3.3所示分类。

表3.3 按刀具材料的数控刀具分类

<table>
<tr><th>分类方法</th><th>具体分类</th><th colspan="2">特点</th><th>应用</th></tr>
<tr><td rowspan="9">按刀具材料分类</td><td>高速钢刀具</td><td colspan="2">良好的热硬性，高的切削速度，良好的耐磨性、抗弯强度和韧性；可加工性和综合力学性能较好</td><td>适用于制造复杂、精密和成形刀具。典型刀具代表：钻头、切齿刀具、拉刀和立铣刀</td></tr>
<tr><td rowspan="4">硬质合金</td><td>1）K类刀片（对应国标YG系列）（WC）</td><td>以WC为基体，辅以钴（Co）作为黏结相，具有良好的抗冲击性和耐磨性</td><td>适用于短切屑的黑色金属、有色金属及非金属材料加工</td></tr>
<tr><td>2）P类刀片（国标YT系列）（WC-TiC）</td><td>采用WC-TiC的复合结构，加入碳化钛后显著提升刀片的硬度和耐磨性</td><td>适用于合金钢、碳钢等产生连续长切屑的黑色金属加工</td></tr>
<tr><td>3）M类刀片（国标YW系列）（WC-TiC-TaC）</td><td>良好的高温化学稳定性和抗扩散磨损能力，良好的综合切削效能</td><td>适于加工长切屑或短切屑的黑色金属和有色金属。特别适用于耐热合金、高锰钢、不锈钢、高级合金钢等难加工材料</td></tr>
<tr><td colspan="2">涂层硬质合金：通过在韧性较好的基体表面涂覆耐磨损、耐反应的物质，提升了刀具的性能和使用寿命</td><td>适用于加工钢件、铸铁件及有色金属加工；适用于高温合金、钛合金等难加工材料</td></tr>
<tr><td rowspan="2">陶瓷刀具</td><td colspan="2">陶瓷刀具有极高的硬度和耐磨性，化学稳定性良好，摩擦因数低，抗扩散和抗黏结能力强，但强度和韧性较低，热导率低</td><td>适用于钢、铸铁及塑性较大的材料的半精加工和精加工；特别适用于冷硬铸铁、淬硬钢等高硬度材料的加工；适合耐热合金等难加工材料的加工</td></tr>
<tr><td colspan="2">金属陶瓷：以TiC为基体，Ni、Mo为结合剂的非均质复合材料。优异的加工性能和表面质量，与被加工材料的亲和性极低</td><td>精加工的佼佼者</td></tr>
<tr><td>立方氮化硼刀具（CBN）</td><td colspan="2">由立方晶氮化硼微结晶粒与特殊陶瓷结合材料在超高温高压下烧结而成，CBN的硬度高达8000～9000HV，硬度次于金刚石，耐热性远优于金刚石</td><td>适用于加工耐热合金、淬火后的高合金钢等硬度高于40HRC的硬材料，以及镍铬铁耐热耐蚀合金等难切削材料</td></tr>
<tr><td>聚晶金刚石刀具（PCD）</td><td colspan="2">一种超硬刀具材料，具有优异的耐磨性，PCD刀具与铁系金属具有极强的亲和力</td><td>适用于硬质合金、陶瓷和硅铝合金等高硬度、高耐磨材料加工；
适用于精密加工，有色金属和非金属材料的高效加工；
不适用于黑色金属材料加工</td></tr>
<tr><td>总结</td><td colspan="4">刀具材料的硬度、耐磨性，金刚石最高，递次降低到高速钢。
刀具材料的韧性：高速钢最高，金刚石最低</td></tr>
</table>

2　工具系统

在智能制造的数控加工领域，工具系统是针对数控机床对刀具快速装夹、高效切削的应用需求，将通用性较强的刀具和配套装夹工具进行系列化、标准化处理。工具系统是连接刀具与机床之间的桥梁，其功能实现依赖于刀具本体，以及定位、夹紧、抓取和保护等一系列辅助功能结构的协同运作。

为适应数控机床的快速发展，数控机床工具系统开始分类划分发展方向，主要划分为整体式和模块化两种类型。其中，模块化工具系统应用较为广泛，有以下特点：

① 显著缩短换刀操作时间，降低刀具重复装配次数，从而加快生产节奏，有效提升生产效率；

② 促进刀具及相关配件朝着标准化、系列化方向发展，增强不同品牌设备间的兼容性；

③ 革新工具管理模式，通过系统化管控实现工具全生命周期优化，为智能制造与柔性生产奠定基础；

④ 提高刀具使用效率，充分发挥刀具性能优势，同时帮助企业精简刀具储备，降低仓储成本。

现阶段，数控机床工具系统主要发展为两大应用体系。如图 3.3 所示。

车削工具系统：以刀具快速更换与高效切削为核心目标，通过高精度接口设计，确保刀具与机床之间稳固可靠的连接，为各类车削加工任务提供高效、稳定的技术支持。

(a) 数控车床用工具系统　(b) 镗铣类整体式工具系统　(c) 镗铣类模块化工具系统

图 3.3　数控机床工具系统

镗铣类工具系统：模块式刀柄通过将基本刀柄、接杆和加长杆（如需要）进行组合，可以用很少的组件组装成非常多种类的刀柄。整体式刀柄用于刀具装配过程中装夹方式不改变，或不宜使用模块式刀柄的场合。

3　数控刀具的选择

在金属切削过程中会有刀具失效现象发生，即当刀具磨损量达到临界值，或出现刀具刃口崩裂或破损、卷刃等损伤时，刀具将丧失切削能力或者切削能力显著下降，甚至无法保证加工质量。失效形式主要包括：后刀面磨损、边界磨损、前刀面月牙洼磨损、塑性变形、刃口剥落、崩刃、热裂纹及积屑瘤等，多由机械载荷与热损伤协同作用引发。为减缓失效，延长刀具寿命，需对刀具选择作重点研究。

3.1 数控刀具选型策略

刀具的选择是数控加工工艺规划中重要环节之一。选择刀具通常基于机床性能、加工工序需求及工件材料特性实现参数适配。要使刀具的尺寸与被加工工件的尺寸和形状相适应。通常应考虑如下因素：

1）被加工工件的材料及性能

根据金属、非金属等不同材料的硬度、韧性、加工硬化倾向等匹配刀具材料与涂层。

2）切削工艺的类别

针对车、钻、铣、镗或粗加工、半精加工、精加工、超精加工等不同工艺，选择刀具结构与几何角度。

3）结合被加工件几何形状、零件精度、加工余量等因素，确定刀具直径、刃长等参数。

4）依据机床功率与刚性，匹配刀具能承受的背吃刀量、进给速度、切削速度等切削参数。

5）其他因素，如现场生产状况（振动、电力波动或突然中断等），确保刀具系统可靠。

3.2 数控铣削刀具的选择

（1）铣刀类型选择原则

根据被加工工件的尺寸和表面形状选择合适的铣刀类型。

① 加工大型平面时，宜选用面铣刀。

② 加工凸台、凹槽及平面轮廓时，宜选择立铣刀。

③ 对于毛坯表面或粗加工孔，镶硬质合金的铣刀具有较好的适用性。

④ 曲面加工时，常用球头铣刀，但在加工较平坦的曲面时，环形铣刀更为适宜。

⑤ 加工空间曲面、模具型腔或凸模成形表面，优选模具铣刀。

⑥ 封闭键槽的加工应选用键槽铣刀。

⑦ 鼓形铣刀和锥形铣刀适用于加工变斜角面。

（2）铣刀参数的选择（面铣刀、立铣刀）

1）面铣刀参数选择

粗铣时宜选用较小直径的面铣刀，目的是减小切削扭矩；精铣时应选用较大直径的面铣刀，尽量包容工件的整个加工宽度，以提高加工精度和效率，并减少接刀痕迹。角度选择方面，冲击力较大或加工高硬度高强度材料时，选择负前角；后角取值范围通常在5°~12°之间，工件材料较软时后角取大值，硬时取小值，粗齿铣刀取小值，细齿铣刀取大值；工艺系统刚性好时，主偏角取小值，在45°~90°之间选择。

2）立铣刀参数选择

在保证刀具刚性和散热性能的前提下，为减少走刀次数并提高铣削质量，宜选用直径较大的立铣刀，但铣刀直径受加工部位几何形状、尺寸及工艺限制，应适当调整。根据工件材料和铣刀直径选择正值前角和后角。端面切削刃前刀面通常磨有棱边，以增强切削刃强度。

立铣刀尺寸参数选择遵循以下原则：

① 刀具半径 r 应小于零件内轮廓面的最小曲率半径 ρ，一般取（0.8~0.9）ρ。

② 零件加工高度 H 应不超过铣刀半径 r 的1/4~1/6，以确保刀具刚度。

③ 加工不通孔（深槽），刀具切削部分长度 L 应等于零件高度 H 加上 5 ~ 10mm 的余量。

④ 加工外形及通槽，刀具切削部分长度 L 应等于零件高度 H、端刃底圆角半径 r_ε 与 5 ~ 10mm 余量之和。

⑤ 加工肋板时，刀具直径 D 与肋板厚度 b 的关系为 $D=(5 \sim 10)\times b$。

⑥ 粗加工内轮廓面时，需计算铣刀的最大直径 D。

3.3 加工中心刀具的选择

（1）加工中心刀具组成

加工中心刀具包括用于平面加工的各种铣刀，以及用于孔加工的钻头、扩孔钻、镗刀、铰刀和丝锥等。

加工中心刀具由刃具和刀柄组成。

刀柄必须满足机床主轴的自动松开和夹紧定位需求，确保切削刃具的准确安装，并适应换刀机械手的夹持。

（2）孔加工刀具选型指南

孔加工刀具选型的基本要求：

① 高刚性：确保加工过程的稳定性。

② 高重复定位精度：保证同一刀具多次装夹时切削刃位置的一致性。

③ 精确的轴向和径向定位：便于调整刀刃相对于主轴固定点的位置。

（3）孔加工刀具类型

1）钻孔刀具

根据工件材料和加工质量要求选择，普通麻花钻在加工中心上应用广泛。为提高钻头刚性，宜选用较短钻头，但工作长度需大于孔深，以便排屑和切削液输送。

加工中心钻孔时，因无夹具钻模导向，易受切削力不对称影响导致钻斜，故要求钻头两切削刃具有高刃磨精度（两刃长度一致，顶角对称于钻头中心）。

物理沉积法（PVD）制备的 TiN 涂层高速钢麻花钻具有高耐用度和钻孔精度，应用广泛。中心钻用于加工轴类零件中心孔，钻孔前打中心孔有利于钻头导向，防止孔偏斜。

2）扩孔刀具

扩孔钻用于铰孔或磨削前的预加工，或毛坯孔的扩大，其结构与麻花钻相似，但通常有三四个刃带，无横刃，前角和后角沿切削刃变化小，加工时导向效果好，轴向抗力小。

扩孔钻主切削刃短，容屑槽浅，刀齿数目多，钻芯粗壮，刚度强，切削平稳，余量小，可采用较大切削用量，加工质量优于麻花钻，精度可达 IT10 至 IT11，表面粗糙度 Ra 为 6.3 ~ 3.2μm。

结构形式包括高速钢整体式（适用于小直径扩孔）、镶齿套式（适用于大直径扩孔）和硬质合金可转位式（适用于直径 20 ~ 60mm，机床刚性好、功率大的场合）三类。

3）镗孔刀具

镗刀用于孔的精加工，加工精度可达 IT6 ~ IT8，表面粗糙度 Ra 为 6.3 ~ 0.8μm，多用于加工箱体孔，孔径大于 80mm 时常用。

按切削刃数量分为单刃镗刀（刚性差，易振动）和双刃镗刀（可消除径向力对镗杆的影响）两类。

（4）刀具尺寸确定方法

直径尺寸：根据被加工孔直径确定，定尺寸刀具（如钻头、铰刀）直径完全取决于被加工孔直径。

长度尺寸：在加工中心作业上，刀具长度指主轴端面至刀尖的整体距离，包括刀柄和刃具两部分。确定原则是在满足加工要求的前提下，尽量缩短刀具长度以提高工艺系统刚性，减少振动和误差。初步估算刀具长度范围时，需考虑工件尺寸因素、装夹位置因素及机床主轴端面至工作台面或中心的最大、最小距离的参数限制。

4 数控机床刀柄的选择

连接刀柄是数控机床刀具系统的关键部件之一，设计满足机床主轴自动松开和拉紧定位、准确安装各种切削刃具、适应机械手的夹持和搬运、储存和识别刀库中各种刀具的要求。加工中心刀柄已经系列化和标准化，根据国标 GB/T 10944.1—2013《自动换刀 7:24 圆锥工具柄 第 1 部分：A、AD、AF、U、UD 和 UF 型柄的尺寸和标记》，锥柄结构如图 3.4 所示。

按照国家标准 GB/T 10944.3—2013 的规定，圆锥柄用拉钉为 AC、AD、AF、UC、UD、UF、JD 和 JF 型。我国标准的 7:24 圆锥工具柄及其配套的拉钉与国际标准 ISO 7388 在尺寸和形式上完全相同。

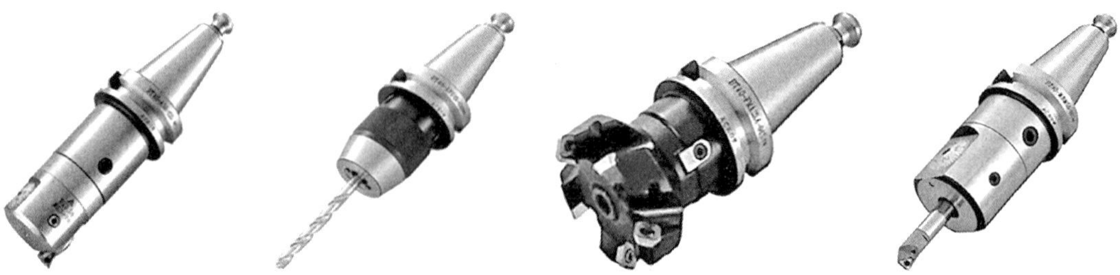

(a) 面铣刀刀柄　(b) 整体钻夹头刀柄　(c) 镗刀柄1　(d) 镗刀柄2

(e) 莫式锥度刀柄　(f) 钻夹头刀柄　(g) 快换式丝锥刀柄

图 3.4 常见各种刀柄

刀柄作为刀具与机床的接口，其选择会直接影响机床性能的发挥，选用加工中心刀柄时的注意事项如下。

① 根据机床上典型零件的加工工艺来选择刀柄。具体到某一台或几台机床，用户只能根据要在这台机床上加工的典型零件加工工艺来选取。

② 刀柄配置数量。与机床所要加工的零件品种、规格及数量有关，与零件的复杂程度、机床负荷有关，一般是所需刀柄数量的 2 ~ 3 倍。

③ 刀柄柄部配置形式。镗铣类数控机床主轴孔多为 7:24 锥度，柄部标准未完全统一。自动换刀机床需确保刀柄与主轴孔规格匹配，同时满足机械手抓取及主轴拉紧机构要求。

④ 尽量选用加工效率高的刀柄和刀具。优先选用高效刀柄刀具，如以双刃镗刀替代单刃镗刀提升效率，强力弹簧夹头实现多类型刀具夹持。

⑤ 模块式刀柄和复合刀柄选用要求。长期固定使用时，一般采用普通刀柄；模块式刀柄适用于刀库容量大、换刀频繁的场景；考虑节省时间，加工批量大的典型零件时多采用复合刀柄。

⑥ 根据具体情况可选择高速切削用刀柄和高速夹头。高速机床需配备高速切削刀柄与夹头，HSK 刀柄为典型高速锥形刀柄。

课题三　数控机床夹具

1　数控加工常用夹具介绍

数控机床夹具作为重要的工艺装备，其设计使用要求主要有以下几点：

① 高精度：使用中保障工件的定位精度和重复定位精度，满足数控加工的高精度要求。

② 高刚度和稳定性：在切削力、夹紧力等动态和静态力的作用下，夹具不产生变形和振动，确保整个切削加工过程的稳定性。

③ 快速装夹与拆卸：常采用气动、液压等快速夹紧装置，达到减少辅助时间，提高生产效率的目的。

④ 良好的定位精度保持性：长期使用后仍能保持定位精度，这就要求夹具的定位元件具有高耐磨性和尺寸稳定性。

⑤ 便于排屑和清理：避免切屑堆积影响加工精度和夹具使用寿命，可设置排屑槽、防护装置等。

⑥ 适应性强：针对多种类型和尺寸的工件，能够装夹应用，具有一定的柔性和通用性。

⑦ 安全性高：夹具应具有可靠的夹紧机构和防护装置，防止工件在加工过程中松动或飞出，确保操作人员和设备安全。

⑧ 与机床坐标系匹配：夹具的安装基准与机床坐标轴之间有明确的坐标关系，便于编程和加工。

根据所使用的数控机床类型，常用通用夹具分为车床、铣床和加工中心夹具三种。

1.1　数控车床夹具

数控车床夹具是车削加工的工艺装备。保障装夹的工件在加工中始终保持正确位置。以下是一些常见的数控车床夹具：三爪自定心卡盘、四爪电动卡盘、顶尖等。

（1）通用夹具

三爪卡盘：自动定心功能，装夹速度快，适用于圆柱和盘套类等圆形截面的工件，对于形状不规则、偏心的工件装夹操作不方便，如图 3.5（a）所示。

四爪卡盘：四个卡爪可独立运动，装夹灵活性高，可用于方形、矩形、椭圆形以及偏心等不规则形状的工件，装夹时需逐个调整卡爪，定心精度相对较低，如图 3.5（b）（c）所示。

(a) 三爪卡盘图　(b) 四爪卡盘图　(c) 电动四爪卡盘图

图 3.5　常见的数控车床夹具

顶尖：分为固定顶尖和活动顶尖两种，主要用于装夹轴类工件，以两顶尖定位，能保证工件的同轴度，适用于加工较长的轴类零件，但刚性相对较差，不适用于大切削力的加工。

（2）专用夹具

特定工件的特定工序设计的夹具，如汽车发动机曲轴加工机床用的专用夹具。专用夹具定位精度高，能保证加工质量和一致性，可提高生产效率，但设计制造周期长、成本高，工件设计或工艺变化时可能无法使用。

（3）中心架

在加工细长轴等易变形工件时，可安装在车床导轨上，自动定心并支承工件，有助于提高工件刚性，减少变形，完成提高工件的加工精度和表面质量的目标，常用于同轴度和直线度要求较高的细长轴类零件加工。

（4）动力驱动卡盘

利用气压、液压或电动等动力源驱动卡爪夹紧工件，具有夹紧力大、动作迅速、可实现自动控制等优点，适用于批量生产中需要快速装夹的场合，能有效提高生产效率。

1.2　数控铣床夹具

数控铣床夹具是用于在数控铣床上装夹工件的装置，以下是一些常见的数控铣床夹具。

（1）平口钳

一种常见的通用夹具，通过丝杠螺母传动使两个钳口相对运动来夹紧工件，常用于装夹小型规则零件，具有结构简单、操作方便、装夹效率较高等特点。

（2）压板夹具

利用螺栓、螺母和压板，通过拧紧螺栓产生压力将工件压紧在工作台上，适用于各类大型或不规则形状的工件，牢固装夹，能承受较大的切削力，但装夹过程相对烦琐。

（3）分度头

利用蜗轮蜗杆传动，将工件安装在分度头的主轴上，通过分度盘和手柄来实现工件的分度旋转，主要用于加工有分度要求的工件，如齿轮、花键轴、多边形零件等，分度精度较高。

（4）专用夹具

针对某一特定工件的某一特定工序专门设计制造，定位精度高，能保证工件的加工质量和一致性，显著提高生产效率，但设计制造周期长、成本高。

（5）磁性夹具

利用磁力吸附工件，适用于数控铣削中薄片状、小尺寸的铁磁性工件，装夹迅速，不损伤工件表面，能有效防止工件变形，但对非铁磁性材料工件无法使用，且磁力大小有限。

1.3　加工中心夹具

数控回转工作台作为各类数控铣床和加工中心的重要配套附件，应用价值突出。包含多种类型：立式工作台、卧式工作台和立卧两用回转工作台等不同产品。在使用过程中立卧两用回转工作台安装方式灵活，根据具体要求可分别以立式和水平两种方式安装于主机工作台上。实际工作中，工作台通过连接主机的控制系统或专门配套的控制系统，精准执行与主机相协调的各种必需的分度回转运动。模块化结构与智能化控制方式，进一步推动机加工自动化水平的提高。

2　组合夹具

组合夹具是一种标准化、系列化、通用化程度很高的工艺装备，由形状不同、规格不同、尺寸不同的标准元件及部件组装而成。组合夹具包括槽系和孔系两大类。

（1）槽系组合夹具

为适应不同工厂、不同产品的需要，槽系组合夹具分大、中、小型三种规格。槽系组合夹具的元件种类众多，如表 3.4 所示。

表 3.4　槽系组合夹具的元件

序号	组成	元件名称
1	基础件	长方形、圆形、方形、基础角钢等
2	支承件	V 形支承、长方支承、角度支承等
3	定位件	平键、T 形键、圆形定位销、菱形定位销、圆形定位盘、定位接头、方形定位支承、六菱定位支承座等
4	导向件	固定钻套、快换钻套、钻模板、左右偏心钻模板、立式钻模板等
5	夹紧件	弯压板、摇板、U 形压板、叉形压板等
6	紧固件	各种螺栓、螺钉、垫圈、螺母等
7	其他件	三爪支承、支承环、手柄、连接板、平衡块等
8	合件	尾座、可调 V 形块、折合板、回转支架等

（2）孔系组合夹具

孔系组合夹具是通过销和孔确定元件之间相互位置的一种组合夹具。以销和孔定位，设计原理是在 40mm×40mm 定位间距均匀分布的基础板上，以任意孔为原点作 0.01mm 级差的直线调整，装配精度能够满足夹具积累误差不大于零件尺寸公差的 1/3 ~ 1/5。

孔系组合夹具与槽系组合夹具相似，共由八类元件组成。元件上光孔的孔径精度为 H6，孔心距误差为±0.01mm，保证了组装的精度。

孔系组合夹具有以下特点：

① 精度高：元件间靠孔销定位，定位精度高，如德国 BIUCO 公司的孔系组合夹具，定位孔孔径有多种规格，能满足高精度加工需求。

② 刚性好：整体刚度大，能承受大功率、高速切削，可满足数控机床高切削用量的要求。

③ 易于组装：元件及其品种较少，合件数量较多，在夹具结构形成方面比槽系夹具方便容易。

④ 定位便捷：任何一个定位孔均可方便地作为数控机床加工时的坐标原点，便于数控编程。

孔系组合夹具特别适用于新产品试制、单件小批生产和临时性突击任务，广泛应用于数控铣床、加工中心以及柔性制造系统等，是与这些先进制造设备配套的主要夹具类型。

孔系组合夹具常见类型：

知名的德国 BIUCO 公司孔系组合夹具：元件与元件之间用两个销钉定位、一个螺钉紧固。定位孔孔径有 10mm、12mm、16mm、24mm 四个规格，广泛用于 NC 铣床、立式和卧式加工中心以及 FMS 上。

国内孔系组合夹具：常见定位孔孔径通常有 10mm、12mm、16mm 和 24mm 等规格，相应的孔距为 30mm、40mm、50mm 和 80mm，孔径公差为 H7，孔距公差为±0.01mm。其元件用一面两圆柱销定位，定位精度高，刚性好，可用作数控机床夹具。

3　拼装夹具

拼装夹具：在成组工艺基础上，用标准化、模块化、系列化的元件拼装而成的夹具。拼装夹具灵活性高，可重复使用，能适应不同工件的装夹需求，符合柔性加工的特点，常用作数控机床夹具。

拼装夹具主要组成：基础元件和组合件；定位元件和组合件；夹紧元件和组合件。

数控机床用拼装夹具种类丰富，分类方法众多，拼装夹具结构形式分类见表 3.5，常见拼装夹具如图 3.6 所示。下面仅从结构形式方面加以介绍。

表 3.5　拼装夹具结构形式分类

分类	结构特点	典型元件	应用
槽系拼装夹具	槽作为连接基准，螺栓、键实现定位紧固	基础板、定位块、支承件、压紧件	中小型工件铣削、钻孔加工
孔系拼装夹具	孔和销作为定位基准	定位销、定位板、连接板、调整垫片	高精度加工，镗孔、磨削
组合卡盘夹具	卡盘为基础，装不同的卡爪、定位元件	三爪卡盘、四爪卡盘、专用卡盘等	回转类零件车削加工
桁架式拼装夹具	杆件和连接件组合成刚性骨架，其上安装定位和夹紧元件	桁架杆件、角撑件、可调支承、压紧螺杆	适用于大型或异形工件的装夹

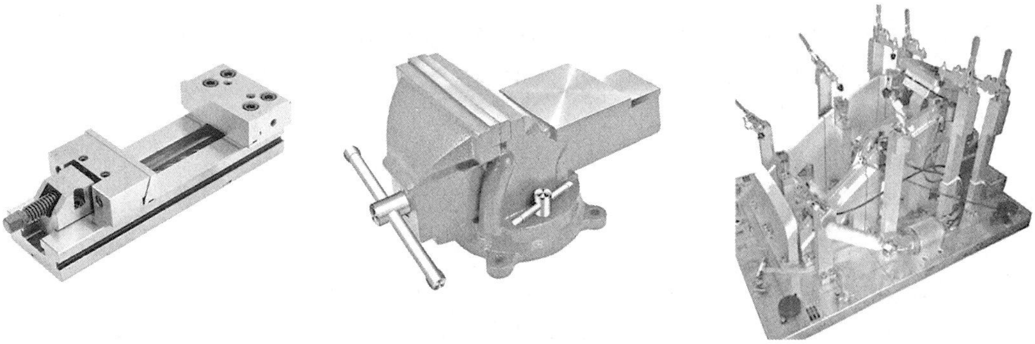

图 3.6　常见拼装夹具

专用拼装夹具介绍:

① 汽车零部件加工夹具:根据汽车零部件的形状、尺寸和加工要求专门设计拼装而成,如发动机缸体夹具、汽车轮毂夹具等,能够保证汽车零部件的加工精度和生产效率。

② 航空航天零件加工夹具:针对航空航天零件的高精度、复杂形状等特点设计,通常采用高强度、轻量化的材料制作,如钛合金、铝合金等,可满足航空航天零件的加工要求。

课题四　数控车削和数控车削中心的加工工艺

数控车削典型加工对象包括:①精密级回转体部件,如高端仪器中的精密轴类组件、光学设备的镜面级回转体等。②异形曲面回转体零件,比如通过样条曲线、螺旋线插补等多轴联动加工复杂曲面。③径向特征复合型零件,比如包括带有键槽、径向孔系、端面平行孔系的零件,以及法兰轴套、异形键槽轴等特殊结构件。④特殊螺纹类零件,比如变螺距螺纹、复合螺距螺纹、变直径螺纹等复杂结构。

针对上述加工零件,需要根据工艺拟订原则,并结合数控车床的特性,制订零件的数控加工工艺方案。

1　数控车削加工工艺的制订

1.1　零件图工艺分析

在数控车削编程工艺规划阶段,零件图样分析是确保加工顺利进行的关键环节,需从以下几个方面深入解析:

(1)审查几何要素完整性

手动编程和自动编程,都需要从以下几个方面入手逐个审查:

① 检查尺寸标注是否存在缺漏;

② 确认图线位置标注是否清晰、尺寸公差表达是否明确;

③ 审查几何约束条件的合理性;

④ 优先采用统一基准标注或坐标尺寸标注。

(2)分析尺寸精度要求

分析零件尺寸公差要求,判断数控车削工艺的可行性,制订符合精度要求的工艺方案。

同时要进行尺寸转换，如增量值与绝对值的换算、尺寸链的公差分配计算等。在编程实践中，常以零件尺寸公差带的中值作为编程基准。

（3）分析形位公差

零件图样中的形状与位置公差是保证装配性能的核心指标。加工前需据此确定定位基准与检测基准，必要时结合数控车床的运动控制特性，通过夹具优化、多轴联动补偿等技术手段，实现形位精度的精准控制。

（4）分析表面质量

表面粗糙度值的大小，直接影响切削参数设定、刀具选型、机床刚性匹配及工艺路线。根据设计要求，合理选择切削速度及进给量、刀具角度及材料，以确保加工表面达到图纸上规定的表面质量要求。

（5）分析工件材料与热处理工艺

分析图中给定的工件材料与热处理要求，针对性选择刀具材料（如硬质合金、陶瓷刀具）、机床类型及切削参数，合理地加入热处理工艺，同时规避因材料特性引发的加工硬化、刀具磨损等问题，保障加工效率与刀具寿命。

1.2 工序和装夹方法的确定

（1）工序的划分

在数控车削加工中，应用较为常见的两种划分方法如下：

① 按刀具使用划分工序：采用该方式能够显著提升车削加工的生产效率。

② 按粗、精加工划分工序：这种划分方式可有效保障数控车削加工的精度。

（2）零件装夹方法与夹具选择

在数控车床的加工工艺中，为保证加工过程稳定性与零件加工精度，工件结构尺寸不同，所采用夹具也不一样。具体应用分类如表 3.6 所示。

表 3.6 零件装夹应用分类

编号	装夹方法	常用夹具	实际应用
1	轴类零件	三爪卡盘、四爪卡盘、顶尖、快速可调万能卡盘等	主轴顶尖与尾座顶尖定位固定，借助主轴端的拨盘或拨齿顶尖驱动工件旋转
2	盘套类零件	可调卡爪式卡盘、快速可调卡盘	无尾座设计的卡盘式数控车床，便捷调节卡爪位置，可对不同规格的盘套类零件进行快速定位与牢固夹持

（3）加工顺序与进给路线规划

1）加工顺序的制订原则

① 先粗加工后精加工：先去除大部分加工余量，再进行精密加工以保证尺寸精度。

② 由近及远加工：从靠近卡盘的部位开始加工，逐步向远端推进，减少刀具空行程时间。

③ 内外表面交叉加工：合理安排内孔与外轮廓的加工顺序，避免重复装夹或干涉。

④ 基准面优先加工：先加工定位基准面，为后续工序提供可靠的定位基础。

2）进给路线的设计要点

进给路线是刀具相对工件的运动轨迹，包含工步内容，体现工步顺序，是程序编制的重要依据。具体设计需注意：

① 加工路线与余量分配。为合理利用资源，建议将毛坯件上的大余量（尤其带有锻铸硬皮层的部分）先用普通车床加工。若必须使用数控车床，可编制子程序对余量集中区域进行预切削，注意：阶梯式切削大余量毛坯时合理规划进给路径；分层切削时合理设定刀具的终止位置，避免过切或残留。

② 刀具切入与切出。数控机床加工时，需优化刀具切入切出路径，尽量沿零件轮廓切线方向进退刀。车削螺纹需设置升速段 δ_1 和降速段 δ_2，防止影响螺距精度和牙型。

③ 最短空行程路线设计。结合实际经验与分析计算，通过坐标优化减少刀具空移距离，合理规划换刀点位置以缩短空行程。

④ 高效切削进给路线规划。为提升生产效率、降低刀具损耗，综合考虑零件刚性与工艺性要求，确定缩短切削进给路线，同时保证加工质量。

（4）切削用量的选择

车削用量的选择准则如下：

粗车作业时选择顺序依次为：尽可能取大背吃刀量 a_p→选用较大进给量 f→确定适宜切削速度 v。

精车作业时选择顺序依次为：较小（但不宜过小）的背吃刀量 a_p 与进给量 f→尽可能提升切削速度 v（方法：合理选择刀具材料，保证切削性能优越；合理选择几何参数）。

车削用量具体选择方法如下：

1）背吃刀量 a_p 的确定

工艺系统刚度与机床功率允许范围内，尽量选取较大的背吃刀量，达到减少进给次数的目的。若零件精度要求较高，需预留精车余量，一般取 0.1 ~ 0.5mm，比普通车削余量更小。

2）进给量 f（部分数控机床采用进给速度 V_f）

进给量 f 的选取需与背吃刀量、主轴转速相适应。在保证工件加工质量的前提下，可选用较高进给速度（通常小于 2000mm/min）。切断、车削深孔或精车时，应降低进给速度。当刀具空行程（尤其是远距离“回零”）时，可设定最高进给速度。

具体取值参考：粗车 f= 0.3 ~ 0.8mm/r；精车 f= 0.1 ~ 0.3mm/r；切断 f= 0.05 ~ 0.2mm/r。

3）主轴转速的确定

① 光车外圆时的主轴转速。综合考虑零件与刀具材料、加工性质等条件，根据零件被加工部位直径尺寸，通过计算、查表或实践经验获取切削速度。注意：采用交流变频调速的数控车床，低速输出力矩较小，故切削速度不宜过低。待切削速度确定后，按公式 $n=1000v_c/(\pi d)$ 计算主轴转速 n（r/min）。其中，v_c 为主切削速度；d 为待加工表面的直径。

② 车螺纹时的主轴转速。车削螺纹时，主轴转速受螺纹螺距 P（或导程）、驱动电机升降频特性及螺纹插补运算速度等多因素影响。不同数控系统推荐的主轴转速范围不同，多数经济型数控车床建议按以下公式选取：$n \leqslant (1200/P) - k$。式中，P 为被加工螺纹螺距，mm；k 为保险系数，通常取 80。

2　典型工件的工艺分析

2.1　轴类零件数控车削工艺分析

典型轴类零件如图 3.7 所示，零件材料为 45 钢，无热处理和硬度要求，试对该零件进行数控车削工艺分析。

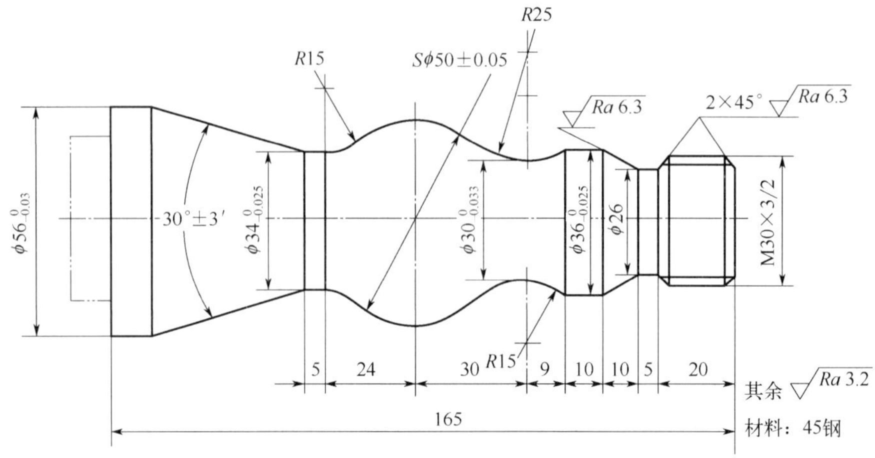

图 3.7　典型轴类零件

（1）零件图工艺分析

图 3.7 所示零件尺寸标注完整，轮廓清晰，零件的表面构造较为复杂，表面特征包括圆柱面、圆锥面、圆弧以及螺纹结构。多个直径尺寸的公差范围要求严格，表面粗糙度要求较高。球面 $S\phi$ 50mm 的尺寸公差，限制直径偏差的同时，还精准约束了球面的线轮廓度。零件材料选用 45 钢，且无热处理和硬度要求。基于以上特性，可建立如下加工工艺方案:

① 图中部分高精度尺寸的公差带极为狭窄，编程时，直接运用设计给定的原始基本尺寸，即可满足加工精度要求。

② 该零件的轮廓曲线中包含三处圆弧结构，其中两处圆弧跨越不同象限，编程时涉及进给方向的切换，可启用机械间隙补偿功能，确保加工精度达标。

③ 本着基准先加工的原则，先行对毛坯的左端进行车削加工，加工出后续工序所用基准面；再完成右端面的粗车，并钻出中心定位孔，为后续加工提供可靠的定位基准。综合考量加工余量与工艺需求，选取直径为 ϕ 60mm 的毛坯棒料。

（2）选择设备

根据被加工零件的外形和材料等条件，选用 TND360 数控车床。

（3）确定零件的定位基准和装夹方式

① 定位基准。坯料轴线和左端大端面（设计基准）为定位基准。

② 装夹方法。采用左端三爪自定心卡盘定心夹紧，右端活动顶尖支承的装夹方式。

（4）确定加工顺序及进给路线

根据“先粗加工、后精加工、由近及远”的基本准则，确定采用从右至左的加工走向。具体加工流程如下：首先从右向左进行粗车加工，同时保留 0.25mm 的精车加工余量；粗加工工序结束后，再次从右向左进行精车；最后执行螺纹车削工序，从而完成整个零件的加工任务。

TND360 数控车床，可以实现粗车循环与螺纹车削循环。在程序编制完成后，只要精准输入对应的指令代码，数控系统便能自动生成最为合理的粗车与螺纹加工进给路线。但需要着重强调的是，精车工序的进给路线规划需操作人员依据工件的精度要求和表面粗糙度，进行个性化制订。针对该工件的精车工序，最终确定采用沿着零件轮廓表面，以从右向左的方式进行进给加工，具体的路线规划可参照图 3.8。

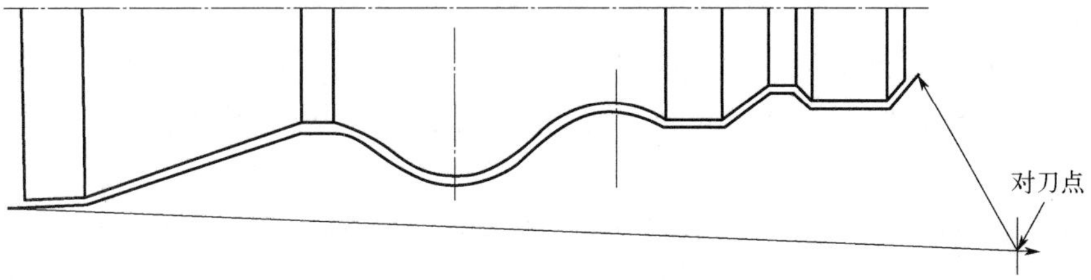

图 3.8　精车轮廓进给路线

（5）刀具选择

① 加工中心孔选用直径ϕ5mm 中心钻。

② 粗车、平端面车削选用 90°硬质合金右偏刀，副偏角 K_r'=35°。

③ 精车选用 90°硬质合金右偏刀，车螺纹选用硬质合金 60°外螺纹车刀，刀尖圆弧半径，取 r_ε=0.15 ~ 0.2mm（小于轮廓最小圆角半径）。

为方便编程和操作管理，将所选定的刀具参数填入数控加工刀具卡片中（表 3.7）。

表 3.7　数控加工刀具卡片

<table>
<tr><td colspan="2">产品名称或代号</td><td colspan="2">×××</td><td>零件名称</td><td colspan="2">典型轴</td><td>零件图号</td><td>×××</td></tr>
<tr><td>序号</td><td>刀具号</td><td colspan="2">刀具规格名称</td><td>数量</td><td colspan="3">加工表面</td><td>备注</td></tr>
<tr><td>1</td><td>T01</td><td colspan="2">ϕ5 中心钻</td><td>1</td><td colspan="3">钻ϕ5mm 中心孔</td><td></td></tr>
<tr><td>2</td><td>T02</td><td colspan="2">硬质合金 90° 外圆车刀</td><td>1</td><td colspan="3">车端面及粗车轮廓</td><td>右偏刀</td></tr>
<tr><td>3</td><td>T03</td><td colspan="2">硬质合金 90° 外圆车刀</td><td>1</td><td colspan="3">精车轮廓</td><td>右偏刀</td></tr>
<tr><td>4</td><td>T04</td><td colspan="2">硬质合金 60° 外螺纹车刀</td><td>1</td><td colspan="3">车螺纹</td><td></td></tr>
<tr><td colspan="2">编制</td><td>×××</td><td>审核</td><td>×××</td><td>批准</td><td>××</td><td>共　页</td><td>第　页</td></tr>
</table>

（6）切削用量选择

1）背吃刀量的选择

轮廓粗车循环，a_p 取值 3mm 以快速去除大部分余量；进入精车工序后，为保障表面精度，a_p 缩减至 0.25mm。螺纹加工时，粗车起始 a_p 设为 0.4mm，并采用逐次递减策略，至精车环节将 a_p 严格控制在 0.1mm，确保螺纹尺寸精度达标。

2）主轴转速的选择

车削直线与圆弧轮廓时，通过查阅推荐参数，确定粗车切削速度 v_c 为 90m/min，精车时提升至 120m/min 以获得良好的表面粗糙度。基于公式 $v_c=\pi dn/1000$，进行主轴转速 n 换算，粗车阶段以工件直径 60mm 为基准，计算得出 n 为 500r/min；精车则取工件直径平均值，对应主轴转速 n 为 1200r/min。螺纹车削工序经独立计算，最终将主轴转速 n 锁定在 320r/min，确保螺纹加工稳定性。

3）进给速度的选择

查表初步选定粗、精车每转进给量，并结合机床性能与工件材料特性进行动态调整。最终确定粗车每转进给量为 0.4mm/r，精车时降低至 0.15mm/r。利用公式 $v_f = nf$ 进行计算，且考虑到效率与刀具耐用度，粗车进给速度 v_f 为 200mm/min；精车时，综合平衡精度与加工效率，进给速度 v_f 为 180mm/min。

查表选择粗车、精车每转进给量，根据加工的实际情况，确定粗车每转进给量为 0.4mm/r，精车每转进给量为 0.15mm/r，最后根据公式 $v_f = nf$ 计算粗车、精车进给速度分别为 200mm/min 和 180mm/min。

将上述切削深度、主轴转速及进给速度等核心工艺参数，连同工步流程、刀具选型等内容系统梳理后，完整填入表 3.8 所示数控加工工艺卡片。数控加工工艺卡片是编制加工程序的主要依据，是进行数控加工的指导性文件。

表 3.8　典型轴类零件数控加工工艺卡片

单位名称	×××	产品名称或代号		零件名称		零件图号	
		×××		典型轴		×××	
工序号	程序编号	夹具名称		使用设备		车间	
001	×××	三爪卡盘和活动顶尖		TND360 数控车床		数控中心	
工步号	工步内容	刀具号	刀具规格 / mm	主轴转速 /（r/min）	进给速度 /（mm/ min）	背吃刀量 / mm	备注
1	平端面	T02	25×25	500			手动
2	钻中心孔	T01	$\phi5$	950			手动
3	粗车轮廓	T02	25×25	500	200	3	自动
4	精车轮廓	T03	25×25	1200	180	0.25	自动
5	粗车螺纹	T04	25×25	320	960	0.4	自动
6	精车螺纹	T04	25×25	320	960	0.1	自动
编制	××× 审核 ××	批准	×××	年 月 日		共 页	第 页

2.2　套类零件数控车削工艺分析

如图 3.9 所示为典型轴套类零件，材料为 45 钢，无热处理和硬度要求，试对该零件进行数控车削工艺分析（单件小批量生产）。

1）零件图工艺分析

经深入剖析，该零件表面结构较为复杂，外部由圆柱面、螺纹面、圆弧等特殊曲面构成，内部包括内圆柱面、内圆锥面，多个直径与轴向尺寸有较高的尺寸精度和表面粗糙度要求。零件图纸尺寸标注完整，轮廓线条清晰，符合数控加工规范。材料选用 45 钢，并且没有热处理和硬度方面的加工要求。

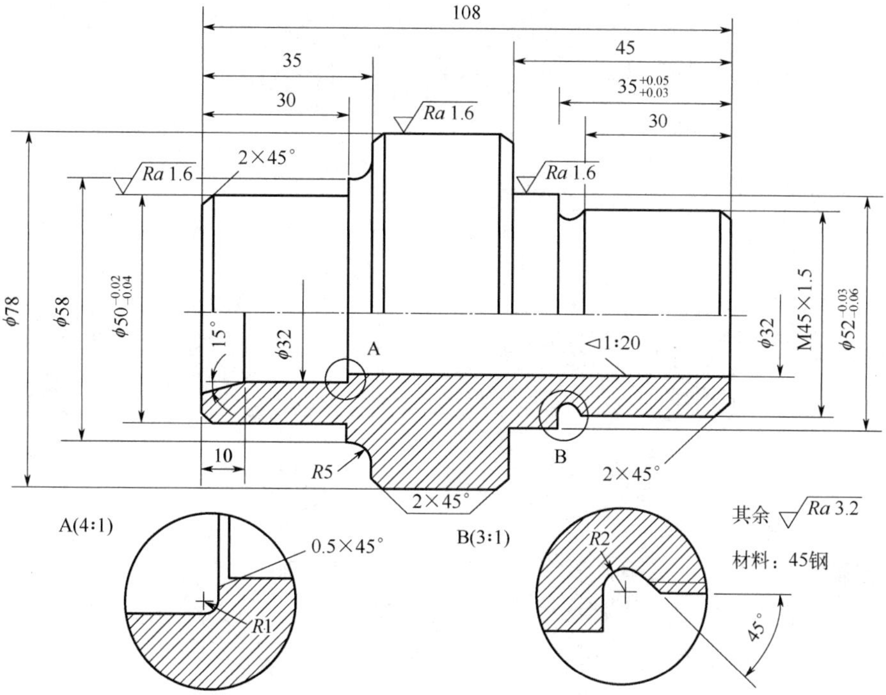

图 3.9　轴承套零件

采用工艺措施如下:

① 对于图纸上标注公差的尺寸，考虑到公差值较小，在编写加工程序时，直接采用基本尺寸编程即可。

② 零件的左右端面是多个尺寸的设计基准，在后续工序加工前，必须先完成左右端面的车削，为后续加工提供可靠基准。

③ 由于零件内孔尺寸较小，在镗削 1∶20 锥孔、ϕ32 孔以及 15°锥面时，为确保加工精度并便于操作，需采用掉头装夹的方式开展加工。

2）选择设备

根据被加工零件的外形和材料等条件，选用 CJK6240 数控车床。

3）确定零件的定位基准和装夹方式

① 内孔加工。加工内孔以外圆表面作为定位基准。采用三爪自动定心卡盘进行装夹，实现快速且精确的夹持，从而确保加工过程稳定可靠。

② 外轮廓加工。外轮廓加工以零件轴线作为定位基准，以确保外轮廓特征的同轴度。为实现一次装夹完成全部外轮廓加工，使用圆锥心轴辅助工装（如图 3.10 双点画线所示）。具体装夹方法为：通过三爪卡盘夹紧心轴左端固定工件，心轴右端预留中心孔并配合尾座顶尖顶紧，采用“一夹一顶”的组合装夹方式，有效提升工艺系统的刚性，降低加工振动影响。

4）确定加工顺序及进给路线

加工顺序依据“先内后外、先粗后精、由近及远”的准则安排，尽可能在单次装夹中完成更多表面加工，减少因多次装夹产生的误差。结合零件结构特性，优先完成内孔各表面的加工，包括镗孔、圆锥面切削等工序，随后进行外轮廓车削。由于该零件为单件小批量生产，无需重点考虑最短进给或空行程路径，外轮廓车削采用沿零件轮廓连续切削的方式，具体走刀路径详见图 3.11。

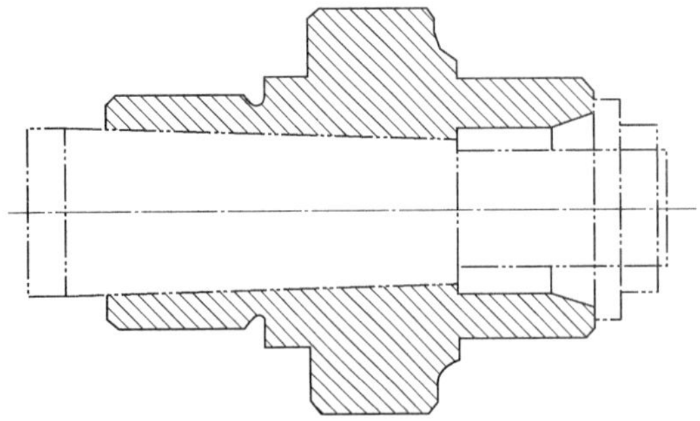

图 3.10　外轮廓车削装夹方案图

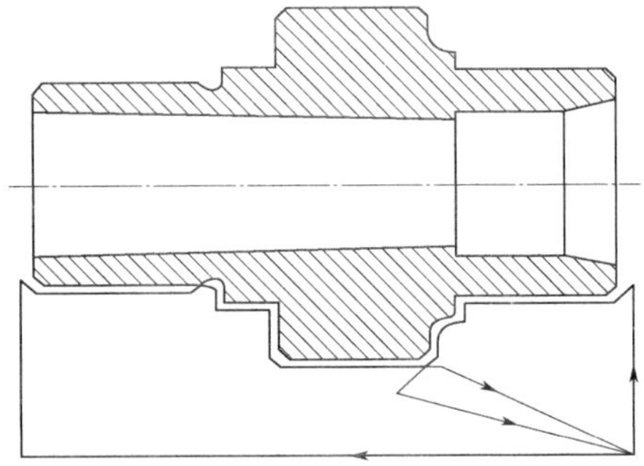

图 3.11　外轮廓加工走刀路线图

5）刀具选择

将选定的加工刀具参数填入表 3.9，完成轴承套数控加工刀具卡片。

注意：车削外轮廓时，选κ_r'=55°，选择较大的副偏角，防止副后刀面与工件表面发生干涉，必要时可作图检验。

表 3.9　轴承套数控加工刀具卡片

产品名称或代号		×××		零件名称	轴承套		零件图号		×××
序号	刀具号	刀具规格名称		数量	加工表面				备注
1	T01	45° 硬质合金端面车刀		1	车端面				
2	T02	ϕ5mm 中心钻		1	钻ϕ5mm 中心孔				
3	T03	ϕ26mm 钻头		1	钻底孔				
4	T04	镗刀		1	镗内孔各表面				
5	T05	93° 右手偏刀		1	从右至左车外表面				
6	T06	93° 左手偏刀		1	从左至右车外表面				
7	T07	60° 外螺纹车刀		1	车 M45 螺纹				
编制	×××	审核	×××	批准	××	年　月　日		共　页	第　页

6）切削用量选择

根据被加工表面质量要求、刀具材料和工件材料，参考切削用量手册选取切削速度与每转进给量，根据公式 $v_c=\pi dn/1000$ 和 $v_f=nf$，计算主轴转速与进给速度，将结果填入表 3.10 工序卡中。

粗加工时，在工艺系统刚性和机床功率允许的情况下，为减少进给次数，背吃刀量尽可能取较大；精加工时，为保证零件表面粗糙度要求，背吃刀量一般取 0.1 ~ 0.4mm。

7）数控加工工艺卡片拟订

上述各项内容综合成表 3.10 所示的数控加工工艺卡片。

表 3.10 轴承套数控加工工艺卡片

<table>
<tr><td rowspan="2">单位名称</td><td rowspan="2">×××</td><td colspan="2">产品名称或代号</td><td colspan="2">零件名称</td><td colspan="2">零件图号</td></tr>
<tr><td colspan="2">×××</td><td colspan="2">轴承套</td><td colspan="2">×××</td></tr>
<tr><td>工序号</td><td>程序编号</td><td colspan="2">夹具名称</td><td colspan="2">使用设备</td><td colspan="2">车间</td></tr>
<tr><td>001</td><td>×××</td><td colspan="2">三爪卡盘和自制心轴</td><td colspan="2">CJK6240 数控车床</td><td colspan="2">数控中心</td></tr>
<tr><td>工步号</td><td>工步内容
（尺寸单位 mm）</td><td>刀具号</td><td>刀具、刀柄规格
/mm</td><td>主轴转速
/（r/min）</td><td>进给速度</td><td>背吃刀量
/mm</td><td>备注</td></tr>
<tr><td>1</td><td>平端面</td><td>T01</td><td>25×25</td><td>320</td><td></td><td>1</td><td>手动</td></tr>
<tr><td>2</td><td>钻ϕ5 中心孔</td><td>T02</td><td>ϕ5</td><td>950</td><td></td><td>2.5</td><td>手动</td></tr>
<tr><td>3</td><td>钻ϕ32 孔的底孔ϕ26</td><td>T03</td><td>ϕ26</td><td>200</td><td></td><td>13</td><td>手动</td></tr>
<tr><td>4</td><td>粗镗ϕ32 内孔、15°斜面及 0.5×45°倒角</td><td>T04</td><td>20×20</td><td>320</td><td>40mm/min</td><td>0.8</td><td>自动</td></tr>
<tr><td>5</td><td>精镗ϕ32 内孔、15°斜面及 0.5×45°倒角</td><td>T04</td><td>20×20</td><td>400</td><td>25mm/min</td><td>0.2</td><td>自动</td></tr>
<tr><td>6</td><td>掉头装夹粗镗 1∶20 锥孔</td><td>T04</td><td>20×20</td><td>320</td><td>40mm/min</td><td>0.8</td><td>自动</td></tr>
<tr><td>7</td><td>精镗 1∶20 锥孔</td><td>T04</td><td>20×20</td><td>400</td><td>20mm/min</td><td>0.2</td><td>自动</td></tr>
<tr><td>8</td><td>心轴装夹从右至左粗车外轮廓</td><td>T05</td><td>25×25</td><td>320</td><td>40mm/min</td><td>1</td><td>自动</td></tr>
<tr><td>9</td><td>从左至右粗车外轮廓</td><td>T06</td><td>25×25</td><td>320</td><td>40mm/min</td><td>1</td><td>自动</td></tr>
<tr><td>10</td><td>从右至左精车外轮廓</td><td>T05</td><td>25×25</td><td>400</td><td>20mm/min</td><td>0.1</td><td>自动</td></tr>
<tr><td>11</td><td>从左至右精车外轮廓</td><td>T06</td><td>25×25</td><td>400</td><td>20mm/min</td><td>0.1</td><td>自动</td></tr>
<tr><td>12</td><td>卸心轴，改为三爪装夹，粗车 M45 螺纹</td><td>T07</td><td>25×25</td><td>320</td><td>1.5mm/ r</td><td>0.4</td><td>自动</td></tr>
<tr><td>13</td><td>精车 M45 螺纹</td><td>T07</td><td>25×25°</td><td>320</td><td>1.5mm/ r</td><td>0.1</td><td>自动</td></tr>
<tr><td>编制</td><td>××× 审核 ×××</td><td>批准</td><td>×××</td><td colspan="2">年 月 日</td><td>共 页</td><td>第 页</td></tr>
</table>

2.3 盘类零件数控车削工艺分析

如图 3.12 所示为带孔圆盘工件，材料为 45 钢，剖析其数控车削工艺。

（1）零件图工艺分析

如图 3.12 所示盘类零件，材料为 45 钢，选用圆钢为毛坯，为保证数控加工时工件可靠定位，可在数控加工前将左侧端面、ϕ95mm 外圆先加工，同时钻出ϕ53mm 孔。

（2）选择设备

根据被加工零件的外形和材料等条件，选定 Vturn-20 型数控车床。

（3）确定零件的定位基准和装夹方式

① 定位基准。已加工出的ϕ95mm 外圆及左端面作为工艺基准。

② 装夹方法。三爪自定心卡盘自定心夹紧。

（4）制订加工方案

根据图样要求、毛坯及前道工序加工情况，确定工艺方案及加工路线。工步顺序：①粗车外圆及端面；②粗车内孔；③精车外轮廓及端面；④精车内孔。

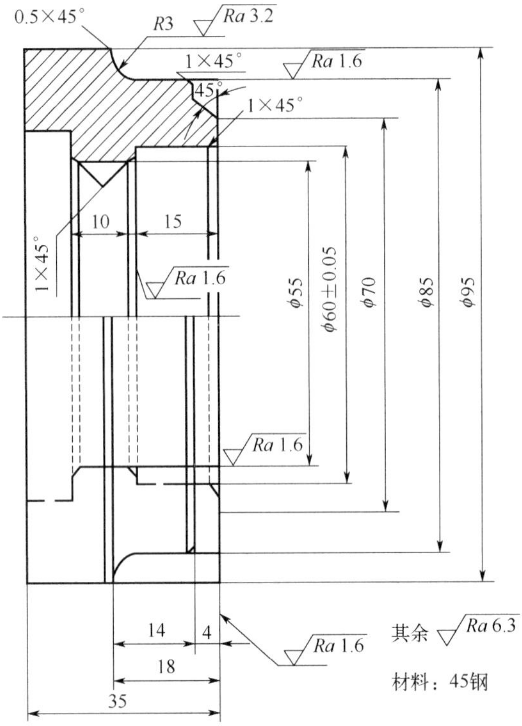

图 3.12　带孔圆盘

（5）刀具选择及刀位号

选择刀具及刀位号如图 3.13 所示。

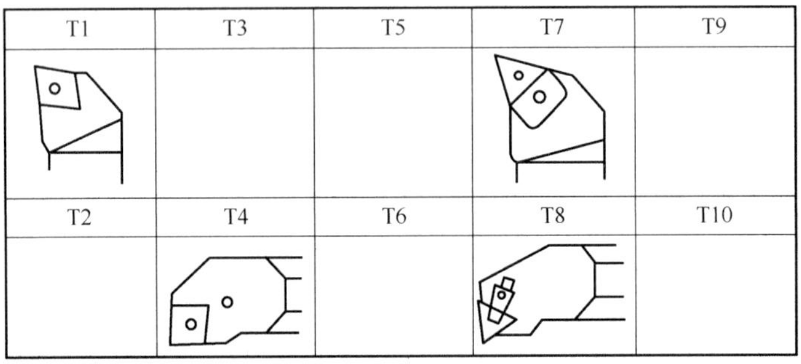

图 3.13　刀具及刀位号

将选定的刀具参数填入表 3.11 带孔圆盘数控加工刀具卡片中。

表 3.11　带孔圆盘数控加工刀具卡片

<table>
<tr><td colspan="2">产品名称或代号</td><td colspan="2">×××</td><td>零件名称</td><td colspan="2">带孔圆盘</td><td>零件图号</td><td>×××</td></tr>
<tr><td>序号</td><td>刀具号</td><td colspan="2">刀具规格名称</td><td>数量</td><td colspan="3">加工表面</td><td>备注</td></tr>
<tr><td>1</td><td>T01</td><td colspan="2">硬质合金外圆车刀</td><td>1</td><td colspan="3">粗车端面、外圆</td><td></td></tr>
<tr><td>2</td><td>T04</td><td colspan="2">硬质合金内孔车刀</td><td>1</td><td colspan="3">粗车内孔</td><td></td></tr>
<tr><td>3</td><td>T07</td><td colspan="2">硬质合金外圆车刀</td><td>1</td><td colspan="3">精车端面、外轮廓</td><td></td></tr>
<tr><td>4</td><td>T08</td><td colspan="2">硬质合金内孔车刀</td><td>1</td><td colspan="3">精车内孔</td><td></td></tr>
<tr><td colspan="2">编制</td><td>×××</td><td>审核</td><td>×××</td><td>批准</td><td>×××</td><td>共　页</td><td>第　页</td></tr>
</table>

（6）确定切削用量（略）

（7）数控加工工艺卡片拟订

工件右端面作为工件原点，换刀点为（X200，Z200）。数控加工工艺卡片见表 3.12。

表 3.12 带孔圆盘的数控加工工艺卡片

<table>
<tr><td rowspan="2">单位名称</td><td rowspan="2">×××</td><td colspan="3">产品名称或代号</td><td>零件名称</td><td colspan="3">零件图号</td></tr>
<tr><td colspan="3">×××</td><td>带孔圆盘</td><td colspan="3">×××</td></tr>
<tr><td>工序号</td><td>程序编号</td><td colspan="3">夹具名称</td><td>使用设备</td><td colspan="3">车间</td></tr>
<tr><td>001</td><td>×××</td><td colspan="3">三爪卡盘</td><td>Vturn-20 数控车床</td><td colspan="3">数控中心</td></tr>
<tr><td>工步号</td><td>工步内容</td><td>刀具号</td><td>刀柄规格 / mm</td><td>主轴转速 /（r/min）</td><td>进给速度 /（mm/min）</td><td>背吃刀量 / mm</td><td colspan="2">备注</td></tr>
<tr><td>1</td><td>粗车端面</td><td>T01</td><td>20×20</td><td>400</td><td>80</td><td></td><td colspan="2"></td></tr>
<tr><td>2</td><td>粗车外圆</td><td>T01</td><td>20×20</td><td>400</td><td>80</td><td></td><td colspan="2"></td></tr>
<tr><td>3</td><td>粗车内孔</td><td>T04</td><td>ϕ20</td><td>400</td><td>60</td><td></td><td colspan="2"></td></tr>
<tr><td>4</td><td>精车外轮廓及端面</td><td>T07</td><td>20×20</td><td>1100</td><td>110</td><td></td><td colspan="2"></td></tr>
<tr><td>5</td><td>精车内孔</td><td>T08</td><td>ϕ32</td><td>1000</td><td>100</td><td></td><td colspan="2"></td></tr>
<tr><td>编制</td><td>×××</td><td>审核</td><td>×××</td><td>批准</td><td>×××</td><td>年 月 日</td><td>共 页</td><td>第 页</td></tr>
</table>

课题五 数控铣削和铣削中心的加工工艺

1 数控铣削的主要加工对象

在机械制造工艺中，铣削是实现零件精密成形的常用工艺之一。铣削中心不仅能高效完成平面铣削与轮廓铣削等基础加工，还能应用于钻孔、扩孔、铰孔、镗孔、锪孔及螺纹切削等复合加工工序，有强大的工艺兼容性。数控铣削技术更是凭借自动化、高精度的优势，在特定类型零件的加工领域凸显独特价值。

（1）平面类零件

平面类零件的特征表现为加工表面与水平面呈平行、垂直，或保持固定夹角。运用刀具路径规划与切削参数设定，通过平面铣削工艺快速实现表面成形，获得较好的加工精度与较高加工效率。

（2）曲面类零件

1）直纹曲面类零件

直纹曲面类零件的加工面由直线沿特定轨迹运动包络而成，轨迹规律利于数控编程。铣削加工时，可根据直线运动规律明确刀具轨迹，运用线性插补指令实现轮廓加工，效率较高。

2）立体曲面类零件

以复杂的空间曲面为加工对象的立体曲面类零件，无法展开为平面，加工难度较高。通常采用球头铣刀进行加工，利用其点接触切削特性确保曲面轮廓精度。加工设备多选用三坐标数控铣床，主要采用以下两种进刀方法：

① 行切法：多条切削轨迹相互平行，逐行分层去除材料，逐步逼近曲面形状，常用于曲率变化较小的曲面粗加工。

② 三坐标联动加工：同时控制三个坐标轴协同运动，使刀具能够实时贴合曲面轮廓，实现复杂曲面的高精度加工，尤其适用于航空航天领域的高精度曲面零件加工。

（3）箱体类零件

箱体类零件一般指含有至少两组孔系（平行孔系、同轴孔系或者垂直孔系）、内部复杂的型腔，长、宽、高三个方向有着特定尺寸比例关系的零件。箱体类零件加工中，若零件加工工序较多，工作台需要多次变换角度才能完成全部加工内容，可选择卧式镗铣类加工中心加工；若加工工序较少且各加工部位相对集中，可选择立式加工中心从单侧进行加工，既能保证加工精度，又能有效提升生产效率。

在加工工艺拟订中，箱体类零件的加工按以下原则安排工序：

① 面孔加工顺序：当零件同时涉及平面与孔系加工时，应先完成平面铣削作业，构建稳定基准，保证后续孔加工精度。

② 粗精加工原则：所有孔系加工均需遵循“先粗加工后精加工”的准则，先通过粗加工快速去除大量材料，再进行精加工获得孔的直径尺寸精度与表面粗糙度。

③ 大孔径加工方案：对于直径超过 30mm 的孔，通常在铸造环节预留毛坯孔。先在普通机床上进行粗加工，为后续加工中心工序预留 4 ~ 6mm（直径方向）的加工余量，在加工中心上按照“粗镗-半精镗-孔端倒角-精镗”四个工步，完成高精度加工。

④ 小孔径加工方案：直径小于 30mm 的孔无需在铸造毛坯时预留，全部加工均可在加工中心内完成，加工步骤：锪平端面→（视需求打中心孔）→钻孔→扩孔→孔端倒角→铰孔。若小孔对同轴度有严格要求，需采用工艺路径：锪平端面→（按需打中心孔）→钻孔→半精镗→孔端倒角→精镗（或铰孔）。

⑤ 孔系加工原则：为减少刀具振动以及切削变形，在孔系加工过程中，尤其是当大小孔间距较近时，应优先加工大孔，再进行小孔加工。

⑥ 长跨距同轴孔系加工原则：一般采用掉头加工工艺，通过缩短刀具伸出长度增强刀具刚性，以保障孔的同轴度与加工质量。

⑦ 螺纹加工方案：螺纹加工时，M6 ~ M20 规格的螺纹孔通常可直接在加工中心上进行攻螺纹操作；小于 M6 或大于 M20 的螺纹孔，加工中心主要负责底孔加工。螺纹规格较小，易造成丝锥断裂；规格螺纹较大，受限于刀具及辅具规格，加工难度较高。

2 铣削加工工艺的制订

2.1 零件图工艺分析

在数控铣削加工工艺设计中，零件图纸的工艺可行性分析是确保生产顺利开展的关键环节。结合机械加工行业的实际生产经验，可以从以下几个方面分析其工艺性。

① 图纸规范性与几何完备性：需全面审查图纸标注是否符合数控编程标准，重点审查工件轮廓的几何元素是否具备充分约束条件。如，几何元素间的相切、相交、垂直和平行关系是否标注精准，是否存在冗余尺寸导致的逻辑矛盾等。

② 尺寸精度要求分析：评估零件的尺寸精度要求及公差范围，结合现有数控铣削设备的加工能力、刀具性能和工艺水平，判断能否达到设计精度标准。

③ 内槽转接圆弧的工艺分析：重点分析零件内槽与缘板衔接处的转接圆弧尺寸，若圆弧半径过小，易导致刀具磨损加速、切削效率下降；同时，还可能削弱刀具刚性，进而影响加工精度和表面质量。

④ 圆角半径分析：详细分析铣削面槽底圆角以及腹板与缘板相交部位的圆角半径。圆角半径过大时，不仅会增加铣削深度，降低切削效率，还可能对零件的结构强度和装配适配性产生不利影响。

⑤ 凹圆弧尺寸分析：重点分析零件各加工表面凹圆弧（R 与 r）的尺寸规格分布情况，为了减少设计标准化刀具规格，降低换刀频率，提升整体加工效率，应尽可能减少尺寸种类。

⑥ 定位基准与装夹可靠性：确认零件是否存在统一的定位基准面或基准要素，以免多次装夹产生定位误差，保证零件的位置精度。

⑦ 加工变形最小原则：根据零件的几何结构复杂性、原材料特性以及热处理状态，调整切削参数、改进工装夹具设计，或采用分步加工、对称切削等，尽可能将变形控制到最小，确保零件加工精度稳定。

2.2 工序和装夹方法的确定

（1）加工工序的划分

经常使用的有以下几种方法：

① 加工部位分序法；

② 粗、精加工分序法；

③ 刀具集中分序法。

（2）零件装夹和夹具的选择

在数控加工中，合理规划工件装夹方案、选用适配的夹具，成为精准把控加工质量与高效完成生产任务的重要因素。尽可能遵循基准重合的原则，即定位基准与设计基准、测量基准保持一致，能有效减少定位误差，保障加工精度。

在数控铣床的实际加工中，夹具选择更注重其功能性与简洁性。一般而言，仅需配备有基础定位与稳固夹持功能的夹具，便可满足加工需求。

在实际装夹作业时，注意避免夹具结构对刀具运行轨迹干涉，确保加工区顺畅。在夹具选型过程中，优先采用能够实现一次性装夹完成零件多部位加工的方案，降低辅助作业时间，提高生产效率。

2.3 加工顺序和进给路线的确定

（1）加工顺序的安排

在制订数控铣削加工工序顺序时，需以全局优化和高效生产为导向，从多个方面进行精细规划：

① 前道工序加工的结果不能影响后续工序的定位精度和夹紧可靠性。工艺路线中包含普通机床加工时，需要统筹协调设备，保障整个加工链的连贯性。

② 为减少工件变形、提高加工精度，加工路线的规划一般遵循“内形优先”的原则，

即先完成零件内部形状和腔体的铣削加工，再进行外部轮廓的加工。

③ 对于采用同一定位基准，或使用同一把刀具完成的工序，集中连续加工。以便降低重复定位误差，同时减少频繁换刀造成的工时浪费，提升加工效率。

④ 一次装夹连续加工的多道工序中，应优先安排切削力小、对工件结构稳定性小的工序，以避免因切削变形影响最终加工质量。

在实际的数控铣削生产过程中，工序顺序的合理规划需要综合考虑，包括零件的结构特点、毛坯材料、装夹方式选择以及加工设备等多方面因素，通过科学严谨的分析，制订较为合理加工方案，从而实现高质量、高效率的生产目标。

（2）进给路线的确定

1）铣削平面类零件的进给路线

在平面类零件外轮廓的数控铣削工艺中，一般采用立铣刀侧刃铣削。合理规划刀具切入与切出的轨迹路线，避免出现接刀痕迹，从而实现轮廓边缘的光滑衔接。

对于封闭内轮廓表面的铣削加工，刀具路径的设计需根据轮廓具体情况而定：若内轮廓曲线允许向外延伸，则采用切线方向完成切入与切出，保证加工过程的连贯性；若内轮廓曲线无法实现外延，则需采用垂直切入的方式，将刀具切入切出点精准选在轮廓几何形状的交汇点处。当内轮廓的几何元素呈现相切状态且无实际交点时，应当将刀具切入切出点设置在距离拐角较远的区域，以防止在刀具补偿取消阶段轮廓拐角位置产生凹陷缺陷。

2）铣削曲面类零件的加工路线

在机加工中，模具成形件、航空发动机叶片以及船舶螺旋桨等具有复杂曲面结构的零部件，往往依赖多轴联动加工技术实现精密制造，因此数控铣床与数控加工中心也因此成为主流加工装备。

① 直纹曲面加工进给路线确定。

采用球头铣刀行切进给路线加工直纹曲面，加工中，刀具与工件轮廓为点接触，并根据零件表面粗糙度、尺寸公差等精度指标，动态调整相邻轨迹间的行距参数，确保加工表面精度达到设计要求。

② 立体曲面铣削策略。

复杂曲面轮廓的铣削多采用二轴半联动加工，用球头铣刀铣削曲面轮廓，以刀具中心轨迹坐标进行编程，通过精确计算刀位点坐标，生成满足要求的数控加工程序，从而实现复杂曲面的高精度成形。

2.4　切削用量的选择

在铣削加工工艺中，切削用量的选择主要包括切削速度、进给率、背吃刀量和侧吃刀量等工艺参数。一般首先确定背吃刀量与侧吃刀量，其次选定合适的进给速度，最后精确确定切削速度。

（1）背吃刀量或侧吃刀量

① 低等精度加工：当工件表面粗糙度 *Ra* 为 12.5 ~ 25μm 时，若圆周铣削余量≤5mm 或端面铣削余量≤6mm，粗铣一次走刀即可。若加工余量过大、工艺系统刚性不足或机床功率受限，可采用几次走刀完成。

② 中等精度加工：对于表面粗糙度 *Ra* 为 3.2 ~ 12.5μm 的工件，工艺则需要“粗铣+

半精铣”。其中，粗加工后保留 0.5 ~ 1.0mm 的加工留量，以便后续半精铣工序进行精细化处理。

③ 高等精度加工：当工件表面粗糙度 Ra 为 0.8 ~ 3.2μm 时，工艺则需要安排粗铣、半精铣和精铣三道工序。半精铣时，背吃刀量或侧吃刀量取 1.5 ~ 2mm；精铣时，圆周铣削的侧吃刀量取 0.3 ~ 0.5mm，而面铣刀的背吃刀量取 0.5 ~ 1mm。

（2）进给量 f 与进给速度 v_f 的选择

在铣削工艺中，进给量 f 作为数控铣削加工的核心工艺参数，其数值设定需综合考虑零件表面粗糙度、加工精度标准、刀具材料特性及工件材质等因素。实际加工中，可以参考专业切削参数手册选取，也可通过每齿进给量 f_z 进行推算，其转换公式为 $f = Zf_z$，其中，Z 代表铣刀齿数。

每齿进给量 f_z 的选取需要根据具体情况而定：当工件材料的硬度与强度较高时，f_z 取小值，对于较软材质可适度增大 f_z。从刀具材料分析，硬质合金铣刀耐磨性与高温稳定性较好，相比高速钢铣刀来说，可选用更高的 f_z。此外，为了获得较低的粗糙度值，或当工件刚性不足或刀具承载能力有限时，均选用较小 f_z。

（3）切削速度确定

铣削过程中的切削速度 v_c 受多种因素影响：与刀具耐用时长、每齿进给量、切削深度（背吃刀量与侧吃刀量）及铣刀齿数成反比关系，与铣刀直径成正比关系。在实际加工中，增大铣刀直径，能提高单位时间材料去除率。但切削速度增大，刀具磨损速度加快，因此在保障刀具耐用度的前提下，可适度提升切削速度，从而实现加工效率与刀具损耗的平衡。

3 典型工件的工艺分析

3.1 平面凸轮的数控铣削工艺分析

图 3.14 所示为槽形凸轮零件，铣削加工前，零件是一个经过加工的圆盘，圆盘直径为 ϕ280mm，带有两个基准孔 ϕ35mm 及 ϕ12mm。ϕ35mm 及 ϕ12mm 两个定位孔已由前工序加工完毕，本工序在铣床上加工槽。该零件的材料为 HT200，试分析其数控铣削加工工艺。

（1）零件图工艺分析

从图 3.14 可知，该零件凸轮轮廓由多段圆弧和直线组成。轮廓清晰，几何元素完整，约束条件充分，编程所需要基点坐标可求。凸轮内外轮廓面对 X 面有垂直度要求。材料为铸铁，切削工艺性较好。根据分析，采取以下工艺措施：

只需提高装夹精度，使 X 面与铣刀轴线垂直，即可保证凸轮内外轮廓面对 X 面的垂直度要求。

（2）选择设备

加工平面凸轮的数控铣削，需要考虑的条件要求：①零件的外形尺寸和重量，使其在机床的允许范围以内；②数控机床的精度是否能满足凸轮的设计要求；③凸轮的最大圆弧半径是否在数控系统允许的范围之内。根据以上三条即可确定所要使用的数控机床为两轴以上联动的数控铣床。

（3）确定零件的定位基准和装夹方式

1）定位基准。典型的“一面两孔”定位，即用圆盘 X 面和两个基准孔作为定位基准。

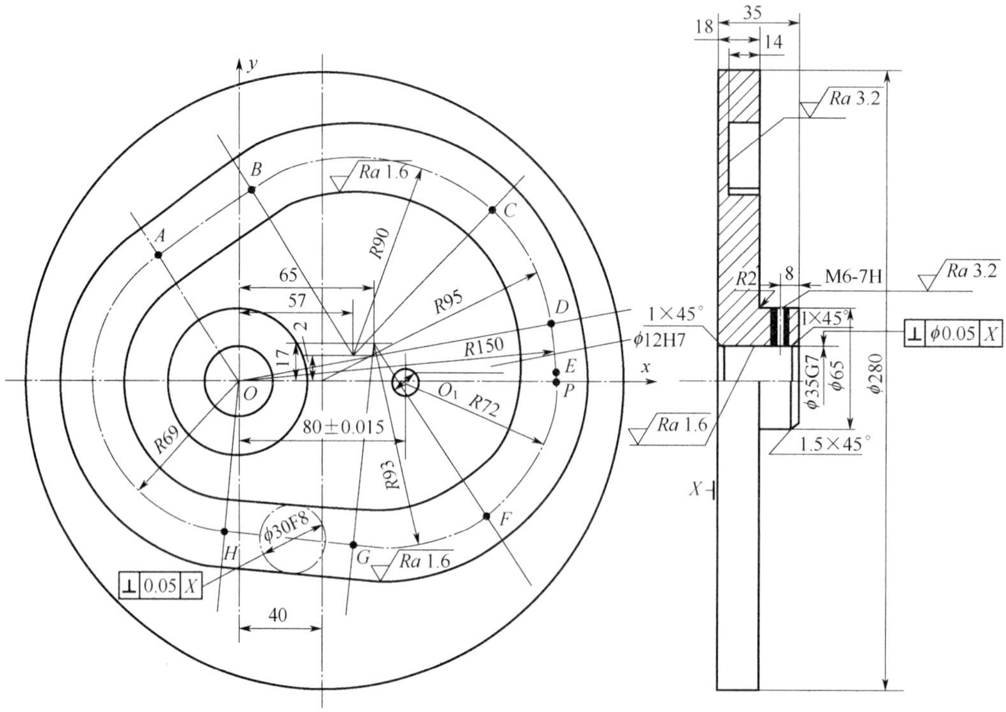

图 3.14 槽形凸轮零件

2）根据工件特点，选用一块 320mm×320mm×40mm 的垫块，在垫块上分别精镗ϕ35mm 及ϕ12mm 两个定位孔（配定位销），孔距离 80mm±0.015mm，垫板平面度为 0.05mm。零件加工前，先固定夹具的平面，使两定位销孔的中心连线与机床 x 轴平行，夹具平面要保证与工作台面平行，并用百分表检查，见图 3.15。

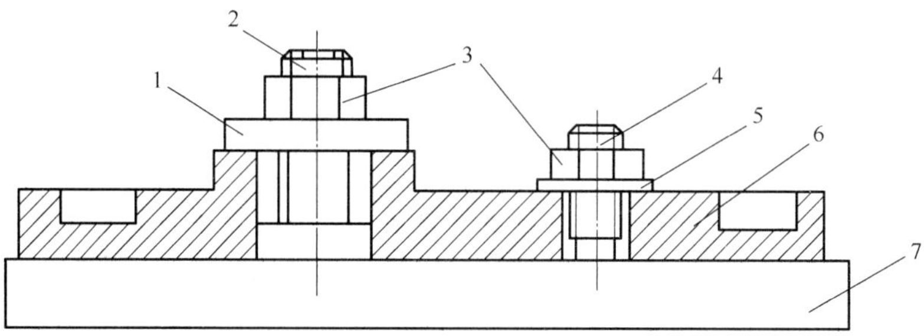

图 3.15 凸轮加工装夹示意图

1—开口垫圈；2—带螺纹圆柱销；3—压紧螺母；4—带螺纹削边销；5—垫圈；6—工件；7—垫块

（4）确定加工顺序及走刀路线

零件加工顺序的拟订按照基面先行、先粗后精的原则确定。加工流程：①加工用作定位基准的ϕ35mm 及ϕ12mm 两个定位孔、X 面；②加工凸轮槽内外轮廓表面。由于该零件的ϕ35mm 及ϕ12mm 两个定位孔、X 面已在前工序加工完毕，此处只分析加工槽的走刀路线。

在数控铣床上加工时，槽的走刀路线包括两部分：平面内进给走刀和深度进给走刀路线。平面内进给走刀，外轮廓从切线方向切入，内轮廓从过渡圆弧切入。对铣削平面槽形凸轮，深度进给有两种方法：其一是在 xz（或 yz）平面内来回铣削，逐渐进刀到既定深度；其二是先打一个工艺孔，然后从工艺孔进刀到既定深度。

进刀点选在 $P(150, 0)$点，刀具往复铣削，逐渐加工到铣削深度，当达到既定深度后，刀具在 xy 平面内运动，铣削凸轮轮廓。为保证凸轮的轮廓表面有较高的表面质量，采用顺铣铣削方式，即从 P 点开始，对外轮廓按顺时针方向铣削，对内轮廓按逆时针方向铣削。

（5）刀具的选择

根据零件结构特点，铣削凸轮槽内、外轮廓（即凸轮槽两侧面）时，铣刀直径受槽宽限制，同时考虑铸铁属于一般材料，加工性能较好，选用ϕ18mm 硬质合金立铣刀。数控加工刀具卡片见表 3.13。

表 3.13　数控加工刀具卡片

<table>
<tr><td colspan="2">产品名称或代号</td><td colspan="3">×××</td><td>零件名称</td><td colspan="2">槽形凸轮</td><td colspan="2">零件图号</td><td>×××</td></tr>
<tr><td>序号</td><td>刀具号</td><td colspan="3">刀具规格名称/mm</td><td>数量</td><td colspan="4">加工表面</td><td>备注</td></tr>
<tr><td>1</td><td>T01</td><td colspan="3">ϕ18 硬质合金立铣刀</td><td>1</td><td colspan="4">粗铣凸轮槽内外轮廓</td><td></td></tr>
<tr><td>2</td><td>T02</td><td colspan="3">ϕ18 硬质合金立铣刀</td><td>1</td><td colspan="4">精铣凸轮槽内外轮廓</td><td></td></tr>
<tr><td colspan="2">编制</td><td>×××</td><td>审核</td><td colspan="2">×××</td><td>批准</td><td colspan="2">×××</td><td>共　页</td><td>第　页</td></tr>
</table>

（6）切削用量的选择

凸轮槽内、外轮廓精加工时留 0.2mm 铣削用量，确定主轴转速与进给速度时，首先查阅切削用量相关手册，确定切削速度与每齿进给量，然后利用公式 $v_c = \pi dn/1000$ 计算主轴转速 n，得到转速后利用公式 $v_f = nZf_z$ 计算进给速度。其中，v_f为进给速度；Z 为刀具齿数；f_z为每齿进给量。

（7）填写数控加工工序卡片

槽形凸轮的数控加工工艺卡片见表 3.14。

表 3.14　槽形凸轮的数控加工工艺卡片

<table>
<tr><td colspan="2" rowspan="2">单位名称</td><td colspan="2" rowspan="2">×××</td><td colspan="4">产品名称或代号</td><td colspan="2">零件名称</td><td colspan="2">零件图号</td></tr>
<tr><td colspan="4">×××</td><td colspan="2">槽形凸轮</td><td colspan="2">×××</td></tr>
<tr><td colspan="2">工序号</td><td colspan="2">程序编号</td><td colspan="4">夹具名称</td><td colspan="2">使用设备</td><td colspan="2">车间</td></tr>
<tr><td colspan="2">×××</td><td colspan="2">×××</td><td colspan="4">螺旋压板</td><td colspan="2">XK5025</td><td colspan="2">数控中心</td></tr>
<tr><td>工步号</td><td colspan="5">工步内容</td><td>刀具号</td><td>刀具规格
/mm</td><td>主轴转速
/（r/min）</td><td>进给速度
/（mm/min）</td><td>背吃刀量
/ mm</td><td>备注</td></tr>
<tr><td>1</td><td colspan="5">来回铣削，逐渐加深铣削深度</td><td>T01</td><td>ϕ18</td><td>800</td><td>60</td><td></td><td>分两层
铣削</td></tr>
<tr><td>2</td><td colspan="5">粗铣凸轮槽内轮廓</td><td>T01</td><td>ϕ18</td><td>700</td><td>60</td><td></td><td></td></tr>
<tr><td>3</td><td colspan="5">粗铣凸轮槽外轮廓</td><td>T01</td><td>ϕ18</td><td>700</td><td>60</td><td></td><td></td></tr>
<tr><td>4</td><td colspan="5">精铣凸轮槽内轮廓</td><td>T02</td><td>ϕ18</td><td>1000</td><td>100</td><td></td><td></td></tr>
<tr><td>5</td><td colspan="5">精铣凸轮槽外轮廓</td><td>T02</td><td>ϕ18</td><td>1000</td><td>100</td><td></td><td></td></tr>
<tr><td>编制</td><td colspan="2">×××</td><td colspan="2">审核</td><td>×××</td><td>批准</td><td>×××</td><td colspan="2">年　月　日</td><td>共　页</td><td>第　页</td></tr>
</table>

3.2 模具的数控铣削工艺分析

（1）模具加工的基本特点

1）加工精度要求高——尤其是高端精密模具制造领域，尺寸精度要求很高，甚至突破微米级。

2）复合曲面构型——汽车覆盖件模具、航空航天零件模具等型腔难以通过传统加工手段完成，需要借助计算机辅助制造等技术直接生产数控程序，运用五轴联动加工技术，完成复杂曲面轮廓高精度加工。

3）定制化生产模式——大多数模具针对特定产品设计开发，单件或小批量生产，规模化生产有一定难度。

4）工序种类和工序内容多——模具加工通常包括铣削、镗削、钻削、铰孔、螺纹加工等多种工艺。

5）周期性加工——模具达到使用极限后报废，就得重新加工一批新的模具，形成独特的循环制造模式。

6）逆向工程应用——通过逆向工程手段对实物原型进行三维扫描与数据重构，进而实现模具的复刻制造。同时要求加工设备具备高精度仿形功能，结合原型复刻能力完成模具加工。

7）模具材料优异、硬度高——多选用高强度、高耐磨性的合金钢、Cr12、CrWMn 等莱氏体钢种。加工工艺较为复杂，必须经过热处理工艺才能满足最终实用要求。

基于上述特性，需要专业化生产设备才能对模具进行加工。这就要求数控机床具有先进数控系统、良好的刚性、热稳定性，同时支持五轴联动、仿形加工等功能，以满足模具制造的复杂工艺需求。

（2）建议采取的技术措施

根据模具加工的特点，以及数控机床新工艺的要求，建议在加工工艺上采取一些措施，以便发挥机床的高精度、高效率的特点，保证模具加工质量。

1）要精选材料，毛坯材质要均匀，目前有些材料可以做到在粗加工后变形量比较小。铸锻件要经过高温时效，消除内应力，使材料经过多工序加工之后变形较小。

2）合理安排工序，精化零件毛坯。在模具的生产过程中不可能靠一两台数控铣床完成零件的全部加工工序，而是要与普通铣床、车床等通用设备配合使用。所以在工序的安排上应考虑生产节拍和生产能力是否平衡，在保证高精度、高效率的前提下，数控加工和普通加工的经济性是否合理，以及数控加工和通用设备加工的各自特长。因此在数控加工前的毛坯应尽量精化，除去铸锻、热处理产生的氧化硬层，只留少量加工余量，加工出基准面、基准孔等。

3）数控机床的刚性强、热稳定性好，功率大，在加工中尽可能选择较大的切削用量，这样既可满足加工精度要求，又提高了效率。

4）有些零件由于切削内应力、热变形、装夹位置的合理性、夹具夹紧变形等原因，必须多次装夹才能完成。不能一味追求快，而不顾加工的合理性。

5）加工工序的顺序建议为：

① 重切削、粗加工、去除零件毛坯上大部分余量，如粗铣大平面、粗铣曲面、粗镗孔等。

② 加工发热量小、精度要求不高的内容，如半精铣平面、半精镗孔等。

③ 在模具加工中精铣曲面。

④ 打中心孔、钻小孔、攻螺纹。

⑤ 精镗孔、精铣平面、铰孔。

注意在重切削、精加工时要有充分的冷却液，粗加工后至精加工之前要有充分的冷却时间，在加工中尽量减少换刀次数，减少空行程移动量。

（3）刀具的选择

数控机床在加工模具时所采用的刀具多数与通用刀具相同，经常使用机夹不可转位硬质合金刀片的铣刀。由于模具中有许多由曲面构成的型腔，所以经常需要使用球头刀以及环形刀（即立铣刀刀尖呈圆弧倒角状）。

（4）铣削曲面时应注意的问题

在模具曲面铣削加工中，为实现高效且精准的生产目标，需根据不同加工阶段的特性制订差异化工艺方案，并严格遵循标准化操作流程。具体工艺策略与操作规范详述如下:

1）粗铣加工

粗铣加工的主要目的就是去除较大的加工余量，一般采用逐层切削的方式，走刀次数尽可能少，以提高效率，完成曲面轮廓粗加工。

2）半精铣加工

半精铣的主要任务是清除粗铣残留痕迹，为精加工做准备。常用球头铣刀进行加工，一般预留约 0.5mm 的加工余量。相较于精加工，半精铣可适当放宽行距和步距参数，在保障加工质量的基础上显著提升加工效率。

3）精铣加工

精加工的主要目的是实现理论曲面的高精度成形。采用球头铣刀行切法进行精铣加工。结构允许的话，尽可能将行切折返点设置在曲面边界之外，避免工件表面有驻刀痕。特别注意折返点与干涉面应保持安全距离。

4）球头铣刀

实际操作中，垂直加工平缓曲面区域时，球头铣刀刀尖部位切削线速度较低，导致表面质量下降，可适当提高主轴转速改善切削条件。

5）进刀方式改进方案

在实际铣削加工中，应避免平底圆柱铣刀垂直下刀操作。对于端面带顶尖孔且端刃不贯通的铣刀，禁止垂直进刀，除非预先加工工艺孔；无顶尖孔的面铣刀虽可实施垂直进刀，但由于轴向受力较大，需谨慎使用。推荐采用斜向进刀方式，切入一定深度后再转为侧刃切削。在加工凹槽类结构时，可预先钻孔作为下刀通道。虽然球头铣刀的垂直进刀性能优于平底铣刀，但考虑到轴向载荷影响，仍不建议常规使用垂直进刀方式。

6）加工过程管控要点

① 材料质量检测：加工过程中若发现工件存在热处理缺陷、内部裂纹或组织不均匀等问题，应立即停止加工，避免无效作业造成资源浪费。

② 设备预运行检查：针对复杂模具型腔的铣削加工，由于加工周期较长，每次开机前需对机床设备、装夹夹具及切削刀具进行全面检查，确保加工过程稳定可靠，防止中途故障影响加工精度或导致工件报废。

③ 修磨余量调控：根据加工表面的粗糙度要求合理控制修磨余量。对于加工难度大、

表面质量难以保证的部位，可适当增加余量；而对于易于加工的平面、沟槽等结构，应尽量降低表面粗糙度，减少后期修磨工作量，避免因过度修磨破坏型腔曲面精度。

（5）实例

图 3.16 为盒型模具的凹模零件图，该盒型模具为单件生产，零件材料为 T8A，分析其数控加工工艺。

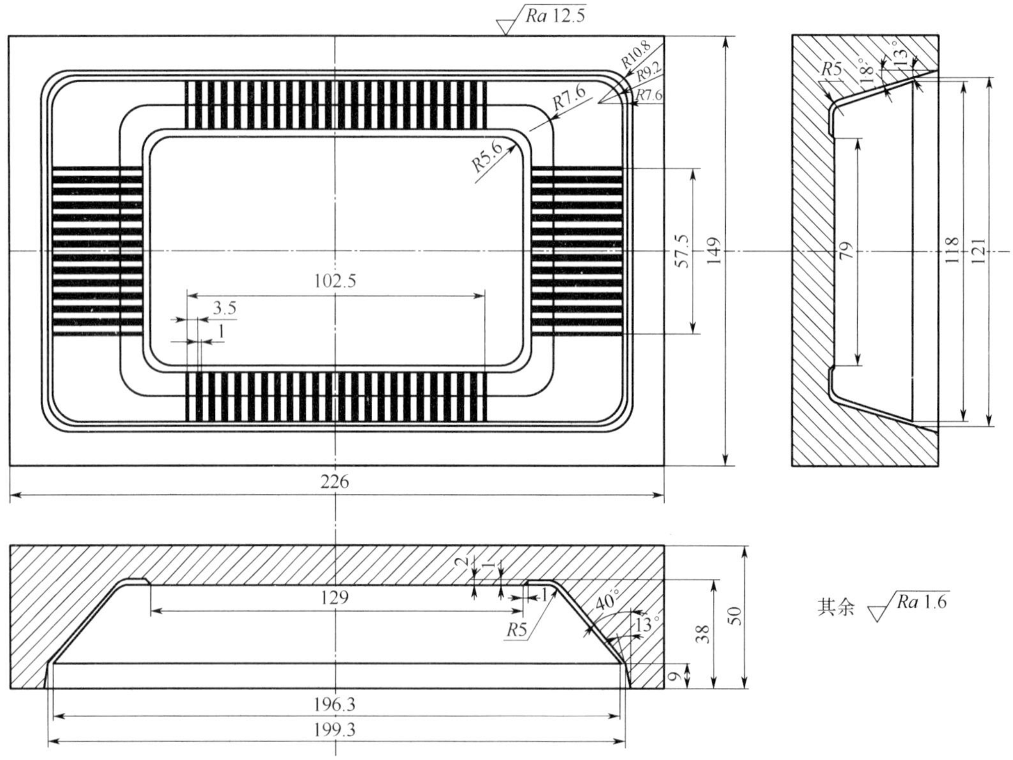

图 3.16　盒型模具的凹模零件图

1）零件图工艺性分析

该盒型模具为单件生产，零件材料为 T8A，外形为一个六面体，内腔型面复杂。结构主要是由多个曲面组成的凹型型腔，型腔四周的斜平面之间采用半径为 7.6mm 的圆弧面过渡，斜平面与底平面之间采用半径为 5mm 的圆弧面过渡，在模具的底平面上有一个四周为斜平面的锥台。模具的外部结构相对较为简单，是粗糙度要求为 12.5μm 的一个标准的长方体。因此零件的加工以凹型型腔为重点。

2）选择设备

根据被加工零件的外形和材料等条件，选用 VP1050 立式镗铣床加工中心。

3）确定零件的定位基准和装夹方式

零件直接安装在机床工作台面上，用两块压板压紧。

4）确定加工顺序及进给路线

① 粗加工整个型腔，去除大部分加工余量。

② 半精加工和精加工上型腔。

③ 半精加工和精加工下型腔。

④ 对底平面上的锥台四周表面进行精加工。

5）刀具选择（表 3.15）

表 3.15　数控加工刀具卡片

<table>
<tr><td colspan="3">产品名称或代号</td><td colspan="2">×××</td><td colspan="2">零件名称</td><td colspan="2">盒型</td><td colspan="2">零件图号</td><td>×××</td></tr>
<tr><td>序号</td><td>刀具号</td><td colspan="3">刀具规格名称/mm</td><td>数量</td><td colspan="4">加工表面</td><td>刀长/mm</td><td>备注</td></tr>
<tr><td>1</td><td>T01</td><td colspan="3">ϕ20 平底立铣刀</td><td>1</td><td colspan="4">粗铣整个型腔</td><td>实测</td><td></td></tr>
<tr><td>2</td><td>T02</td><td colspan="3">ϕ12 球头铣刀</td><td>1</td><td colspan="4">半精铣上、下型腔</td><td>实测</td><td></td></tr>
<tr><td>3</td><td>T03</td><td colspan="3">ϕ6 平底立铣刀</td><td>1</td><td colspan="4">精铣上型腔、精铣底平面上锥台四周表面</td><td>实测</td><td></td></tr>
<tr><td>4</td><td>T04</td><td colspan="3">ϕ6 球头铣刀</td><td>1</td><td colspan="4">精铣下型腔</td><td>实测</td><td>建议以球心对刀</td></tr>
<tr><td colspan="2">编制</td><td>×××</td><td>审核</td><td colspan="2">×××</td><td colspan="2">批准</td><td colspan="2">×××</td><td>共　页</td><td>第　页</td></tr>
</table>

（6）确定切削用量（略）

（7）数控加工工艺卡片拟订（表 3.16）

表 3.16　盒型零件数控加工工艺卡片

<table>
<tr><td rowspan="2">单位名称</td><td rowspan="2">×××</td><td colspan="4">产品名称或代号</td><td colspan="2">零件名称</td><td colspan="2">零件图号</td></tr>
<tr><td colspan="4">×××</td><td colspan="2">盒型</td><td colspan="2">×××</td></tr>
<tr><td>工序号</td><td>程序编号</td><td colspan="4">夹具名称</td><td colspan="2">使用设备</td><td colspan="2">车间</td></tr>
<tr><td>×××</td><td>×××</td><td colspan="4">压板</td><td colspan="2">VP1050 立式镗铣床加工中心</td><td colspan="2">数控中心</td></tr>
<tr><td>工步号</td><td colspan="2">工步内容</td><td>刀具号</td><td colspan="2">刀具规格 / mm</td><td>主轴转速 /（r/min）</td><td>进给速度 /（mm/min）</td><td>背吃刀量 / mm</td><td>备注</td></tr>
<tr><td>1</td><td colspan="2">粗铣整个型腔</td><td>T01</td><td colspan="2">ϕ20 平底立铣刀</td><td>600</td><td>60</td><td></td><td></td></tr>
<tr><td>2</td><td colspan="2">半精铣上型腔</td><td>T02</td><td colspan="2">ϕ12 球头铣刀</td><td>700</td><td>40</td><td></td><td></td></tr>
<tr><td>3</td><td colspan="2">精铣上型腔</td><td>T03</td><td colspan="2">ϕ6 平底立铣刀</td><td>1000</td><td>30</td><td></td><td></td></tr>
<tr><td>4</td><td colspan="2">半精铣下型腔</td><td>T02</td><td colspan="2">ϕ12 球头铣刀</td><td>700</td><td>40</td><td></td><td></td></tr>
<tr><td>5</td><td colspan="2">精铣下型腔</td><td>T04</td><td colspan="2">ϕ6 球头铣刀</td><td>1000</td><td>30</td><td></td><td></td></tr>
<tr><td>6</td><td colspan="2">精铣底平面上锥台四周表面</td><td>T03</td><td colspan="2">ϕ6 平底立铣刀</td><td>1000</td><td>30</td><td></td><td></td></tr>
<tr><td>编制</td><td colspan="2">×××</td><td>审核</td><td>×××</td><td>批准</td><td>×××</td><td>年　月　日</td><td>共　页</td><td>第　页</td></tr>
</table>

课后习题

1. 简要阐述数控加工工艺设计的主要内容。
2. 简述数控刀具的特点，从材料角度，举例说明数控刀具的分类，各有何特点。
3. 举例说明数控加工常用夹具。
4. 试述确定切削用量三要素的基本原则。
5. 选取典型箱体类零件，编制工艺卡片。

· 模块四 ·

数控车床加工及编程

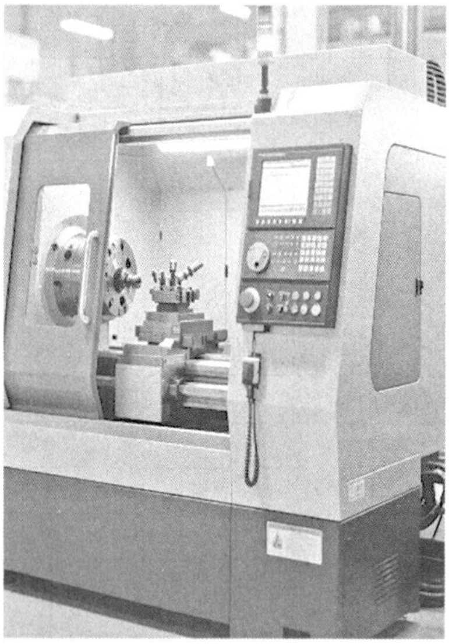

知识引入

在工业生产中数控车床作为智能加工关键设备之一，处于极其重要的地位，其可以精准执行复杂加工指令，显著提升零件的加工精度及效率，保障质量稳定性。数控车床加工范围广泛，常用于电机轴、传动轴等轴类零件，齿轮、法兰盘等盘类零件，轴承套、衬套等套类零件的加工。本模块以数控车床操作及数控编程代码掌握作为智能加工的切入点，在实例编程应用等方面做详细介绍，为数控车床编程学习奠定基础。

课题一　数控车床操作与编程基础

先进技术的飞速发展为数控机床的核心部件——数控系统的技术更新提供了便利的条件，促使数控系统拥有多种类型产品，其中被广泛应用的如：国外著名的 FANUC 和 SIEMENS（SINUMERIK）数控系统（FANUC 0i- MC，FANUC Series 31i-MODEL B，SINUMERIK 840D sl，SINUMERIK 802 系列，SINUMERIK 300/400 系列等），国内知名的广州数控 GSK、华中世纪星 HNC、大连大森 DASEN 等数控系统。不同的数控系统导致数控车床的操作系统不同，下面以 FANUC 0i 数控系统为例，简单介绍数控车床的操作系统。

1　FANUC 0i 数控系统数控车床

FANUC 0i 数控系统作为制造业自动化生产的核心数控系统之一，主要包含 0i-MF、0i-MC、0i-TA、0i-TB、0i-TD 等多种型号。该系统实现了高速与高精度控制，应用先进的模块化结构设计理念，有丰富的 PLC 支撑多种辅助功能，人机界面简洁友好，支持高速进给，可以实现纳米级插补运算功能。FANUC 0i 系统广泛应用于高中档数控车床，尤其在航空航天、汽车零部件、精密模具制造等高端领域，在复杂零件高效加工方面承担重任。

1.1　面板介绍

（1）操作面板及功能屏幕介绍

1）操作面板

包含的键如图 4.1 所示，具体为字母、数字及有关符号构成的地址/数字键，机床系统操作功能键，删除键、替换键、插入键等编辑键，移位（换挡）键、取消键、输入键、帮助键、光标移动键、翻页键和复位键等其他按键。

屏幕下软键：属于功能键下的二级菜单。操作面板上的功能键被按下之后，按显示屏下方的软键，软键需与屏幕文字相对应，即可进入该菜单。

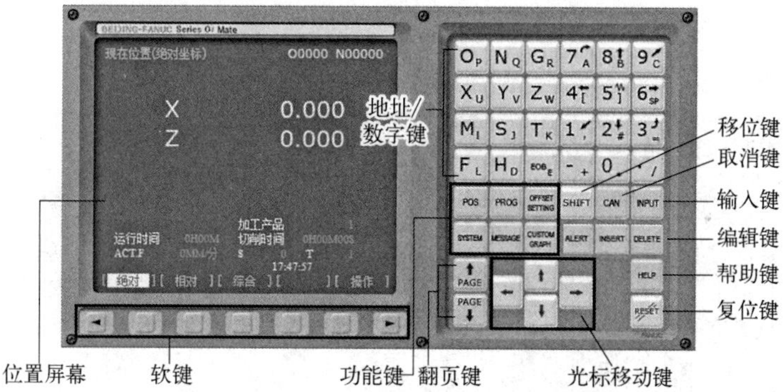

图 4.1　FANUC 0i-Mate 数控系统显示屏幕及操作面板

2）功能屏幕

FANUC 0i 数控系统具有多种功能，不同功能键对应不同的功能屏幕，部分功能举例如图 4.2 所示。

操作面板（POS）键按下后，图 4.2（a）所示位置屏幕出现。屏幕下方有二级菜单：绝对、相对、综合。

操作面板（PROG）键按下后，选取控制面板上相应的 AUTO、EDIT、MDI 功能键按下，可得到图 4.2（b）~（d）所示对应的程序屏幕。

操作面板（OFFSET）键按下后，如图 4.2（e）所示屏幕显示为刀具偏置/设置屏幕，进行相应操作。

单击二级菜单正下方的软键，可执行对应菜单命令。按翻页键，可以显示更多参数。例如：图 4.2（e）中，点击对应[坐标系]软键，得到图 4.2（f）所示工件坐标系设定屏幕。

（2）控制面板

如图 4.3 所示，FANUC 数控系统车床控制面板上集成多种控制功能模块，完成多样化任务类型。不同型号数控系统数控车床控制面板设计细节存在差异，但主要功能相似。例如图 4.4 所示为 CAK6150 数控车床操作面板。

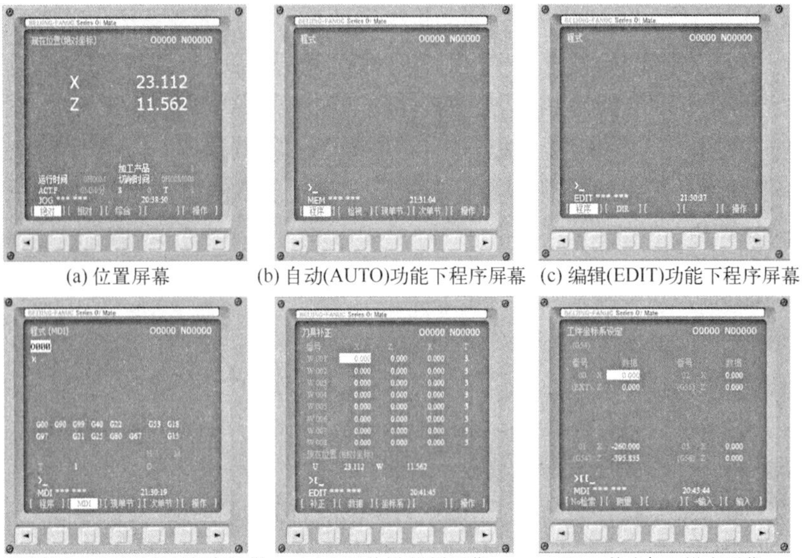

(a) 位置屏幕　(b) 自动(AUTO)功能下程序屏幕　(c) 编辑(EDIT)功能下程序屏幕

(d) 手动输入(MDI)功能下程序屏幕　(e) 刀具偏置/设置屏幕　(f) 工件坐标系设定屏幕

图 4.2　不同功能下屏幕显示

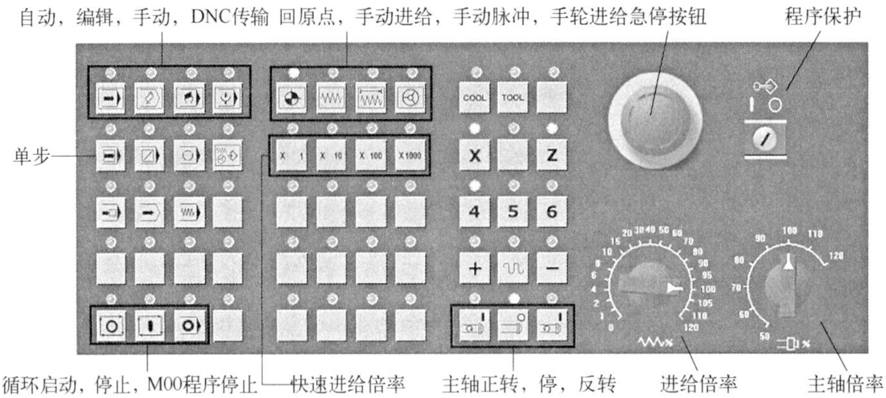

图 4.3　控制面板功能

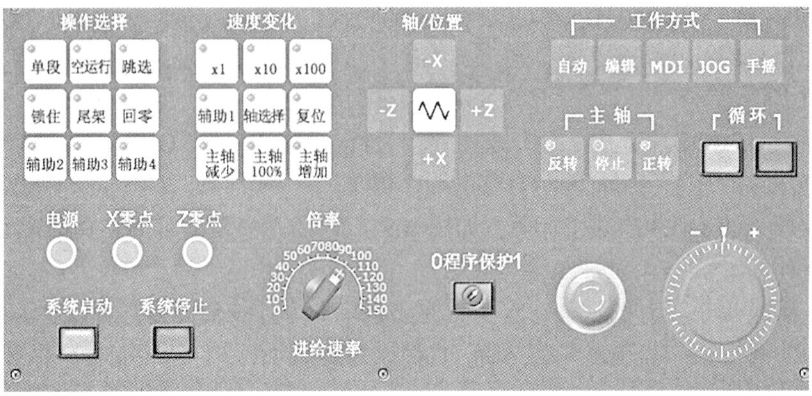

图 4.4　大连机床厂 CAK6150 数控车床操作面板

1.2　操作步骤简介

（1）数控车床的系统启动和停止

开机：启动总电源→打开系统电源→旋开急停按钮。关机：按下急停→关闭系统电源→关闭总电源。

（2）回零

机床回原点：手动（工作方式）→回零→ *X* 轴回零 → *Z* 轴回零。

（3）设定车床参数及工件毛坯尺寸、选择刀具并装夹

① 机床参数：前置刀架、非单步加工关闭车门、快速换刀速度控制等。

② 设定合适的工件毛坯尺寸并装夹。

③ 依据被加工工件的工艺分析，选择合适的刀具类型及参数，并添加至刀盘，准备完成对刀工作。

（4）对刀和刀补值的输入

对刀过程见表 4.1。

表 4.1　对刀过程

序号	1 号刀		2 号刀	
	Z 向	*X* 向	*Z* 向	*X* 向
1	启动主轴	启动主轴	启动主轴	启动主轴
2	调刀至工作位置	调刀至工作位置	调刀至加工位	调刀至加工位
3	车端面 手动：刀具快→渐慢→接近工件端面→手摇→呈现接触飞屑→刀具 *Z* 向静止，+*X* 移出→*Z* 向移动 -0.1 ～ -0.5mm→车端面，刀具 *Z* 向静止，+*X* 移出工件	车削外圆 手动：刀具快→渐慢→接近工件，手摇→外圆试车→呈现接触飞屑→*X* 轴不动，+*Z* 移出工件；测量车削部分外圆直径并记录尺寸值	车端面 手动：刀具快→渐慢→接近工件端面→手摇→呈现接触飞屑→刀具 *Z* 轴静止，+*X* 移出	车削外圆 手动：刀具快→渐慢→接近工件，手摇→车外圆→接触飞屑→*X* 轴不动，+*Z* 移出工件
4	输入 *Z* 向刀补值	输入 *X* 向刀补值	输入 *Z* 向刀补值	输入 *X* 向刀补值
5	OFFSET（功能键）→补正（软键）→形状（软键）→移动光标至 G001 Z→输入 Z0→测量	OFFSET（功能键）→补正（软键）→形状（软键）→移动光标 G001 X→输入已取得的测量值 *X*……→测量（软键）	OFFSET（功能键）→补正（软键）→形状（软键）→移动光标 G002 Z→Z0→测量	OFFSET（功能键）→补正（软键）→形状（软键）→移动光标 G002 X→输入已取得的 1 号刀直径测量值 *X*……→测量（软键）

（5）验刀

手动输入一个程序段指令，启动机床系统执行，检验刀具执行程序段的结果，判断对刀工作的正确性。

MDI（方式）步骤：PROG（功能键）→MDI（软键）→输入程序段→INSERT→循环启动。

（6）调用程序

步骤：PROG（功能键）→EDIT（编辑）→DIR（软键）→输入 O……（程序号）→INSERT

（编辑键）。

（7）自动加工

步骤：程序调用后→AUTO（自动）→光标移动到程序开头→循环启动。

2　数控车床编程基础

数控车床配置不同数控系统后，将具备不同功能和性能，同时由于不同数控系统的代码编程规则不同，编程时必须按该数控车床所采用的数控系统特有的规则进行编程，本课题以 FANU 0i 数控系统为例介绍数控车床的编程知识。

2.1　数控机床的坐标系

（1）数控机床坐标系

为方便描述机床的运动，简化程序编制的方法，并保证记录数据的互换性，在数控编程时数控机床的坐标系和运动方向均已标准化，即：标准机床坐标系中 X、Y、Z 坐标轴的相互关系用右手笛卡儿直角坐标系决定。

右手笛卡儿直角坐标系：拇指指向→+X（X 轴正方向），食指指向→+Y（Y 轴正方向），中指指向→+Z（Z 轴正方向），以及旋转坐标轴+A、+B、+C 旋向，如图 4.5 所示。数控车床坐标系如图 4.6 所示。

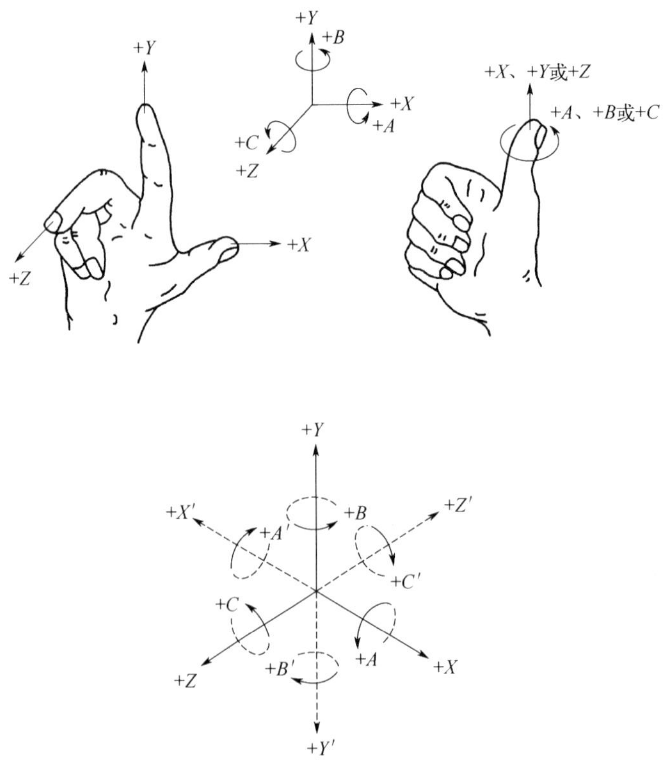

图 4.5　右手笛卡儿坐标系

（2）编程坐标系

编程人员以简化编程为目标，根据零件图样及加工工艺等建立的坐标系，俗称工件坐标系。

编程坐标系的原点（编程原点）是根据加工零件图样及加工工艺要求选定的点，一般尽量选择在零件的设计基准或工艺基准上，编程坐标系中各轴的方向与所使用的数控机床相应的坐标轴方向一致，如图 4.7 所示为车削零件的编程原点。编程坐标系位置确定与工件毛坯在机床上的实际装夹位置无关。

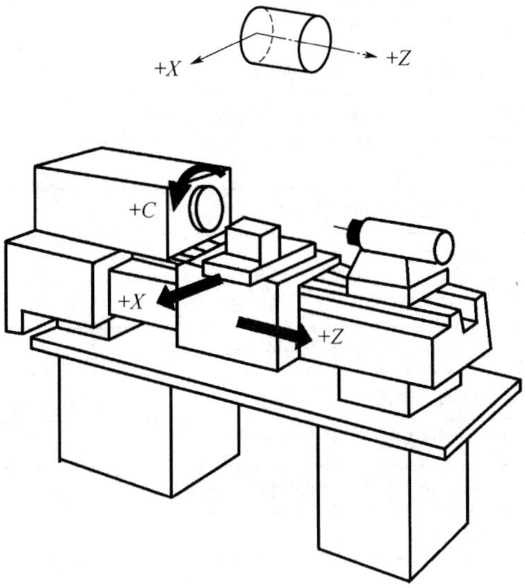

图 4.6 数控车床坐标系

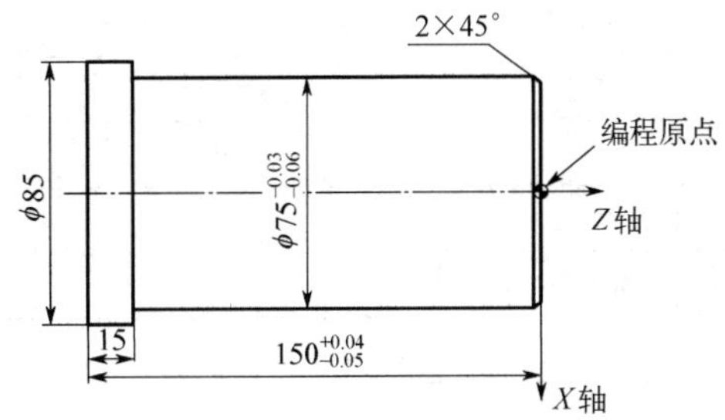

图 4.7 数控车削零件编程原点

2.2 程序的结构

如图 4.8 所示，以数控车削加工小葫芦为例，编写一个完整程序。程序包括程序起始符、加工程序段、程序结束三部分。

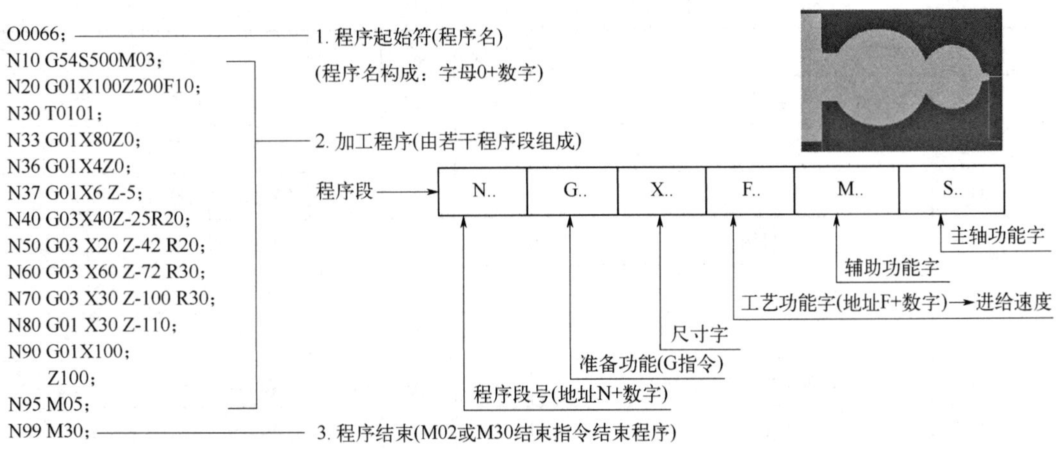

图 4.8 程序结构详图

(1) 指令字的格式

指令字由地址符（指令字符）和带符号（如定义尺寸的字）或不带符号（如准备功能字 G 代码）的数字数据组成，常用指令字符见表 4.2。

表 4.2 指令字符功能一览表（均以 FANUC 0i 为例说明）

机能	地址	意义
零件程序号	O	程序编号，O0001～O1234
程序段号	N	程序段编号，N1～N99999
准备机能	G	指令动作方式（直线、圆弧等），G00～99
尺寸字	X，Y，Z，A，B，C，U，V，W	坐标轴的移动命令
	R	圆弧的半径，固定循环的参数
	I，J，K	圆心相对于起点的坐标，固定循环的参数
进给速度	F	进给速度的指定
主轴机能	S	主轴旋转速度的指定
刀具机能	T	刀具编号的指定
辅助机能	M	机床开/关控制的指定，M00～99
补偿号	D	刀具半径补偿号的指定，00～99
暂停	P，X	暂停时间的指定，s
程序号的指定	P	子程序号的指定
重复次数	L	子程序的重复次数，固定循环的重复次数
参数	P，Q，R，U，W，I，K，C，A	车削复合循环参数
倒角控制	C，R	

（2）准备功能

准备功能又称 G 功能或 G 指令，用于指定机床工作方式的功能。常用准备功能见表 4.3。

表 4.3 常用准备功能一览表（均以 FANUC 0i 为例说明）

序号	代码	组别	功能	序号	代码	组别	功能
1	G00	01	快速定位	13	G22	09	存储行程检查
2	G01		直线插补	14	G23		取消存储行程检查
3	G02		顺时针圆弧插补	15	G27	00	返回参考点确认
4	G03		逆时针圆弧插补	16	G28		返回参考点
5	G04	00	延迟（暂停）	17	G29		从参考点回到切削点
6	G10		可编程数据输入	18	G32	01	恒螺纹切削
7	G11		取消可编程数据输入	19	G34		变螺纹切削
8	G17	16	*XY* 平面	20	G36	00	自动刀具补偿 X
9	G18		*XZ* 平面	21	G37		自动刀具补偿 Y
10	G19		*YZ* 平面	22	G40	07	刀具半径补偿取消
11	G20	06	英制输入	23	G41		刀具圆弧半径左补偿
12	G21		米制输入	24	G42		刀具圆弧半径右补偿

续表

序号	代码	组别	功能	序号	代码	组别	功能
25	G50	00	1. 坐标系设定；2. 最高主轴速度限定	37	G74	00	Z 向深孔钻削循环
26	G54	14	坐标系选择设定 1	38	G75		外圆切槽复合循环
27	G55		坐标系选择设定 2	39	G76		螺纹切削复合循环
28	G56		坐标系选择设定 3	40	G80	10	取消固定钻削循环
29	G57		坐标系选择设定 4	41	G83		端面钻削循环
30	G58		坐标系选择设定 5	42	G84		端面攻螺纹循环
31	G59		坐标系选择设定 6	43	G90	01	单一形状固定循环
32	G65	00	宏程序调用	44	G92		螺纹复合循环
33	G70	00	精车循环	45	G96	02	主轴恒线速控制
34	G71		粗车外圆复合循环	46	G97		取消主轴恒线速控制
35	G72		粗车外圆端面合循环	47	G98	05	每分钟进给量
36	G73		固定形状粗加工复合循环	48	G99		每转进给量

G 指令分为模态指令和非模态指令两种。模态指令在程序段中一经指定，便持续有效，直到后面出现同组不同指令或被其他指令取消时才失效，故又称续效指令。编写程序时，与上段相同的模态指令可以省略不写。在同一程序段内如果存在不同组模态编程指令，并不影响其续效功能。

非模态指令仅在出现的程序段有效，故称非续效指令，例如 G04。

（3）辅助功能

辅助功能指数控车床加工操作时的辅助动作控制，又称 M 指令代码，其常用代码见表 4.4。

表 4.4 辅助功能一览表（均以 FANUC 0i 为例说明）

序号	代码	功能	序号	代码	功能
1	M00	程序停止	10	M11	车螺纹直退刀
2	M01	选择停止	11	M12	误差检验
3	M02	程序结束	12	M13	误差检验取消
4	M03	主轴正转	13	M19	主轴准停
5	M04	主轴反转	14	M20	ROBOT 工作启动
6	M05	主轴停止	15	M30	纸带结束
7	M08	切削液开	16	M98	调用子程序
8	M09	切削液关	17	M99	返回子程序
9	M10	车螺纹 45°退刀			

（4）坐标尺寸

坐标尺寸用于指定加工过程中各坐标点的位置，尺寸指令有绝对尺寸和增量尺寸两种表达方法。

绝对尺寸字是指机床运动部件的坐标尺寸值相对于坐标原点 *O* 给出，如图 4.9 所示，与起点 *E* 的位置无关。增量尺寸字是指机床运动部件的坐标尺寸值相对于前一位置给出，如图 4.10 所示。从起点位置 *E* 开始计算，不同的起点位置，增量坐标不同。数控车床编程中，绝对尺寸的尺寸字的地址符用 *X*、*Y*、*Z* 表示，增量尺寸的尺寸字的地址符用 *U*、*V*、*W* 表示。为方便编程、简化语句，同一程序段中绝对尺寸和增量尺寸可以混用。刀具移动 *E* 点→*B* 点，绝对坐标编程为 G01X50Y57F5，增量坐标编程为 G01U30W35F5。

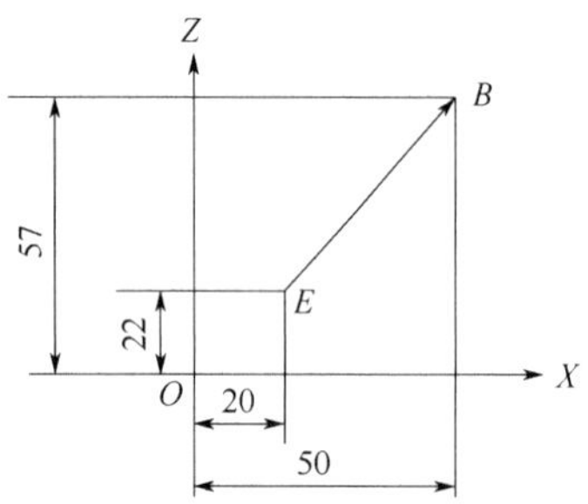

图 4.9 绝对尺寸例图

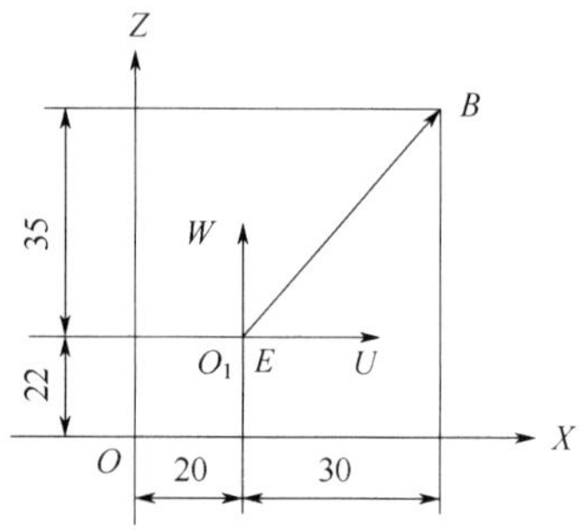

图 4.10 增量尺寸例图

3 编程实例

学习指令代码的目的是编写高水平的程序，加工满足要求的合格零件。以图 4.11（a）所示零件为例，学习编程指令，最终完成该零件的加工。针对该零件做具体的分步骤加工分析。

说明：

1）智能加工领域，数控车床是轴类、盘套类零件加工的关键设备。从几何特征角度考虑，涉及的零件形状包括：

① 外表面：常见有圆柱面、圆锥面、椭圆柱面等回转结构特征，以及沟槽、螺纹、倒圆和倒角等特征。

② 内表面：常见有圆弧面和阶梯孔等复杂形状。为保障零件严格的尺寸公差和表面质量要求，显著提高生产效率，数控车削加工方法成为首选的主流加工方法。

2）分析图 4.11（a）所示零件图，综合考量零件结构与材料特性，制订加工策略。

① 两次装夹，先加工左段，内外表面均加工完成后，再掉头加工右段，最后针对中段槽及椭圆弧完成精加工。

② 工序安排：遵循“先粗后精，先外后内”的原则，安排加工顺序，保障加工精度。

③ 毛坯选择：ϕ52mm×132mm 的 45 钢棒料。

④ 刀具及切削参数选择：鉴于 45 钢具有较好的切削加工性，应匹配合理的刀具类型，选择合适的切削速度和进给量。

⑤ 绘制分步加工图：如图 4.11（b）~（e）所示。

⑥ 加工流程具体步骤：根据加工要点，制订合理步骤，编制加工程序。

3）后续各课题将围绕编程指令体系与加工工艺展开渐进式学习。以图 4.11 所示零件为典型加工案例，完成零件的编程模拟加工，强化编程应用能力。

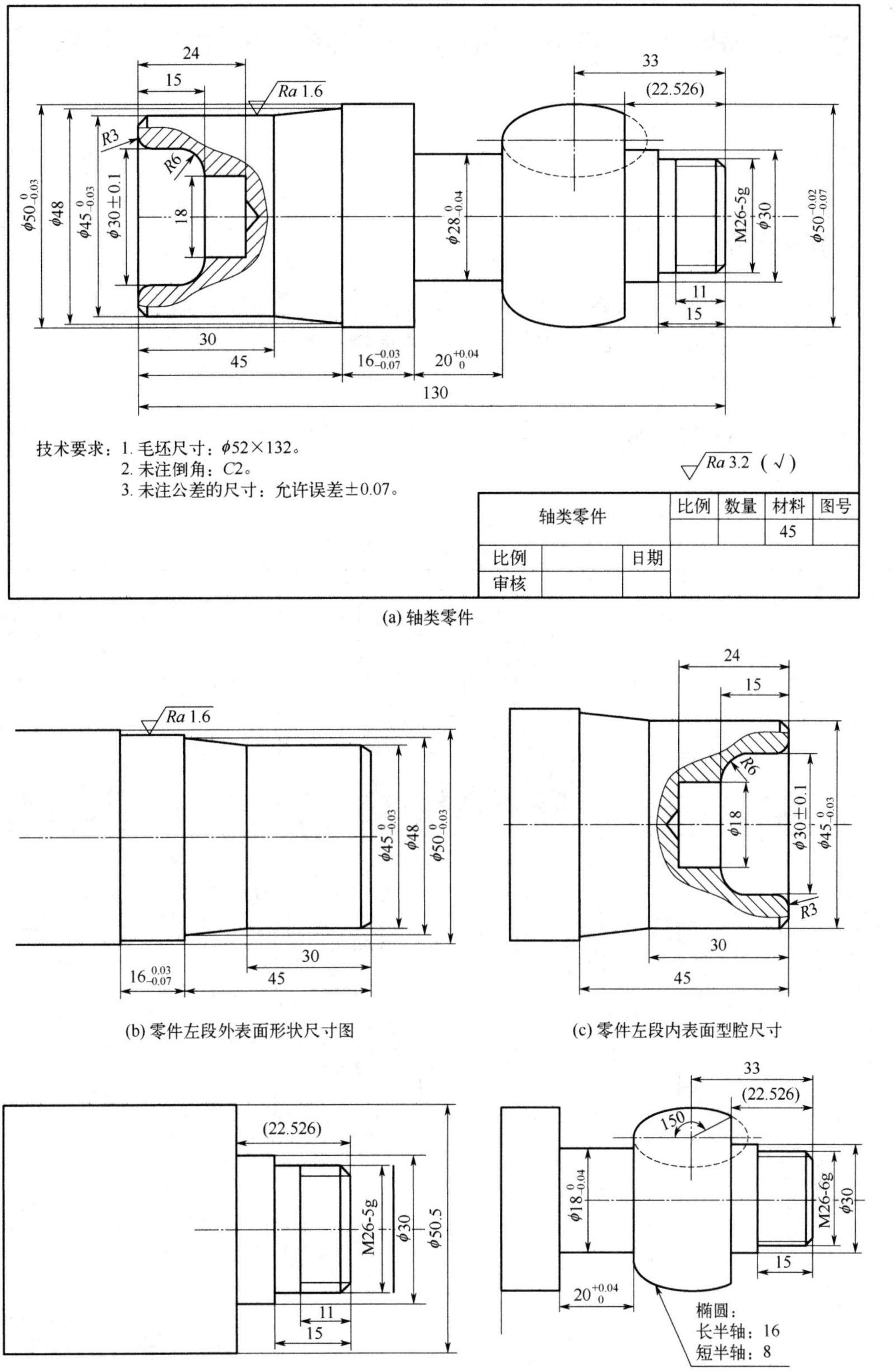

(a) 轴类零件

(b) 零件左段外表面形状尺寸图

(c) 零件左段内表面型腔尺寸

(d) 零件右段外表面形状尺寸图

(e) 零件中段槽与椭圆弧面形状尺寸

图 4.11　零件图及加工过程分步

课题二　单一形状柱面、端面、圆弧面及锥面数控车削加工

数控车床最常见的加工表面为圆柱表面、端面、圆弧面及圆锥表面，本课题以 FANUC 0i 数控系统为例，从实例入手介绍相关编程指令、格式，针对图 4.11 中（b）和（c）完成编程加工应用。

1　编程指令介绍

加工图 4.11 所示零件左段内外表面，分析图样得到：①需应用直线、圆弧指令编程；②精度要求，采用粗精加工。先以简单实例学习指令应用。

1.1　G01 和 G00 指令

指令 G01 和 G00 是常用直线移动指令。表 4.5 以示例介绍 G01 和 G00 指令，其中给定毛坯ϕ25mm。

表 4.5　G01 和 G00 指令应用表

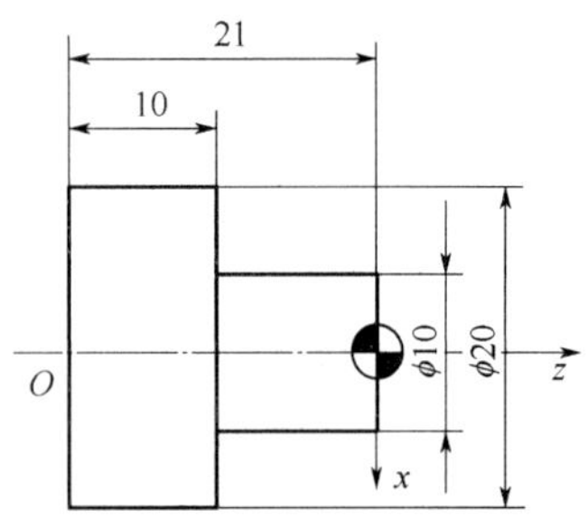

1. 零件图

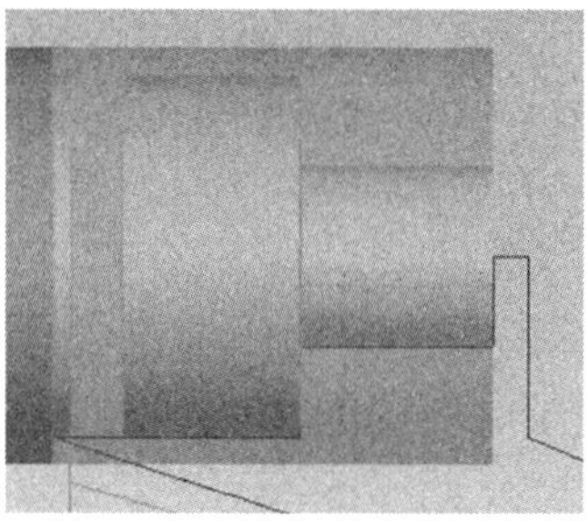

2. 三维加工图

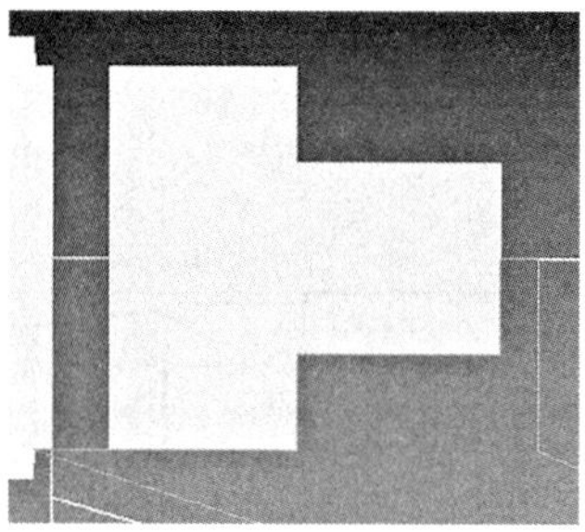

3. 二维加工图

程序	指令意义说明	指令格式、应用及注意	易混淆指令
N10 G54S500M03 N12 G01X100Z100F10 N15 T0101 N25 G01X20Z2F1 N30 G01X0Z2F10 N40 G01X0Z0F1 N50 G01X10Z0F1 N60 G01X10Z-11 N80 G01X20Z-11 N100　X20Z-25 N110 G01X100Z100F10 N150 T0202 N160 G01X25Z-24F10 N170 X0F0.3 N180 X45 N190 Z100 N200 M05 N210 M02	设定坐标系，主轴正转转速 换刀点（替换 G00X100Z100） 换 1#刀，1#补偿 车端面（N25～N40） 车阶梯轴（F 模态指令） （G01 模态指令）（N50～N100） 返回换刀点 换用 2#刀 移至切断点 切断工件 退 X 正向 退 Z 正向 主轴停转 程序结束	G01 直线插补指令格式：G01 X（U）___Z（W）___F___； （X，Z）：目标点的绝对值坐标。 （U，W）：目标点相对于前一点的增量坐标。 F：刀具的进给速度。 应用：端面、内外圆柱面、内外圆锥面、切槽和切断等内外回转表面的加工。 注意： ① G01 之前或当前段都没有 F 指令，机床不动。 ② 绝对坐标值编程，坐标值不变，可以省略	G00 快速点定位指令格式：G00 X（U）___Z（W）___；（X，Z）——目标点的绝对值坐标； （U，W）——目标点相对于前一点的增量坐标。 说明： ①功能：模态指令，以点位控制方式从刀具所在点快速移动到下一个目标点位置。 ②移动速度由厂家预调，程序指令无法设定。 ③执行过程：刀具由程序起始点→加速到最大速度→快速移动→减速到终点，实现快速点定位。 ④目的：提高定位精度。 ⑤各坐标轴的脉冲当量决定刀具的实际运动路线呈现直线或折线形态
说明：G01 指令，用于切削加工过程中及非切削过程直线移动，速度可控；G00 指令，非切削快速移动，速度不可控			

1.2 单一形状粗加工 G90、G94 指令

加工中实际情况如下：①棒料毛坯直径尺寸较大，需要切除较多金属材料；②零件轴向尺寸差异较大；③加工零件要求高精度，需多次车削。以上种种都需要采用粗加工切除多余材料。粗加工可采用的指令及方法很多，下面从较简单的 G90 及 G94 指令——单一形状粗加工入手，循序渐进加以介绍。阶梯轴单一形状循环指令 G90、G94 对比见表 4.6。

表 4.6 阶梯轴单一形状循环指令 G90、G94 对比表

<table>
<tr>
<td>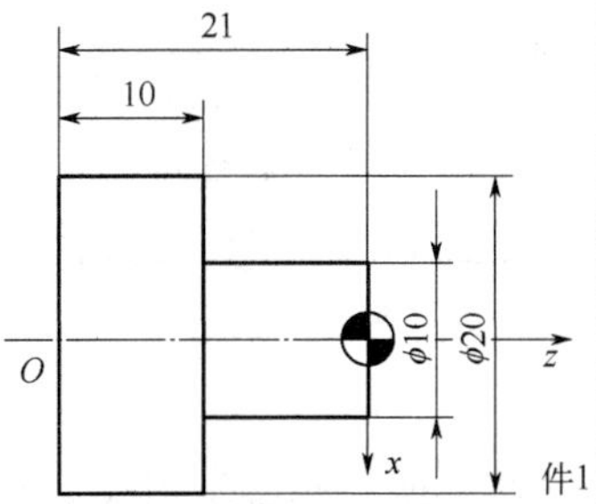
</td>
<td>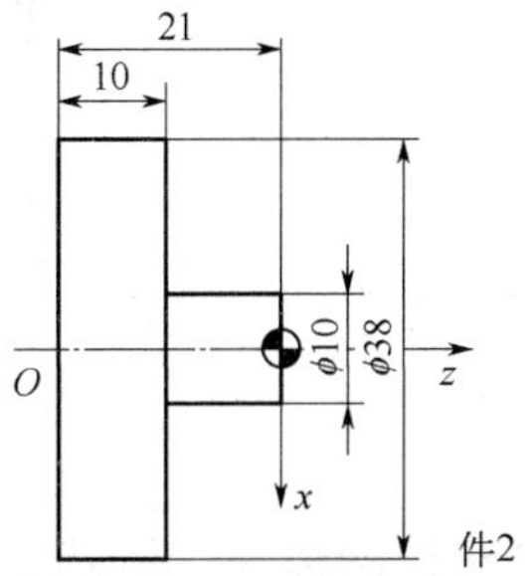
</td>
<td colspan="2">①现象：件 1 与件 2 外形相似，只需修改件 1 N25 和 N80 程序段中 X 轴向编程尺寸，即可快速完成编程。
②问题：件 2，阶梯轴直径方向尺寸差 28mm，一般刀刃长度 12mm 的刀具无法加工，系统报警。
③解决方法：选用长刀刃刀具（不可取）；多次加工，切除多余材料（选用）。
④件 1 毛坯直径ϕ25mm，件 2 毛坯直径ϕ40mm</td>
</tr>
<tr>
<td>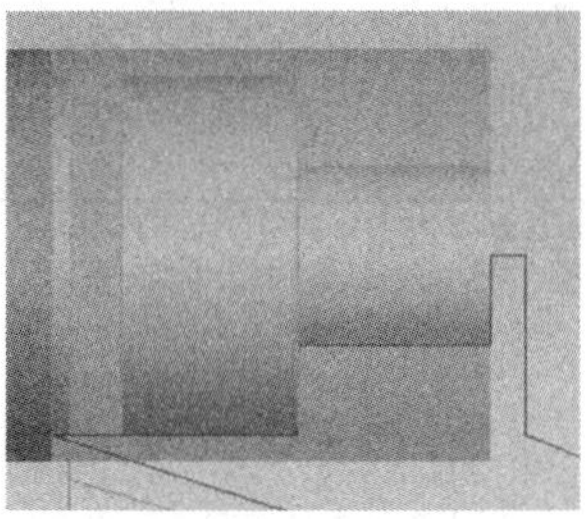</td>
<td>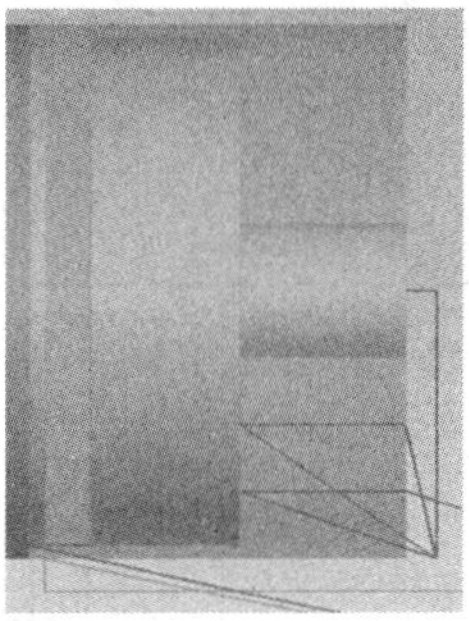
法①</td>
<td>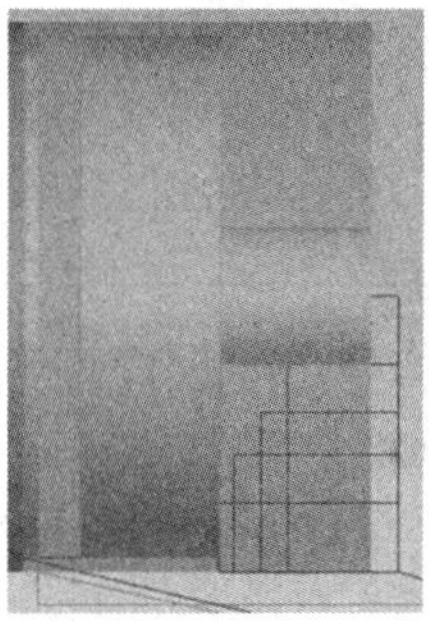
法②</td>
<td>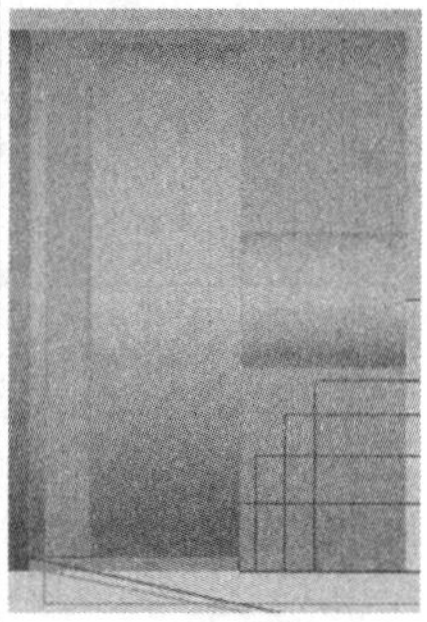
法③</td>
</tr>
<tr>
<td>N10 G54S500M03
N12 G01X100Z100F10
N15 T0101

N25 G01X20Z2F1 →
N30 G01X0Z2F10
N40 G01X0Z0F1

N50 G01X10Z0F1
N60 G01X10Z-11
N80 G01X20Z-11 →
N100 X20Z-25
N110 G01X100Z100F10
N150 T0202
N160 G01X25Z-24F10
N170 X0F0.3
N180 X45
N190 Z100
N200 M05
N210 M02</td>
<td>N10 G54S500M03
N12 G01X100Z100F10
N15 T0101

N25 G01X40Z2F1
N30 G01X0Z2F10
N40 G01X0Z0F1

N50 G01X10Z0F1
N60 G01X10Z-11
N80 G01X38Z-11
N100 X38Z-25
N110 G01X100Z100F10
N150 T0202
N160 G01X40Z-24F10
N170 X0F0.3
N180 X45
N190 Z100
N200 M05
N210 M02</td>
<td>法①：N25～N40 替换
N25 G01X30Z0F1
N27 G01X30Z-11
N30 G01X40Z2F1
N33 G01X20Z0F1
N35 G01X20Z-11
N37 G01X40Z2F1
N39 G01X0Z2F10
N40 G01X0Z0F1
法②：N15～N25 间插入以下语句（G90）
N18 G01X40Z2F1
N20 G90X30Z-11
X23Z-10
X17Z-8
X12Z-6
法③：N15～N25 间插入以下语句（G94）
N18 G01X40Z2F1
N20 G94X12Z-6
X17Z-8
X23Z-10
X30Z-11</td>
<td>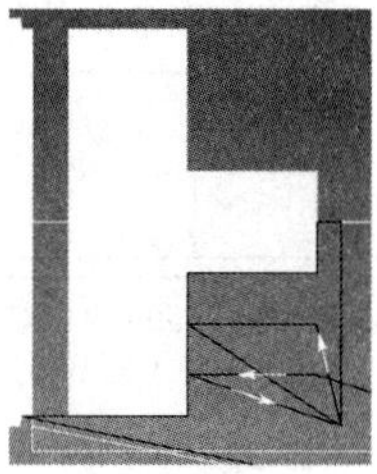
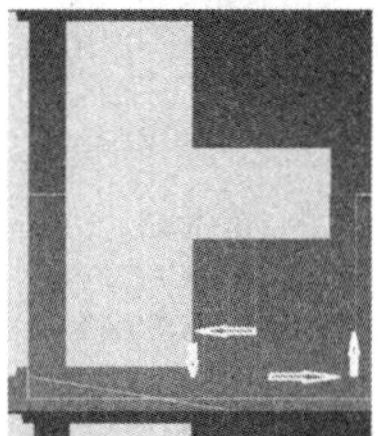
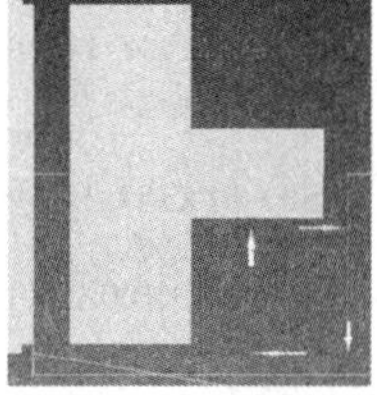</td>
</tr>
</table>

续表

车削平端面 G94	外径/内径直线切削循环（G90）
G94 (U)___Z(W)___F___	G90X (U)___Z(W)___F___；　R—快速移动； F—由F代码指定；
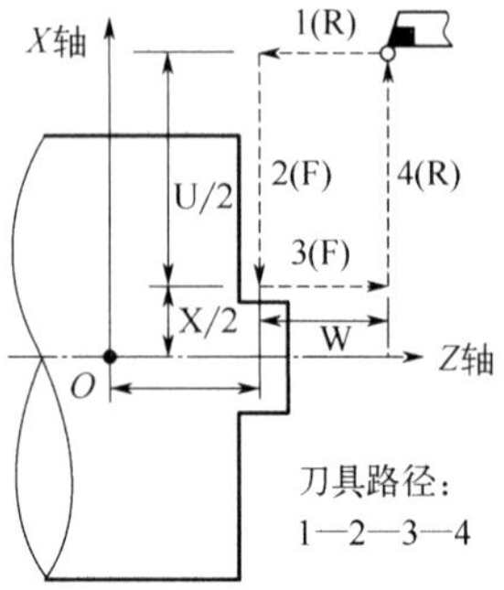	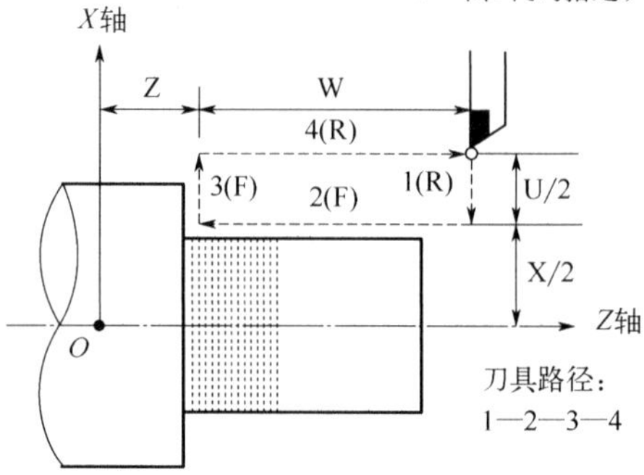

1.3 圆弧 G02、G03 指令

加工零件存在如下实际外形：①斜线；②圆角；③圆弧。下面主要介绍圆弧指令 G02 和 G03。阶梯轴斜线及圆弧指令对比见表 4.7。

表 4.7 阶梯轴斜线及圆弧指令对比表

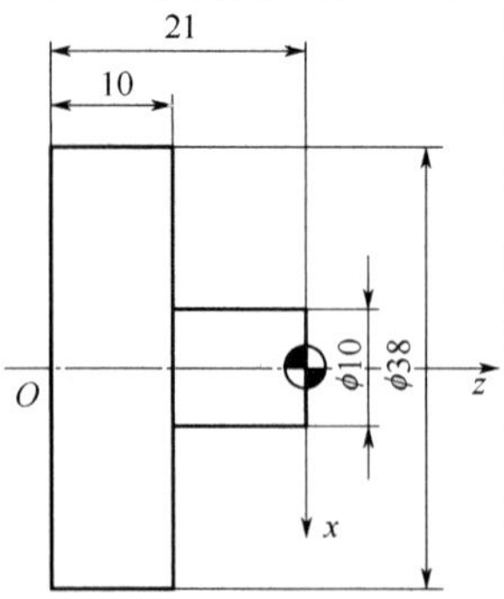	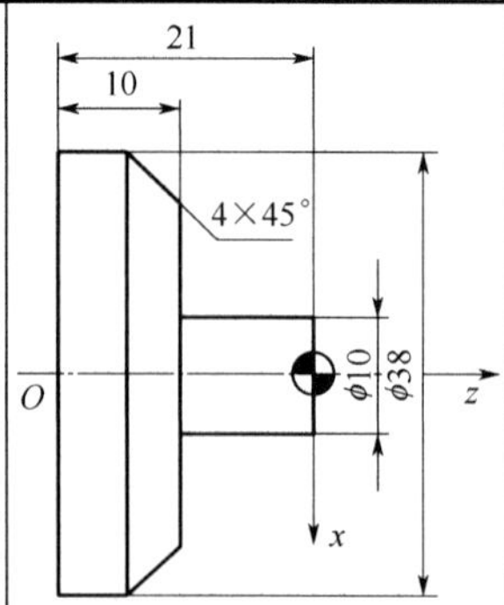	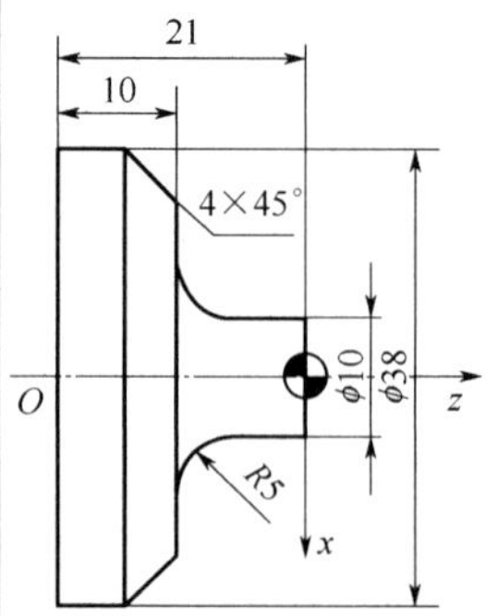	毛坯选择：直径 40mm，长 50mm
N10 G54S500M03 N12 G01X100Z100F10 N15 T0101 N18 G01X40Z2F1 N20 **G90**X30Z-11 X23Z-10 X17Z-8 X12Z-6 N25 G01X40Z2F1 N30 G01X0Z2F10 } ① → N40 G01X0Z0F1 N50 G01X10Z0F1 N60 G01X10Z-11 ②换圆弧 ③添加（斜线指令） **N80 G01X38Z-11** ④ ← N100 X38Z-25 N110 G01X100Z100F10 ⑤ →	① { G01X40Z0F1 X0Z0 Z2 ①让刀车端面指令 → ③ { N75 G01X30Z-11 N77 X38Z-15 ④去掉 ⑤ { N110 G01X50F10 Z100	圆弧插补指令：在指定坐标平面内，按照程序指定的进给速度，刀具由所在起点位置开始沿圆弧轨迹进给到终点位置。 ②替换圆弧 法一：圆弧 R 指令 ②N60 G01X10Z-11 → { N60 G01X10Z-6； N65 G02X20Z-11R5F1； 法二：圆弧 IJK 指令 ②N60 G01X10Z-11 → N60 G02X20Z-11I5K0F1； 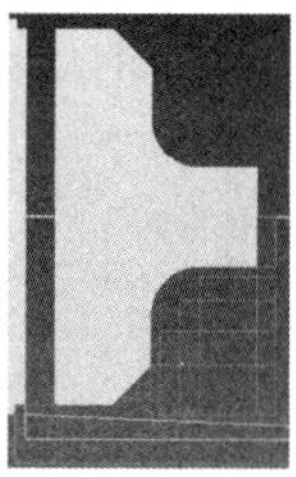 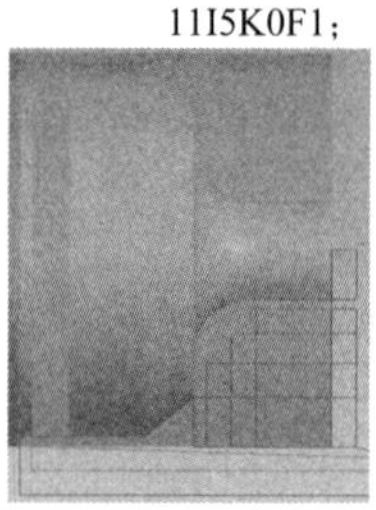	

续表

<table>
<tr>
<td>⑤退刀指令，考虑安全替换
N150 T0202
N160 G01X40Z-24F10
N170 X0F0.3
N180 X45
N190 Z100
N200 M05
N210 M02

采用法②G90 指令完成粗加工</td>
<td>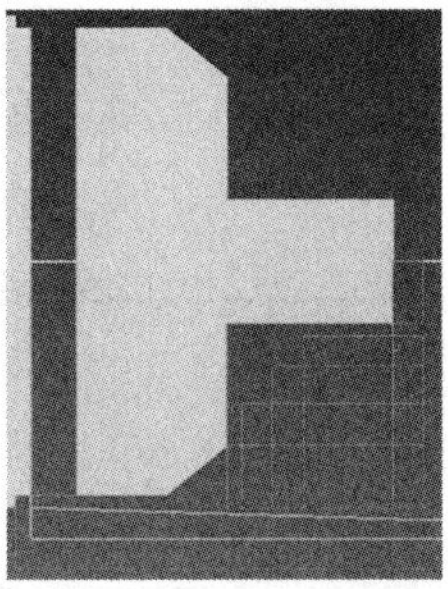
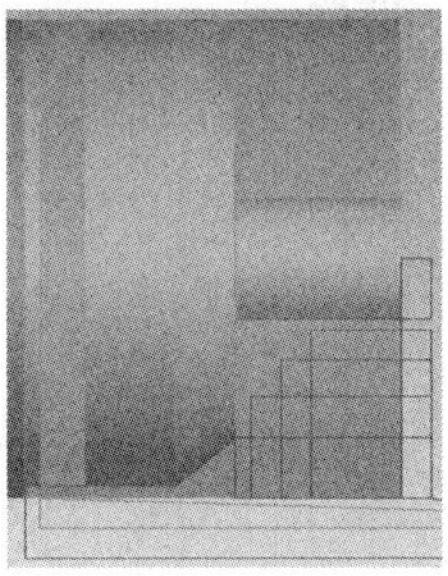</td>
<td>圆弧插补指令格式：
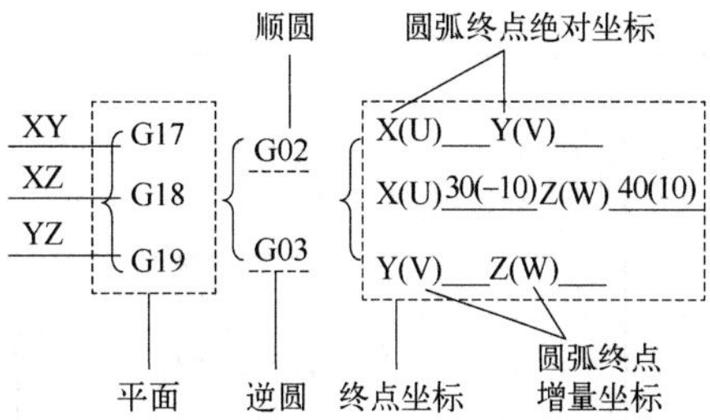

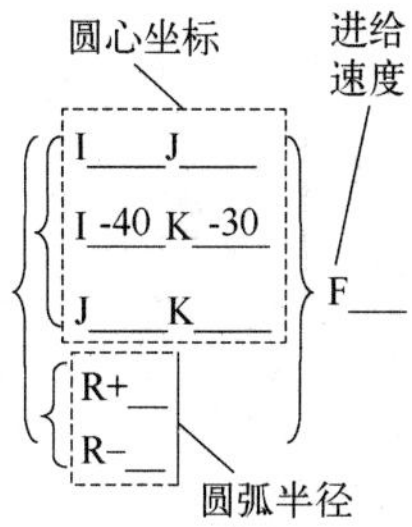

说明：
①数控车床，G18 平面，可省略不写。
②圆弧顺逆判断如下图。
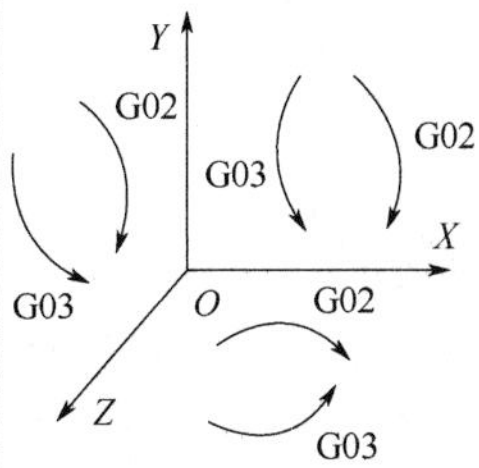

圆弧插补方向判别
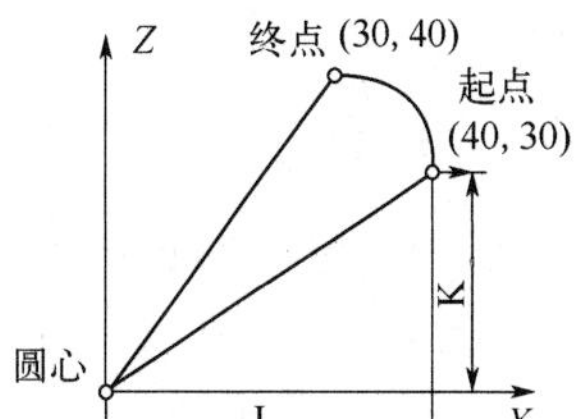

圆弧编程方式

③U、V、W 圆弧终点增量坐标指圆弧终点相对于起点的位移量。
④圆心编程：I、J、K 格式，圆心相对于圆弧起点增量值；R 格式，圆心角小于 180°取 R+，大于 180°取 R−。
⑤整圆轮廓加工。整圆起点和终点重合，R 编程无法定义，只能用圆心坐标编程</td>
</tr>
<tr>
<td colspan="2">倒角指令：C…插入倒角距离。
③　N75 G01X30Z-11
　　N77　　X38Z-15　} 替换成：N75G01X38Z-11C4
说明：直线终点后直接写入倒角距离，常用小倒角零件，程序简洁</td>
<td>倒圆指令：R…插入倒圆半径。
左侧 N60 G01X10Z-11 ⟶ N60 G01X10Z-11R5（替换）。
说明：在直线终点坐标数据后直接写入倒圆半径，小倒圆常用此语句，程序简洁，半径较大圆弧一般不用此指令</td>
</tr>
</table>

2 编程实例 1

分析课题引入的零件图，选择先加工零件左段外圆柱表面、端面及锥面的部分，画出分步骤加工零件图 4.12 所示。

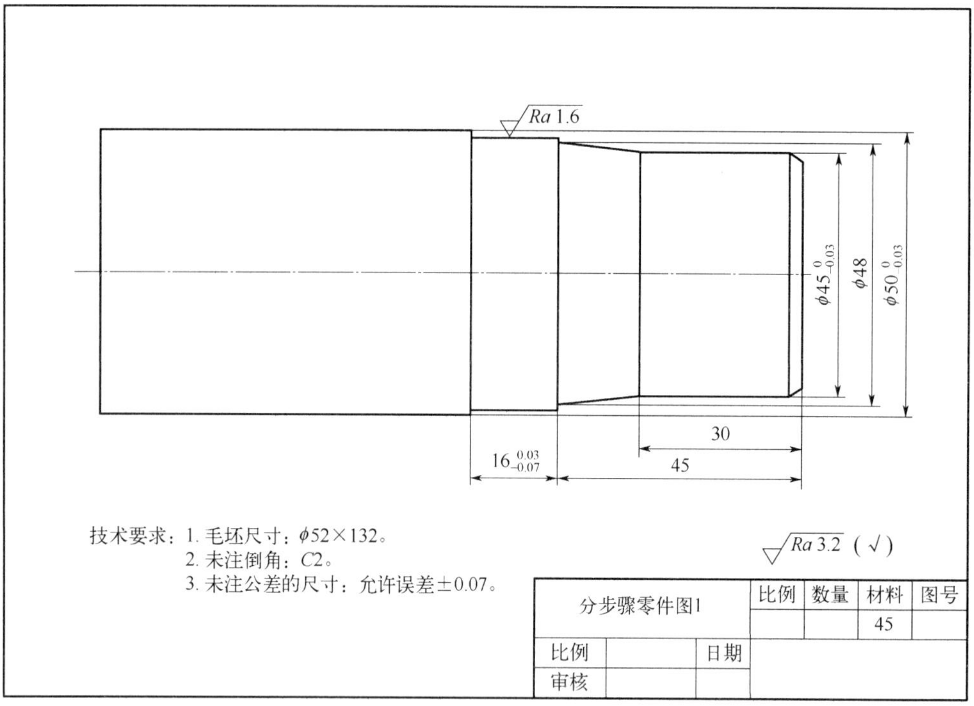

图 4.12 分步骤加工零件图 1

2.1 工艺准备

（1）分析图纸确定工艺过程

如图 4.12 所示，毛坯为ϕ 52×132mm 的 45 钢，按照零件尺寸精度和表面粗糙度的要求，加工过程分为粗加工、精加工两步工序。X 轴直径方向，精加工余量预留 0.5mm，Z 轴长度方向预留余量 0.2mm。

（2）刀具选用

1#刀具：90°外圆粗车刀，粗加工工件的端面、外圆和阶台。2#刀具：90°外圆精车刀，精加工工件的端面、外圆和阶台。

（3）数据处理

公差原则：外径取中差或中上差，内径取中差或中下差。该工件选择：ϕ 50mm 外圆直径取平均尺寸ϕ 49.985mm；ϕ 45mm 外圆直径取平均尺寸ϕ 44.985mm，长度 16mm 取平均尺寸 15.95mm。

（4）走刀路线的确定

粗车圆柱面、圆锥面的走刀路线如图 4.13 所示，确定其基点坐标见表 4.8。

表 4.8　粗车外表面的基点坐标表

序号	*X* 坐标	*Z* 坐标	序号	*X* 坐标	*Z* 坐标
S	100	100	6	48.5	−44.8
1	55	5	7	55	−44.8
2	50.5	5	8	45.5	5
3	50.5	−60.8	9	45.5	−29.8
4	55	−60.8	10	55	−29.8
5	48.5	5			

精车圆柱面、圆锥面的走刀路线如图 4.14 所示，确定其基点坐标见表 4.9。

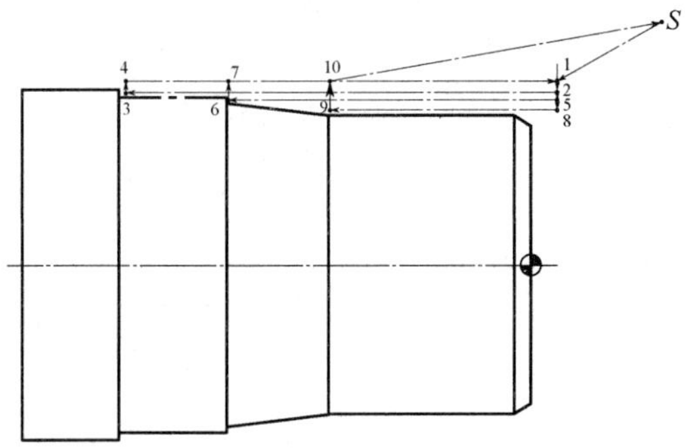

图 4.13　粗车外轮廓的走刀路径

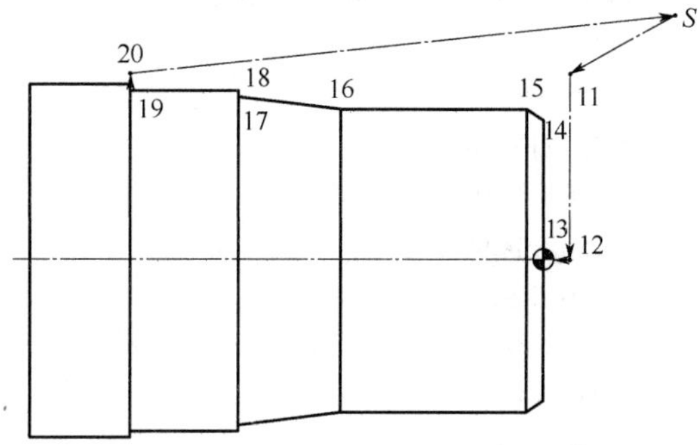

图 4.14　精车外轮廓的走刀路径

表 4.9　精车外表面的基点坐标

序号	*X* 坐标	*Z* 坐标	序号	*X* 坐标	*Z* 坐标
S	100	100	16	44.985	−30
11	55	5	17	48	−45
12	0	5	18	49.985	−45
13	0	0	19	49.985	−60.95
14	41	0	20	55	−60.95
15	44.985	−2			

2.2　编制程序

（1）应用 G00、G01 指令加工该零件的参考程序

```
O0001;
N10 T0101;  粗车程序开始 ， 调 1#刀和 1#刀补（建立工件坐标系）
N20 G0 G97 G99 X100 Z100 M03 S500F0.2;
N30 X55 Z5;
N40 X50.5;
N50 G01Z-60.8;
N60 X55;
N70 G0Z5;
N80 X48.5;
N90 G01Z-44.8;
```

```
N100 X55;
N110 G0Z5;
N120 X45.5;
N130 G01Z-30;
N140 X55;
N150 G0Z5;
N160 X100Z100;
N170 M05;
N180 M00;
N190 T0202; 精车程序开始，调 2#刀和 2#刀补（建立工件坐标系）
N200 G0X100Z100M03S1000F0.1;
N210 X55Z5;
N220 X0;
N230 G01Z0;
N240 X40.985;
N250 X44.985Z-2;
N260 Z-30;
N270 X48Z-45;
N280 X49.985;
N290 Z-60.95;
N300 X55;
N310 G0Z5;
N320 X100Z100M05;
N330 M30;                    程序结束，回程序起始点
```

（2）用 G90 加工零件的参考程序

```
O0002;
N10 T0101; 粗车程序开始，调 1#刀和 1#刀补（建立工件坐标系）
N20 G0 G97 G99 X100 Z100 M03 S500F0.2;
N30 X55 Z5;
N40 G90X50.5Z-60.8;
N50 X48.5Z-44.5;
N60 X45.5Z-30
N70 X100Z100M05;
N80 M00;
N90 T0202; 精车程序开始，调 2#刀和 2#刀补（建立工件坐标系）
N100 G0X100Z100M03S1000F0.1;
N110 X55Z5;
N120 X0;
N130 G01Z0;
N140 X40.985;
N150 X44.985Z-2;
N160 Z-30;
N170 X48Z-45;
N180 X49.985;
N190 Z-60.95;
```

```
N200 X55;
N210 G0Z5;
N220 X100Z100M05;
N230 M30; 程序结束，回程序起始点
```

实例应用结果说明：采用 G90 指令编写加工零件程序时，段数明显减少。合理选择加工指令，尽量减少程序段数量，可以减轻计算量，并有效降低编程出现错误的概率。

（3）计算机仿真软件模拟加工

在计算机仿真软件中，选择规格为 ϕ52mm×132mm 的 45 钢棒料作为毛坯件，配置刀具：1 号为 90°外圆粗车刀，2 号为 90°外圆精车刀。操作顺序：完成对刀，设置编程坐标系；导入已编好的加工程序；启动模拟加工过程，仿真结果如图 4.15 所示。

图 4.15　二维仿真加工

3　编程实例 2

对课题引入的零件图，选择零件左段内表面部分进行编程加工，画出分步骤加工零件图如图 4.16 所示。内孔、内成形面的加工工序安排在零件左段外轮廓加工后进行，可有效避免二次装夹带来的误差。

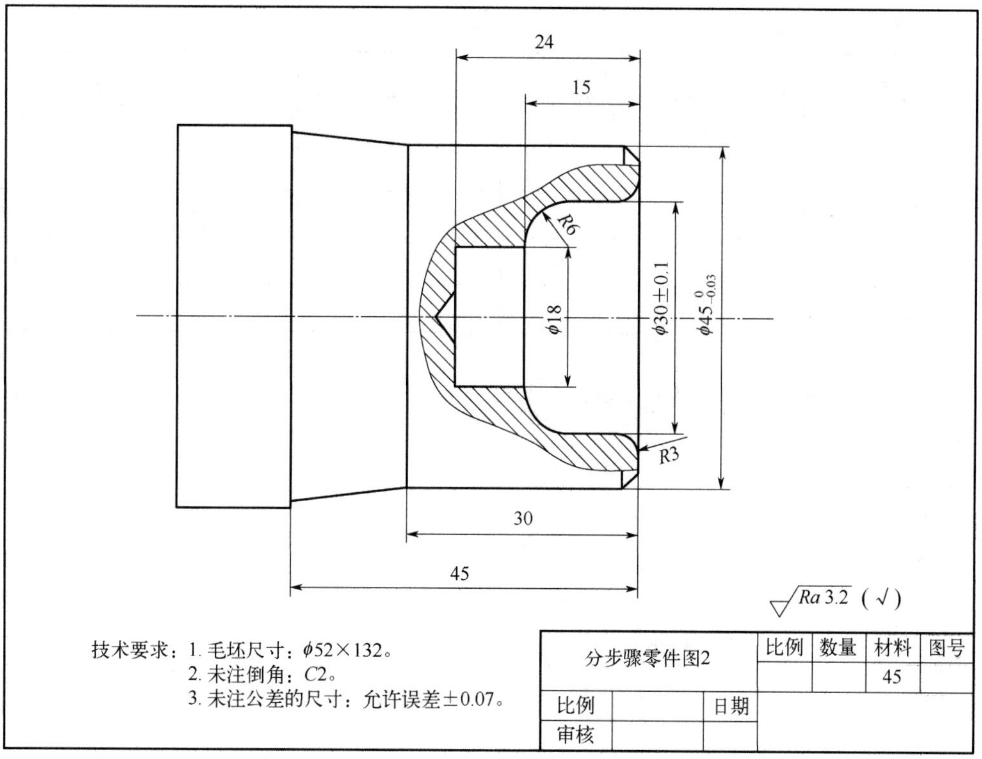

图 4.16　分步骤加工零件图 2

（1）工艺准备

剖析零件图明确加工步骤，先使用ϕ16mm 的钻头钻出直径ϕ16mm 、深 24mm 的内孔，而后完成内孔和内成形面的车削加工。由于本示例聚焦于圆弧指令的学习应用，所以仅围绕精加工零件内型腔编程指令展开讨论，完整加工过程及全部编程指令将在课题三详述。刀具选用 2#刀，为刀杆直径小于 16mm 的盲孔精车刀。精车走刀路线图如图 4.17 所示，确定基点坐标见表 4.10。

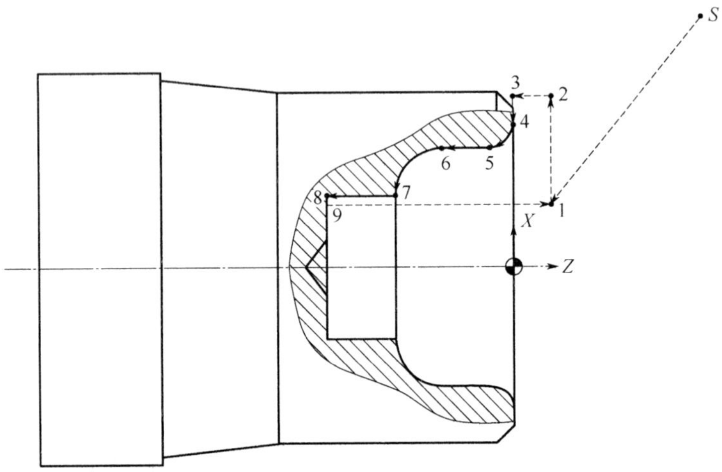

图 4.17　精车内成形面路径

表 4.10　精车内成形面基点坐标

序号	X 坐标	Z 坐标	序号	X 坐标	Z 坐标
S	100	100	5	30	-3
1	16	5	6	30	-9
2	43	5	7	18	-15
3	43	0	8	18	-24
4	36	0	9	16	-24

（2）编制内孔、内成形面的精车加工程序

```
O0003;
T0202;
G0X100Z100M3S600F0.08;
G0X16;
Z5;
N10G1X43;
Z0;
X36;
G02X30Z-3R3;
G01Z-9;
```

```
G03X18Z-15R6;
G01Z-24;
N20X16;
G0Z200;
M05;
M30;
```

4　补充编程指令

（1）圆锥面切削循环指令

格式：G94X（U）__Z（W）__F__。刀具路径如图 4.18 所示，路径顺序：1→2→3→4。

在增量编程方式中，地址 U 和 W 后续数值的符号取决于轨迹 1 和 2 的方向。即，如果轨迹的方向沿 Z 轴负方向，则 W 值取负。

以单程序段运行方式执行 1、2、3 和 4 的切削过程中，必须逐次地按循环启动按钮才可以连续完成。

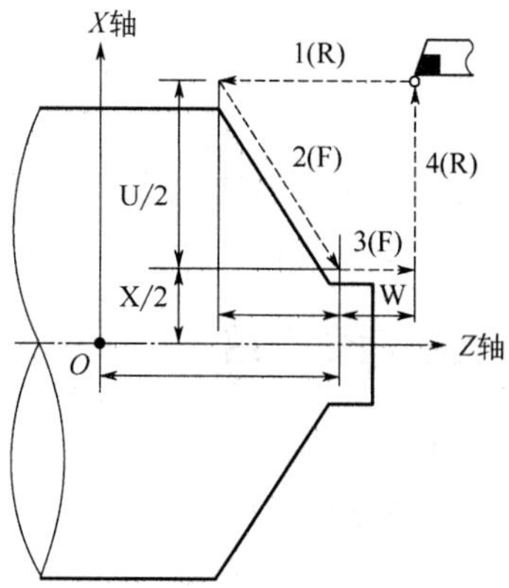

图 4.18　G94 加工圆锥面刀具路径

（2）锥形切削循环（G90）

功能：车削内外圆锥面。

指令格式：G90X（U）__Z（W）__F__。刀具路径顺序为 1→2→3→4，如图 4.19 所示。

说明：锥形切削循环中，增量编程方式中地址 U、W 和 R 后续数值的符号与刀具轨迹之间的关系如图 4.19 所示。

（3）锥面切削循环

功能：车削锥面。

格式：G94X（U）__Z（W）__R__F__。

刀具路径顺序：1→2→3→4，如图 4.20 所示，其中 R 为快速移动，F 为 F 代码指定。

在增量编程方式中，地址 U、W 和 R 后续数值的符号和刀具轨迹之间的关系如图 4.20 所示。

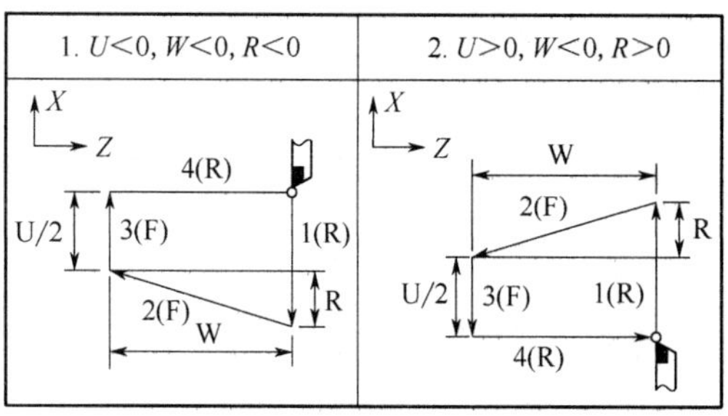

图 4.19　G90 锥形循环指令 U、W、R 正负值的确定图

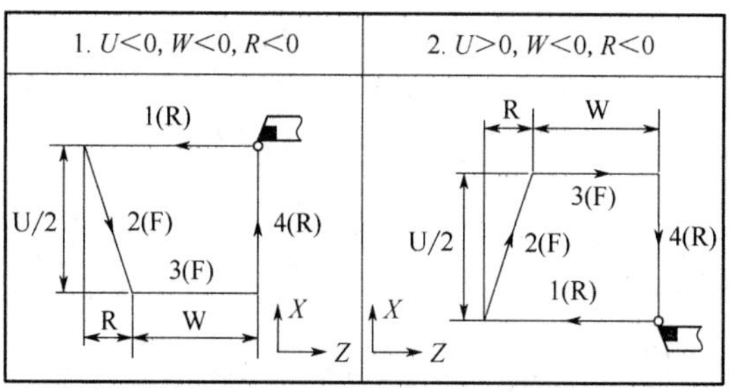

图 4.20　G94 锥形循环指令 U、W、R 正负值的确定

课题三　复合形状柱面、端面、圆弧面及锥面数控车削加工

数控车床最常见的加工表面为圆柱表面、端面、圆弧面及圆锥表面，但实际零件外形往往是这些表面的组合，形状复杂，如果仍沿用课题二讲解的 G90、G94 单一粗加工语句车削外形，不仅会增加计算量、降低编程效率，而且严重影响加工效率。本课题以 FANUC-0i 数控系统为例，从实例入手介绍复合形状粗加工编程指令 G70、G71、G72、G73，针对图 4.11（c）（d）完成编程加工应用。

1　编程指令介绍

继续以课题二探讨的零件作为研究对象，学习粗加工指令 G71、G72、G73 及 G70 指令应用。应用 G71、G72、G73、G70 指令实例对比见表 4.11。

表 4.11　应用 G71、G72、G73、G70 指令实例对比表

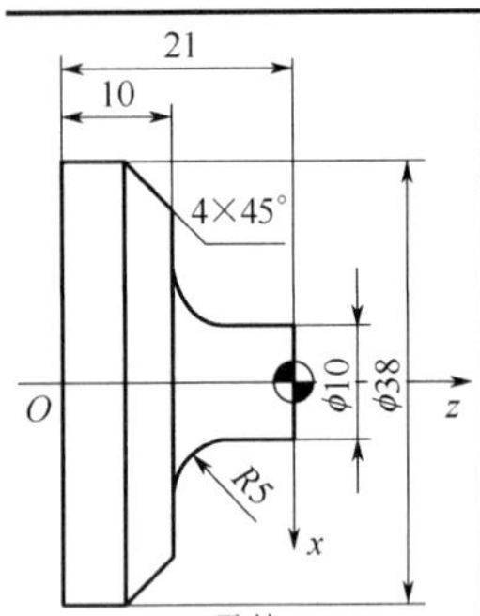 零件	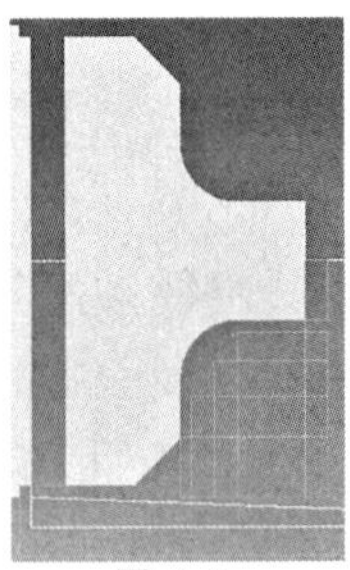 图（a）	问题：最初选择零件毛坯直径为ϕ40mm，刀刃长度 12mm，粗加工 G90 编写程序仿真加工得左图（a）；现选毛坯ϕ60mm，执行原程序，系统报警：小心碰刀，程序不能执行。路径如右图（b）所示。添加语句可实现大余量切除，但计算量大，效率低，现采用更简洁的编程指令完成工作	 图（b）
程序（**G90**）	法 **1**（**G71**——外圆粗加工循环）	法 **2**（**G72**——端面粗加工循环）	法 **3**（**G73**——轮廓粗加工）
N10 G54S500M03 N12 G01X100Z100F10 N15 T0101 N18 G01X40Z2F1 ← N20 G90X30Z-11 X23Z-10 X17Z-8 X12Z-6 ↔ N25 G01X40Z0F1 N30 X0Z0 N40 Z2 N45 X10 ← N50 G01X10Z0F1 ← N60 G02X20Z-11I5K0F1 N75 G01X30Z-11 F1 N77 X38Z-15 N100 X38Z-25 N110 G01X50F10 Z100 N150 T0202 N160 G01X40Z-24F10 N170 X0F0.3 N180 X45 N190 Z100	N18G01X62Z2F10 说明：毛坯直径 60mm，定点 X62 { N20 G71U3R1 N22 G71P50Q100U1W0.1F0.3 说明： G71 U3 R1 U3：X方向切深，每次3mm R1：每切一刀，刀具后退1mm G71 P50 Q100 U1 W0.1 F0.3 P50 Q100：N50～N100 精加工零件轮廓 U1：X方向；W0.1：Z方向——精加工余量 F0.3：粗加工进给量 N47 G70P50Q100　（插入） N50 G01X10Z0S1500M03F0.08	{ N20 G72W2R1 N22 G72P50Q100U1W0.1F0.3 说明： G72 W2 R1 W2：Z向切深，每次2mm R1：每切一刀，刀具后退1mm	{ N20G73U4V5R4 N22G73P50Q100U1W0.1 F0.3 说明： G73 U4 V5 R4 U4：X方向；V5：Z方向——余量 R4：切四刀 问题：应该完成图如下，

续表

<table>
<tr>
<td>N200 M05
N210 M02

采用 G90 指令完成粗加工</td>
<td>说明：
G70　P50　Q100
精加工　N50～N100 零件轮廓
N50 G01 X10Z0　S1500 M03 F0.08
精加工起始点　只有在精加工中才起作用
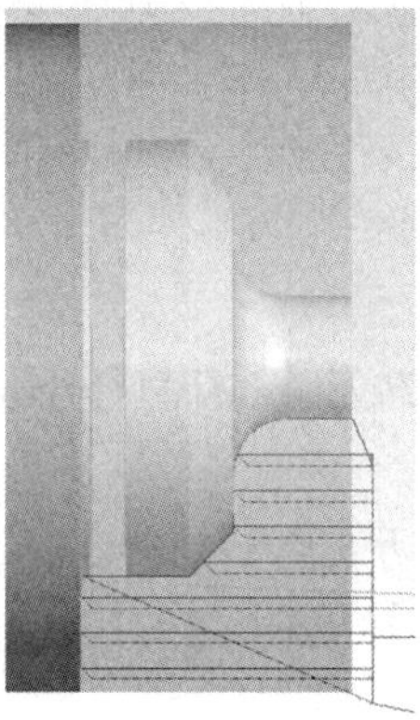</td>
<td>
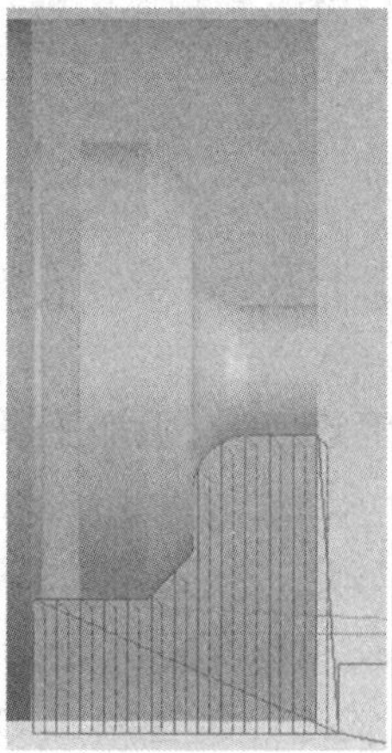</td>
<td>
实际未完成，并报警。

原因：余量太大，超出所选刀具刀刃长度。
应用环境：毛坯件已有廓形，需切除余量均匀，如已铸造或加工出外形件</td>
</tr>
<tr>
<td colspan="2">外圆（端面）粗车循环指令 G71（G72）指令格式：
G71 U（Δd）R（e）；　----------------------G72 W（Δw）R（e）；
G71（G72）P（ns）Q（nf）U（Δu）W（Δw）F（f）S（s）T（t）；
N（ns）…；
……………；
N（nf）…………；
精车循环指令格式：G70P（ns）Q（nf）</td>
<td colspan="2">其中：
1）Δd：切削深度（半径给定）。不带符号。
2）e：模态退刀量。
3）ns：精车加工程序第一个程序段的顺序号。
4）nf：精车加工程序最后一个程序段的顺序号。
5）U：X 方向精加工余量的距离和方向（直径/半径指定）。
6）W：Z 方向精加工余量的距离和方向</td>
</tr>
<tr>
<td colspan="2">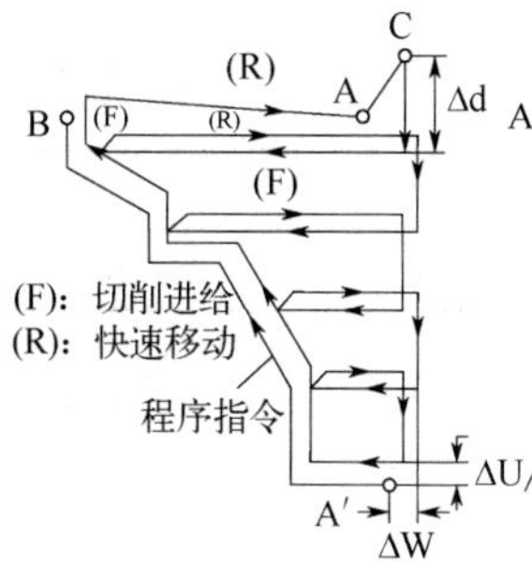
G71粗车外圆刀具路径图
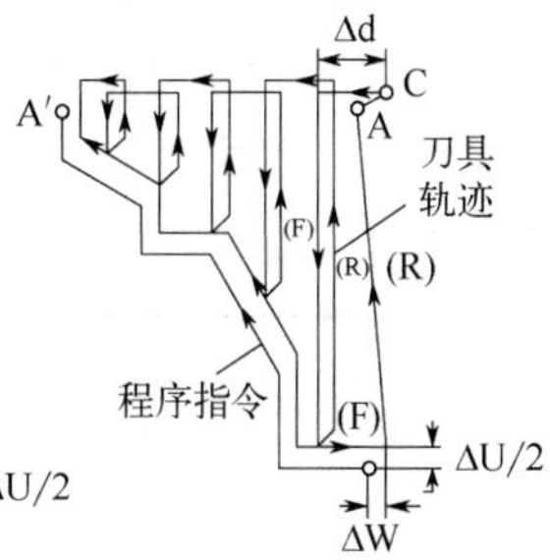
G72粗车端面刀具路径图</td>
<td colspan="2">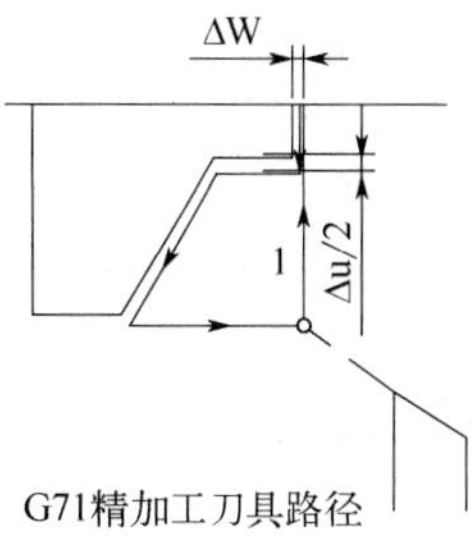
G71精加工刀具路径
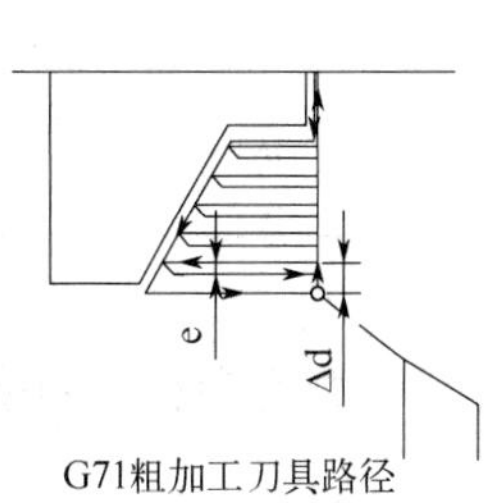
G71粗加工刀具路径</td>
</tr>
<tr>
<td colspan="2">注意：
1. 当 Δd 和 Δu 两者都由地址 U 指定时，其意义由地址 P 和 Q 决定。
2. 粗车加工循环由带有地址 P 和 Q 的 G71 指令实现。当用恒表面切削速度控制时，在 A 点和 B 点间的运动指令中指定的 G96 或 G97 无效，而在 G71 程序段或以前的程序段中指定的 G96 或 G97 有效</td>
<td colspan="2">注意：
1. 在 G71、G72、G73 指令程序段中规定的 F、S 和 T 功能无效，执行 G70 指令时顺序号（ns）和（nf）之间指定的 F、S 和 T 有效。
2. 当 G70 循环加工结束时，刀具返回到起点并读下一个程序段。
3. G70 到 G73 中 ns 到 nf 间的程序段不能调用子程序</td>
</tr>
</table>

2　编程实例1

继续以零件图4.11（c）零件左段内表面型腔加工为例，沿用课题二已绘制完成的分步骤加工零件2，即图4.16。内孔、内成形面的加工工序安排在零件左段外轮廓加工后进行，规避二次装夹带来的误差。

2.1　工艺准备

（1）分析图纸确定工艺过程

剖析零件图，制订加工流程：先使用ϕ16mm的钻头钻出直径ϕ16mm、深24mm的内孔，而后完成内孔和内成形面的车削加工。综合考虑零件图对尺寸精度和表面粗糙度的技术要求，加工过程划分为粗加工、精加工两道工序完成。为保障精加工质量，选择在直径方向上预留0.5mm作为精加工余量。

（2）刀具选用

1#刀：刀杆直径小于16mm的盲孔粗车刀。2#刀：刀杆直径小于16mm的盲孔精车刀。

（3）数据处理

为避免出现接刀痕迹，内圆弧加工时需考虑切入点，如图4.17精车内走刀路线图所示，切入点选在图4.17所示圆上的点3，确定基点坐标见表4.12。

（4）走刀路线的确定

内孔型腔的加工使用粗车循环指令G71和精车循环指令G70完成，绘制出精车圆弧内表面、内阶梯孔的走刀路径图，如图4.17所示，同时给出精车内成形面的基点坐标值，如表4.12所示。

表4.12　精车内成形面基点坐标表

序号	X坐标	Z坐标	序号	X坐标	Z坐标
S	100	100	5	30	−3
1	16	5	6	30	−9
2	43	5	7	18	−15
3	43	0	8	18	−24
4	36	0	9	16	−24

2.2　编制内孔、内成形面的加工程序

```
O0004;
T0101; 粗车内孔程序
G99G97G0X100Z100M3S500F0.1;
X16;
Z5;
G71U1.0R0.5;
G71P10Q20U-0.2;
N10G1X43;
```

```
Z0;
X36;
G02X30Z-3R3;
G01Z-9;
G03X18Z-15R6;
G01Z-24;
N20X16;
G0Z100;
M05;
M00;
T0202；精车内孔程序
G0X100Z100M3S600F0.08;
G0X16;
Z5;
G70P10Q20;
G0Z200;
M05;
M30;
```

在计算机仿真软件中完成实例 1 加工后，调入 1#刀，为刀杆直径小于 16mm 的盲孔粗车刀；2#刀，为刀杆直径小于 16mm 的盲孔精车刀。完成对刀，设置好工件坐标系，输入加工程序，模拟加工过程，仿真结果如图 4.21 所示。

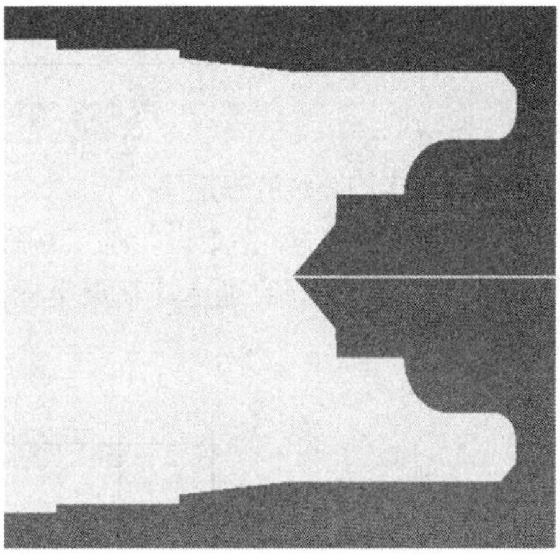

图 4.21　左段内型腔二维仿真加工

3　编程实例 2

分析课题引入图 4.11（d）的零件图，完成零件的左段内外型面加工后，将工件掉头装夹，加工右段图示位置外表面，绘制出如图 4.22 所示分步骤加工零件图。

3.1　工艺准备

（1）分析图纸确定工艺过程

分析零件图，综合考虑该零件尺寸精度和表面粗糙度的技术要求，加工过程分为粗加工、精加工两道工序。在直径和长度方向上，粗加工为精加工分别预留 0.5mm 和 0.2mm 加工余量。

（2）刀具选用

1#刀：90°外圆粗车刀，粗加工工件的端面、外圆和阶台。2#刀：90°外圆精车刀，精加工工件的端面、外圆和阶台。

（3）数据处理

直径ϕ50.5mm 的外圆部分，后续要进行椭圆的加工及沟槽的加工，加工直径至 50.5mm，预留 0.5mm 的精加工余量。其他直径及长度均为未注公差，按照实际尺寸编程。

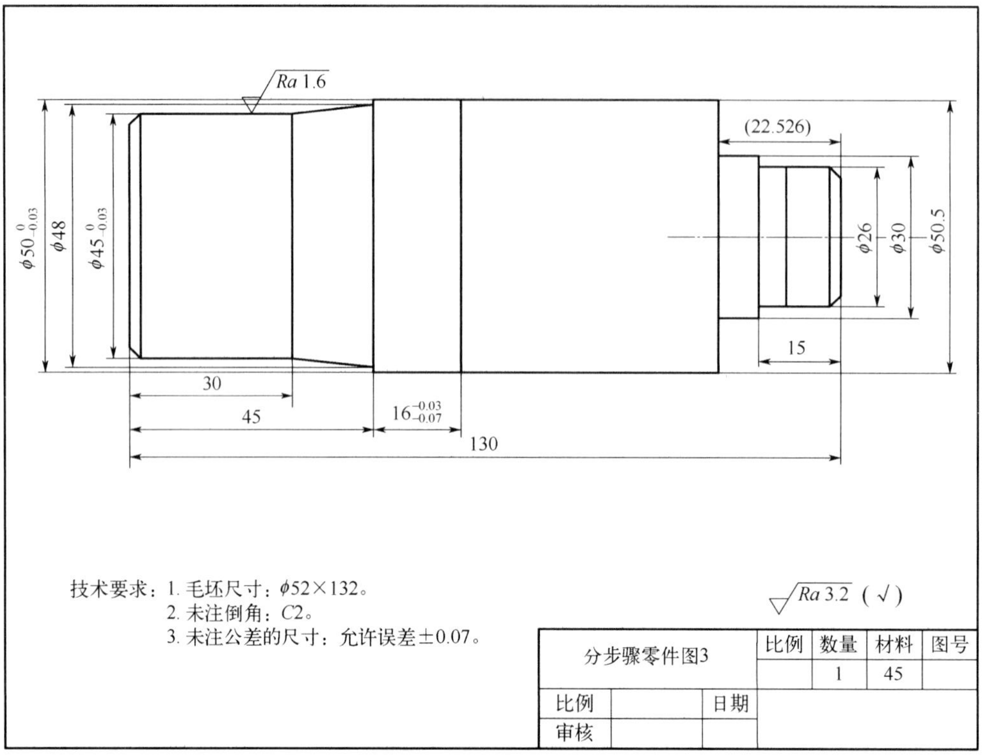

图 4.22　右段外表面分步骤加工零件图 3

（4）走刀路线的确定

选择 G71、G70 指令进行加工编程，只需要提供精车圆柱面、圆锥面的精确走刀路线，如图 4.23 所示，同时确定其基点坐标，如表 4.13 所示。

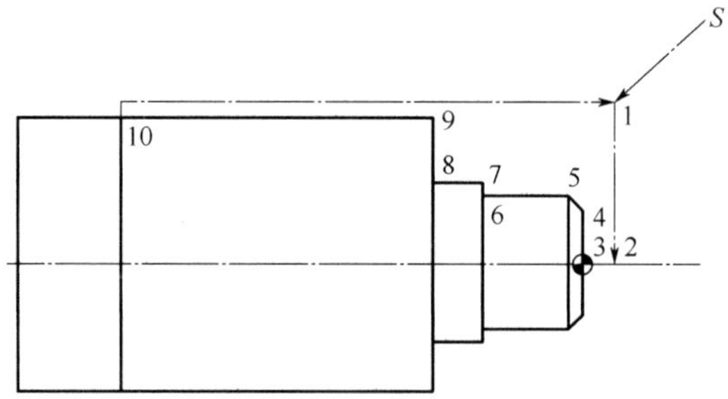

图 4.23　右段外表面走刀路径图

表 4.13　基点坐标

序号	X 坐标	Z 坐标	序号	X 坐标	Z 坐标
S	100	100	6	26	-15
1	55	5	7	30	-15
2	0	5	8	30	-22
3	0	0	9	50.5	-22
4	22	0	10	50.5	-69
5	26	-2			

3.2 编制圆柱表面、锥面、端面的加工程序

```
O0005;
T0101; 粗车程序 ，调 1#刀和 1#刀补（建立工件坐标系）
G0 G97 G99 X100 Z100 M03 S500F0.2;
X55 Z5;
G71U1.5R0.5;
G71P10Q20U0.5W0.2;
N10G0X0;
G01Z0;
X22;
X26Z-2;
Z-15;
X30;
Z-22;
X50.5;
Z-69;
N20X55;
G0X100Z100M05;
M00;
T0202; 精车程序, 调 2#刀和 2#刀补（建立工件坐标系）
G0 G97 G99 X100 Z100 M03 S1000F0.1;
X55Z5;
G70P10Q20;
G0X100Z100M05;
M30;
```

在仿真软件中加工完内孔后，将工件掉头，调入 1#刀，为 90°外圆粗车刀；2#刀，为 90°外圆精车刀。对刀建立工件坐标系，输入加工程序，模拟加工过程得到零件外形如图 4.24 所示。

图 4.24　右段外表面二维仿真加工

课题四　螺纹的车削加工

轴类零件加工工艺中，螺纹加工是常见的关键环节。本课题以 FANUC 0i 数控系统为例，从实例入手，详细解析螺纹加工的相关编程指令及格式要求，针对图 4.11（d）图中螺纹加工完成编程加工应用，掌握螺纹加工指令及零件加工中螺纹的加工方法。

1　编程指令介绍

图 4.11（d）所示零件右段螺纹加工任务，分析图样得到：①需用螺纹编程指令完成程序编制；②基于精度要求，螺纹采取“粗加工+精加工”工艺路线完成。粗加工后需先车削螺纹顶径至精度要求，再执行螺纹精加工指令要求。

本课题以学习螺纹加工编程指令及应用作为主旨，螺纹顶径的加工方法可以借鉴课题

二、三中已讲解的指令，此处不再赘述。车削圆柱螺纹的指令格式及参数释义见表4.14。

表4.14　车削圆柱螺纹的指令格式及参数释义

名称	G32	G92	G76
走刀路径	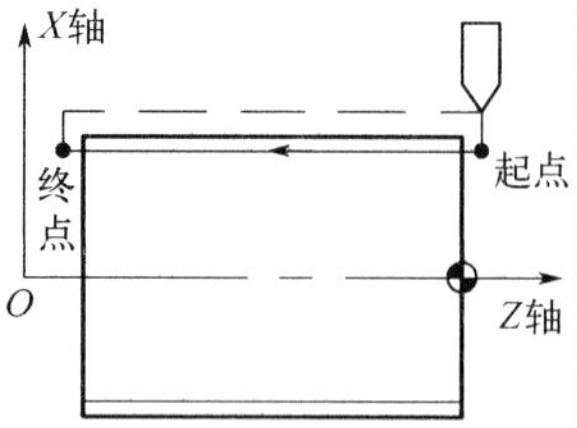	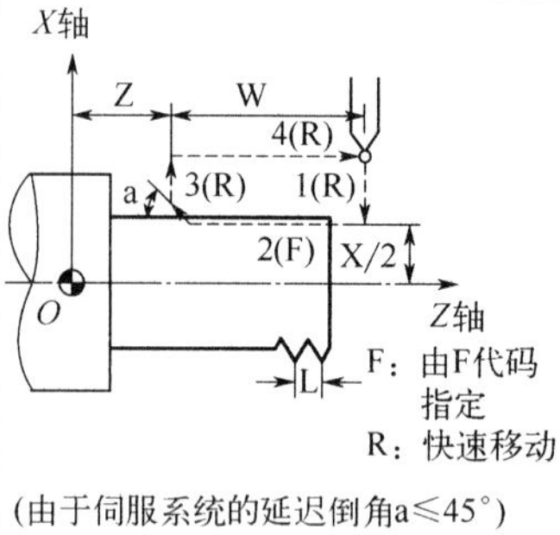(由于伺服系统的延迟倒角a≤45°)	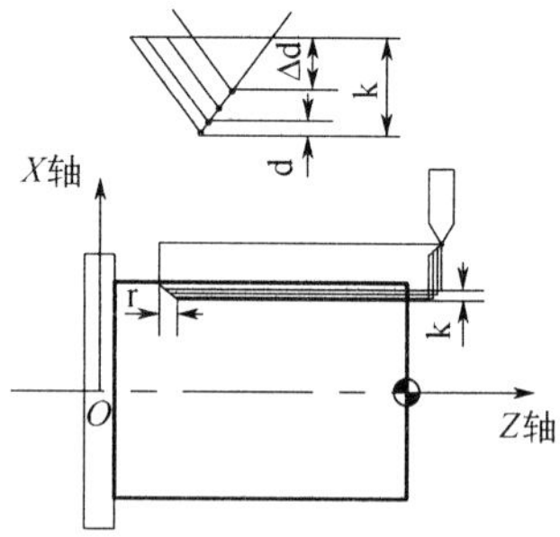
指令格式	G32 X（U）　Z（W）　F　；	G92 X（U）　Z（W）　F　；	G76P（m）（r）（a）Q（Δdmin）R（d）； G76 X（U）　Z（W）　P（k）Q（Δd）F（L）；
参数含义	X、Z：指定圆柱螺纹终点绝对坐标。 U、W：指定圆柱螺纹终点相对于起点的增量坐标。 F：指定螺纹导程。 m：精加工重复次数（01～99），该值是模态的。 r：螺纹尾端倒角量，当螺距由L表示时，可以从0.0L到9.9L设定，单位为0.1L（两位整数表示：从00到99）。 a：刀尖角度。可以选择80°、60°、55°、30°、29°和0°中的一种，由两位数表示，该值是模态的。 Δdmin：最小切深，半径值表示，单位为μm。 d：精加工余量，用半径值表示，单位为μm，该值是模态的。 k：螺纹高度。 Δd：第一次背吃刀量，用半径值指定，单位为μm		
使用说明	G32指令执行前，需移动刀具精准定位于螺纹加工的起始点，螺纹切削加工结束后，必须经编程设定退刀路径，使刀具准确返回至螺纹加工起始点。确保螺纹加工的精度与加工过程中的安全	G92指令的刀具路径为4段，1段将刀具精准定位到螺纹起始点，2段执行加工螺纹作业，3、4段完成刀具退回工作，编程程序段简洁	G76指令采用斜进法车削螺纹，常用于大螺距螺纹及无退刀槽的螺纹车削；粗精车螺纹同一循环一体化完成，若精车后尺寸未达公差要求，需重调参数再加工，较烦琐
示例图	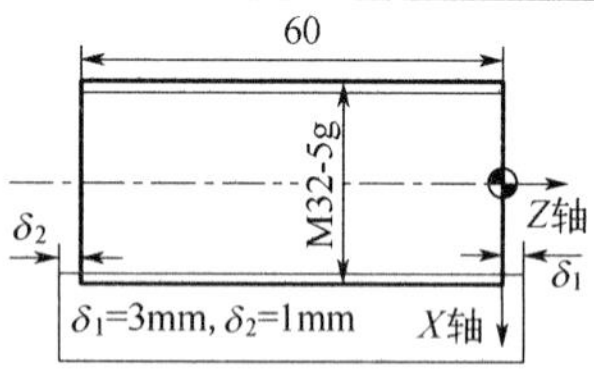1. 零件图	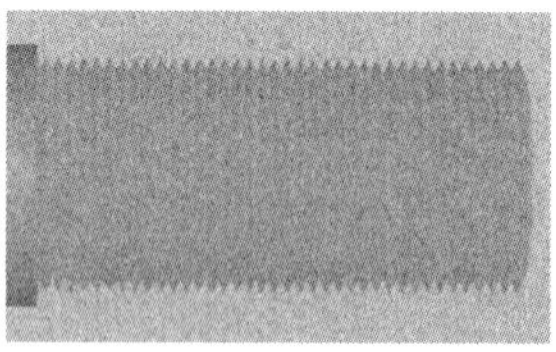2. 三维加工图	3. 二维加工图
编程示例	…… G00X30.8Z3; G32Z-61F3.5; G00X35; Z3; …… G00X27.45Z3; G32Z-61F3.5; G00X35; Z3; ……	…… G92X30.8Z-61F3.5; …… G92X27.45Z-61F3.5; ……	G76P021260Q100R50; G76X27.45Z-61P2275Q750F3.5;

2 编程实例

分析零件图 4.11，完成课题三零件右段外型面的精加工后，需开始着手车削零件右段螺纹部分，绘制出分步骤加工零件图 4，如图 4.25 所示。

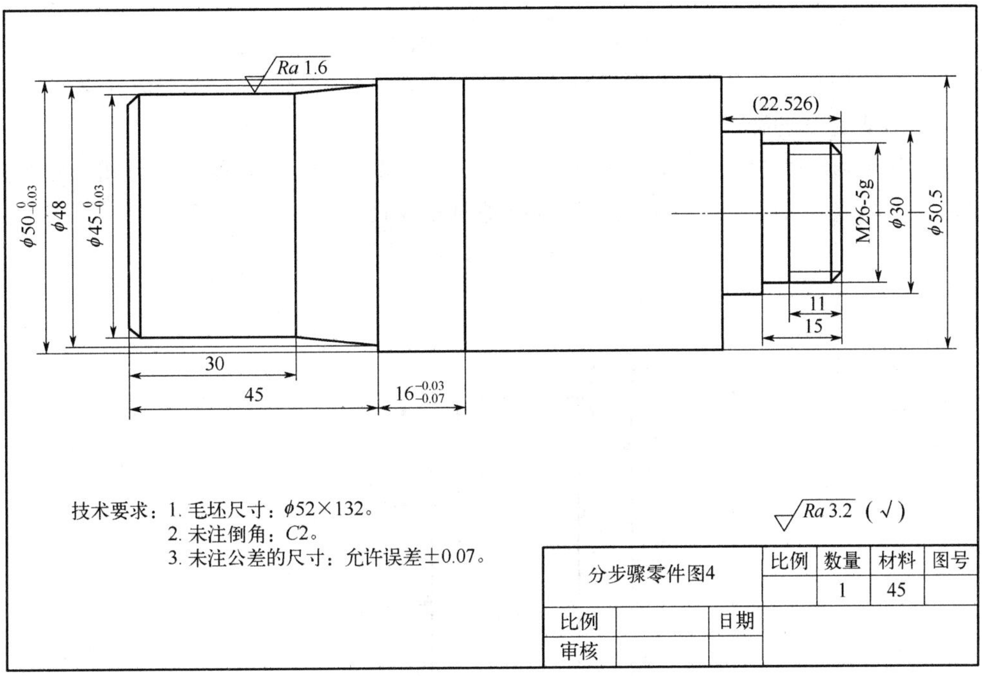

图 4.25 分步骤加工零件图 4

2.1 工艺准备

（1）分析图纸确定工艺过程

零件螺纹为普通圆柱螺纹，根据精度要求确定该螺纹分为粗、精两个加工步骤。

（2）刀具选用

粗精加工螺纹选择一把螺纹刀。

（3）数据处理

螺纹加工前，查螺纹相关知识，计算螺纹的参数数值及公差，见表 4.15。

表 4.15 螺纹各参数计算表

螺纹特征代号	M26×1.5-6g		
大径基本尺寸	d=26mm	大径公差	上偏差（es）：−0.042 mm 下偏差（ei）：−0.377 mm
中径基本尺寸	d_2=26−0.6495×1.5=25.026mm	中径公差	上偏差（es）：−0.042 mm 下偏差（ei）：−0.2122 mm
小径基本尺寸	d_1 =26−1.3×1.5=24.05mm		
引入距离 δ_1	3mm	引出距离 δ_2	1mm

螺纹加工中，起始时刀具移动速度由 0 提升至导程 F 需要时间，加工结束时刀具移动速度由导程 F 降至 0 也需要时间，所以在螺纹加工时起始点和结束点需要有引入距离 δ_1 和引出距离 δ_2，如图 4.26 所示，避免螺纹头尾端出现不完全螺纹，影响螺纹的使用。

δ_1、δ_2 计算经验公式：$\delta_1 > \frac{RL}{1800} \times 3.605$，$\delta_2 > \frac{RL}{1800}$。

其中，R 为主轴转速；L 为螺纹导程。δ_1 一般取值 2 ~ 5mm，δ_2 一般取 $\delta_1/4$。

（4）走刀路线的确定

车削普通圆柱螺纹的走刀路线相对较简单，如图 4.26 所示，仅绘制出精车螺纹加工的走刀路线，基点 S、1、2、3、4 的确定坐标值见表 4.16。

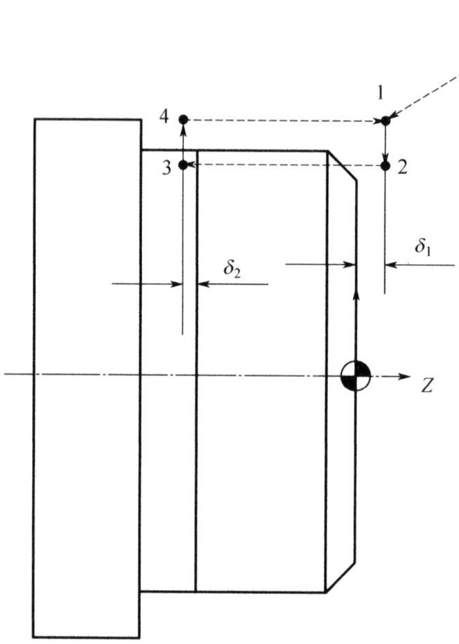

图 4.26 走刀路径

表 4.16 精车螺纹的基点坐标表

序号	X 坐标	Z 坐标	序号	X 坐标	Z 坐标
S	100	100	3	24.05	−12
1	28	3	4	28	−12
2	24.05	3			

2.2 编制程序

（1）螺纹加工指令 G32 编程

O0006;

T0101;　粗车螺纹程序，调 1#刀和 1#刀补（建立工件坐标系）

G0 G97 G99 X100 Z100 M03 S600;

```
X28Z3;
X25.2;
G32X25.2Z-12F1.5;
G0X28;
Z3;
X24.7;
G32X24.7Z-12F1.5
G0X28;
Z3;
X24.2;
G32X24.2Z-12F1.5;
G0X28;
Z3;
X24.05;
G32X24.05Z-12F1.5;
G0X28;
G0X100Z100M05;
M00;
T0101;　精车螺纹程序，调 1#刀和 1#刀补（建立工件坐标系）
G0X100Z100M03S600;
X28Z3;
X24.05;
G32X24.05Z-12F1.5;
X28;
G0X100Z100M05;
M30;
```

（2）螺纹加工指令 G92 编程

```
O0007;
T0101;　粗车螺纹程序 ，调 1#刀和 1#刀补（建立工件坐标系）
G0 G97 G99 X100 Z100 M03 S600;
X28Z3;
G92X25.2Z-12F1.5;
X24.7;
X24.5;
X24.05;
G0X100Z100M05;
M00;
T0101;　精车螺纹程序，调 1#刀和 1#刀补（建立工件坐标系）
G0X100Z100M03S600;
X28Z3;
G92X2405Z-12F1.5;
X24.05;
G0X100Z100M05;
M30;
```

（3）螺纹加工指令 G76 编程

```
O0008;
T0101;       车螺纹程序，调 1#刀和 1#刀补（建立工件坐标系）
G0 G97 G99 X100 Z100 M03 S600;
X28Z3.6;
G76P021260Q100R50;
G76X24.05Z-12P975Q800F1.5;
G0X100Z100M05;
M30;
```

（4）计算机软件仿真模拟加工

应用计算机仿真软件完成课题三零件右段部分精加工后，调取换用螺纹刀具，完成对刀操作，调用螺纹加工程序模拟螺纹加工过程，得到零件外形如图 4.27 所示。

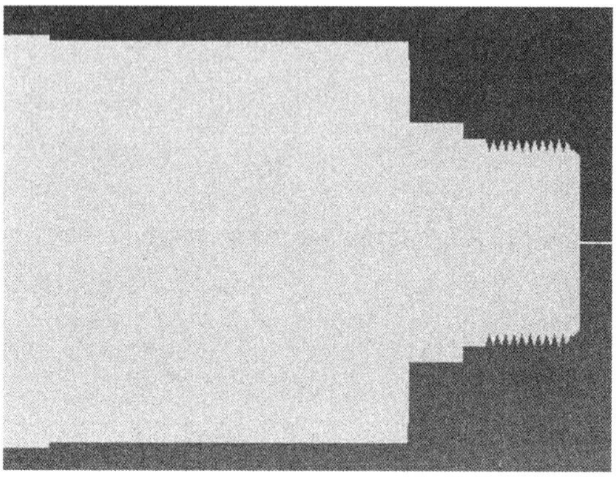

图 4.27 二维仿真加工

作为数控车削加工中常用的三种螺纹加工指令，G32、G92、G76 各具特点。

① 指令编程复杂程度方面比较：G32 指令手动给定刀具路径，编制程序单最烦琐，编程工作量大；G92 指令单一循环方式，较 G32 编制程序单简洁很多；G76 指令复合循环方式，编制程序单最简洁。

② 应用优势方面：G32 指令灵活性较高；G92 指令比 G32 指令效率高；G76 指令编制的螺纹加工程序，粗精加工一起完成，自动计算减少编程工作量，但是如果最终的螺纹精度不满足公差要求，需要调整参数值再循环加工，比较烦琐且成本提升。综上，三种螺纹加工指令的选择使用应该根据实际工作情况加以判断，灵活选用。

3 补充编程指令

（1）圆锥螺纹的加工方法

圆锥螺纹加工指令及参数含义见表 4.17。

（2）左旋螺纹加工

左旋螺纹与右旋螺纹相似，编制加工程序均可选择 G32/G92/G76 程序指令，不同之处在于刀具的走刀方向与右旋螺纹相反，左旋螺纹主轴正转时，刀具走刀方向由床头向床尾，即沿+Z 方向移动。

表 4.17　圆锥螺纹加工指令及参数含义

名称	G32	G92	G76
刀具路径	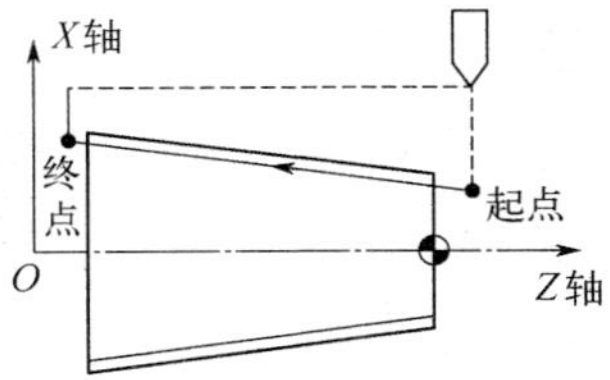	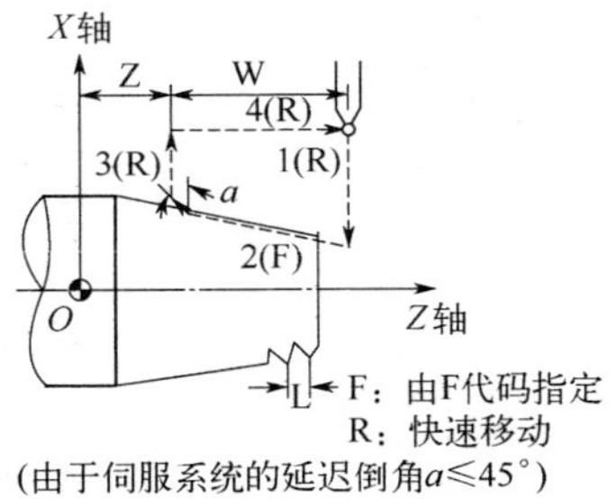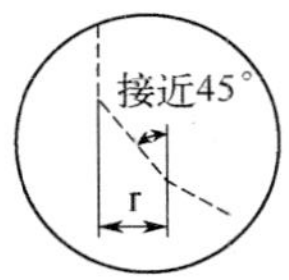螺纹倒角放大	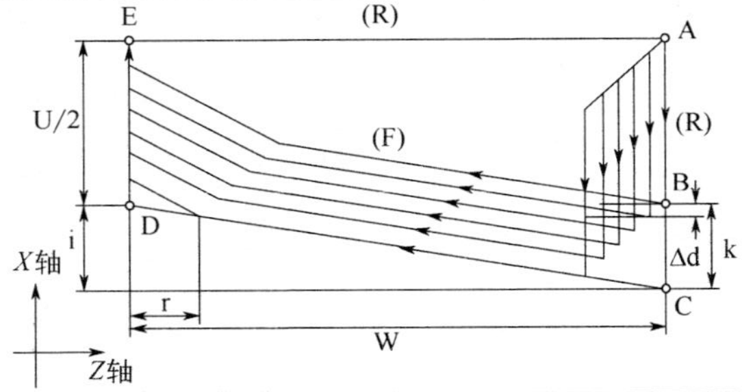
指令格式	G32X(U)　Z(W)　F　；	G92X(U)__Z(W)__ R__ F__；	G76P(m)(r)(a)Q(Δdmin)R(d); G76 X(U)　Z(W)　R　P(k)Q(Δd)F(L);
参数含义	程序段各参数与圆柱螺纹指令含义相同。 R：螺纹切出点至切入点在 X 向位移（单边），$R=（X_{入}-X_{出}）/2$		
示例图	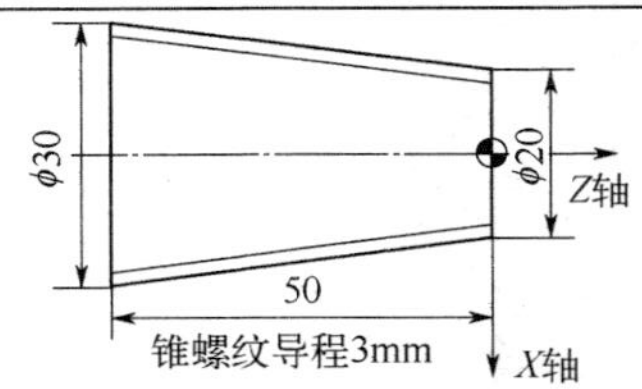	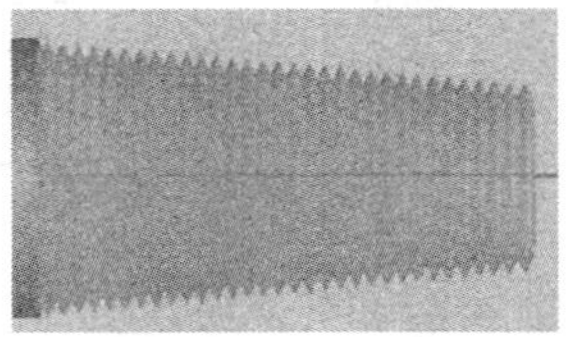	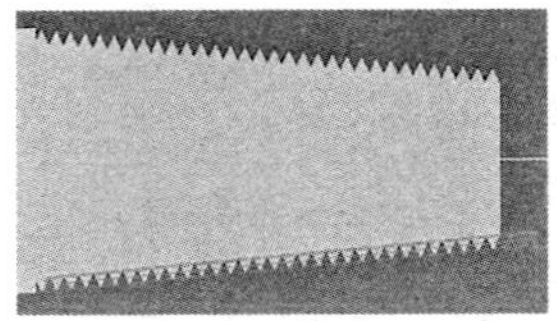
螺纹数值	螺纹导程 3mm，δ_1=3mm，δ_2=1mm，计算得大径起点坐标为（X19.4，Z3），大径终点坐标为（X30.2，Z-51）；小径起点坐标为（X15.5，Z3），小径终点坐标为（X26.3，Z-51），R=（20-30）/2=-5		
编程示例	…… G00X18.2Z3; G32X29.4Z-51F3; G00X35; Z3; …… G00X15.5Z3; G32X26.3Z-51F3; G00X35; Z3; ……	…… G92X29.4Z-51R-5F3; …… G92X26.3Z-51F3; ……	G76P021260Q100R50; G76X26.3Z-51R-5P1950Q600F3.5;

（3）多头纹螺加工

加工螺纹时和普车方法一样，有两种分头方法。

1）轴向分头方法：先加工一条螺旋线，完成后刀具移动一个螺距，再加工一条螺旋线，完成后再移动一个螺距再加工，如此反复直至全部完成。

2）圆周分头方法（周向分头法）：先加工一条螺旋线，完成后工件随主轴转过一个角度，再加工第二条螺旋线，完成后再转动一个角度再加工。转动角度值为 $360°/n$（n 为螺旋线头数）。

先全部粗加工，再依次精加工。

特殊说明：由于多头螺纹的螺纹升角比单头的大，所以刀具的左侧后角和右侧后角不同。

多头螺纹加工程序注意点：

1）轴向分头方法，起点相差一个螺距（第二条螺纹加工起点 Z 坐标加或减一个螺距），编程指令仍可选择程序指令 G32/G92/G76。

2）圆周分头方法，设定螺纹加工的起始角度，第一条为 0°，第二条为 $360°/n$，第三条为 $2\times360°/n$。

程序格式：G32 X_Z_F_Q_。

Q_为起始角度设定，例如：加工三线螺纹，第一条 Q0，可以省略，第二条 Q120000，第三条 Q240000。

课题五　沟槽的车削加工

机械设计领域，沟槽是轴类零件中常见且关键的结构特征，本课题以 FANUC 0i 数控系统为例，通过实例讲解，详细阐述沟槽加工相关编程指令和格式，掌握沟槽的加工方法。结合图 4.11（e）中沟槽的加工，完成具体编程加工实践应用。

1　编程指令介绍

针对加工零件图 4.11（e）中所示的沟槽，分析图样得到：①需使用直线指令编程或者车削沟槽循环指令；②根据精度要求，采用粗精加工结合工艺步骤。

数控车床加工沟槽时，根据沟槽的尺寸特征主要有三种加工方法，如图 4.28 所示。简单沟槽的加工和深沟槽加工用直线插补指令 G01 即可完成，本课题主要介绍宽沟槽加工过程中直线插补指令 G01、削沟槽循环指令 G75 和子程序的应用。加工沟槽用指令对比见表 4.18。

2　编程实例

分析零件图 4.11（e）中段外形，沟槽的加工工序需安排在车削螺纹之后、椭圆成形面加工之前，绘制出分步骤加工零件图，如图 4.29 所示。

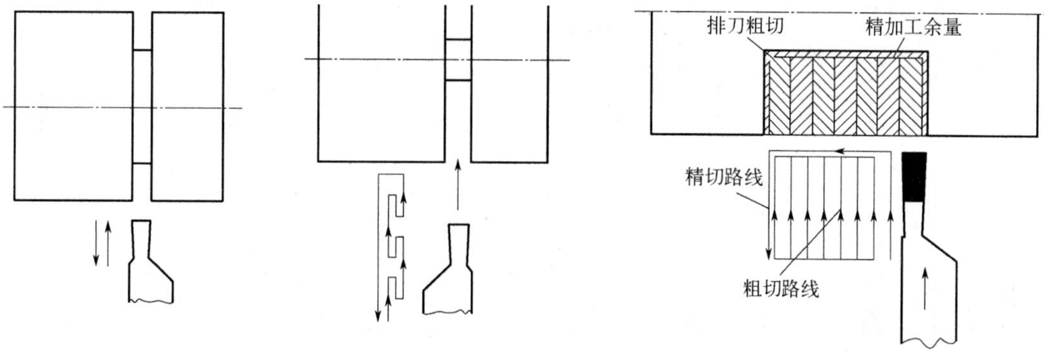

简单槽加工：
直接切入，一次成形　　深槽加工：
分次切入，多次成形　　宽槽加工：
排刀粗切，沿槽精切

图 4.28　车削沟槽的加工方法

表 4.18　加工沟槽用指令对比

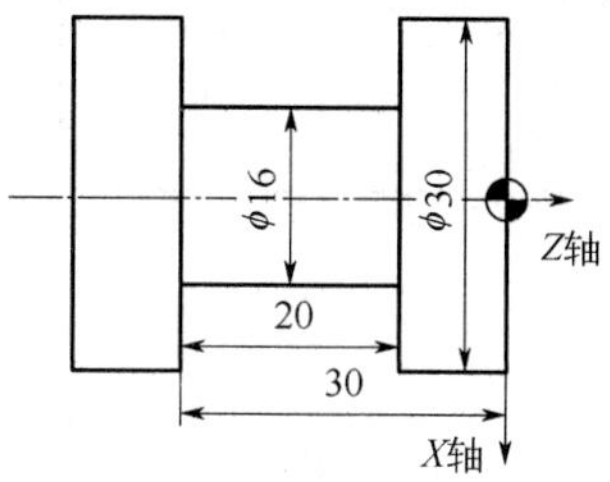 刀宽4.5mm 1. 零件图	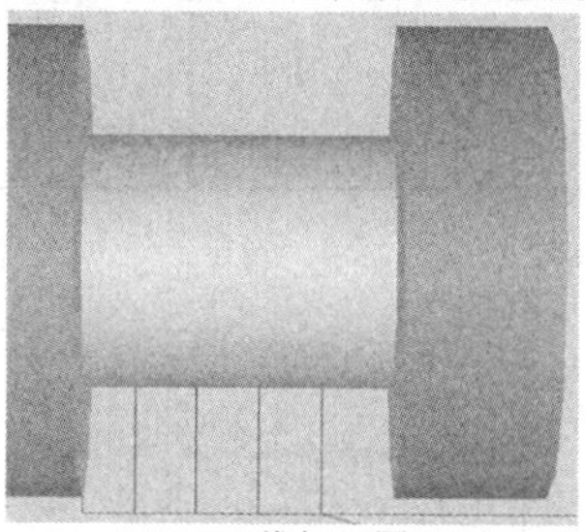 2. 三维加工图	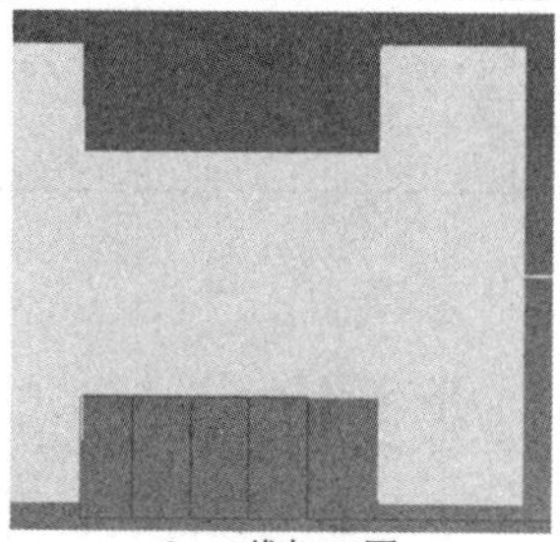 3. 二维加工图
O0007； T0101； G0 G97 G99 X100 Z100 M03 S500F0.1； X32Z5； Z-14.6； G01X16.1； G0X32； Z-18.6； G01X16.1； G0X32； Z-22.6； G01X16.1； G0X32； Z-26.6； G01X16.1； G0X32； Z-30； G01X16； Z-14.5； X32； G0X100Z100M05； M30；	G75 R0.2 ； G75 X16.1Z-26.6P3000 Q4000 F0.1； 指令格式： G75 Re； G75 X（U）__ Z（W）__ P（Δi）Q（Δk）R（Δd）F ； 参数说明： e：回退量，该值为模态值，由程序指令修改。 X：最大切深点的 *X* 轴绝对坐标。 U：最大切深点的 *X* 轴增量坐标。 Z：最大切深点的 *Z* 轴绝对坐标。 W：最大切深点的 *Z* 轴增量坐标。 Δi：*X* 方向的进给量（不带符号）。 Δk：*Z* 方向的位移量（不带符号）。 Δd：刀具在切削底部的退刀量，Δ*d* 的符号总是正的	0007；　主程序 T0101； G0 G97 G99 X100 Z100 M03 S500F0.1； X32Z5； Z-14.6； M98P0040015 Z-30 G01X16 Z-14.5 X32 G0X100Z100M05 M30； O0015；　　子程序 G01X16.1； G0X32； W-4； M99； 指令格式： M98 P 000 0000 ； （000：子程序重复调用次数；0000：子程序号） M99：子程序结束返回主程序
使用说明： 当加工沟槽宽度和深度比较大的零件时，采用直线插补指令编程的程序段多，尤其 G01 和 G00 交替使用，出现错误概率较大。G75 指令和子程序的应用可以简化编程，降低出错概率。 如果在一个程序中包含固定顺序或频繁重复的图形编程语句，那么这个固定顺序或图形程序就可以编成子程序单独存在，从而简化编程，被简化的程序作为主程序出现，但需注意子程序编程中相对坐标的使用		

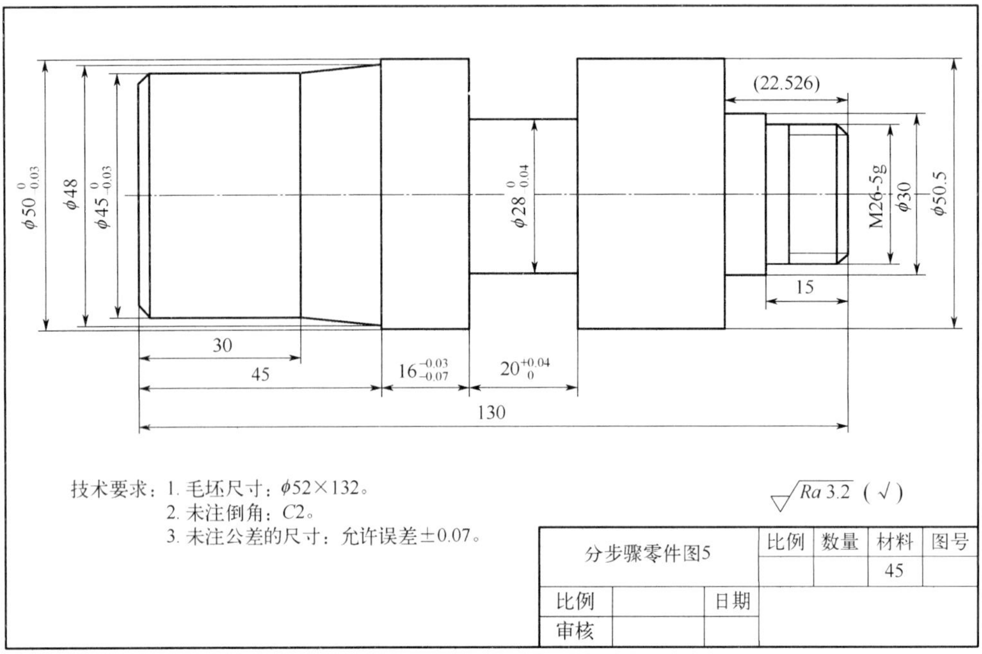

图 4.29 分步骤加工零件图 5

2.1 工艺准备

（1）分析图纸确定工艺过程

根据零件图分析该零件尺寸精度和表面粗糙度的要求，加工过程分为粗加工、精加工两步。粗加工为精加工直径方向留 0.2mm 余量，沟槽宽度粗加工为精加工两侧各留 0.2mm 的加工余量。

（2）刀具选用

沟槽宽度为 20mm，选择 4.5mm 刀宽的沟槽刀，粗精加工使用同一把沟槽刀。

（3）数据处理

ϕ28mm 沟槽直径加工至ϕ27.98mm，槽宽加工至 20mm，沟槽的宽度加工至 20.02mm，以左侧沟槽面为加工基准，注意保留沟槽左侧ϕ50mm 外圆的长度尺寸。

（4）走刀路线的确定

粗车沟槽的走刀路线如图 4.30 所示，其各基点坐标值见表 4.19。精车沟槽的走刀路线如图 4.31 所示，其各基点坐标值见表 4.20。

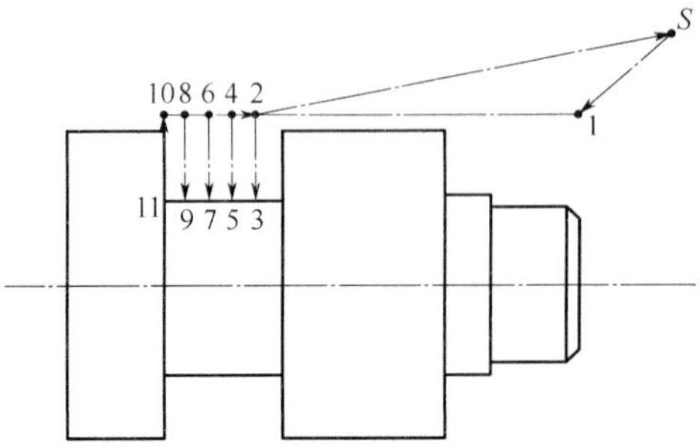

图 4.30 粗车沟槽的走刀路线图

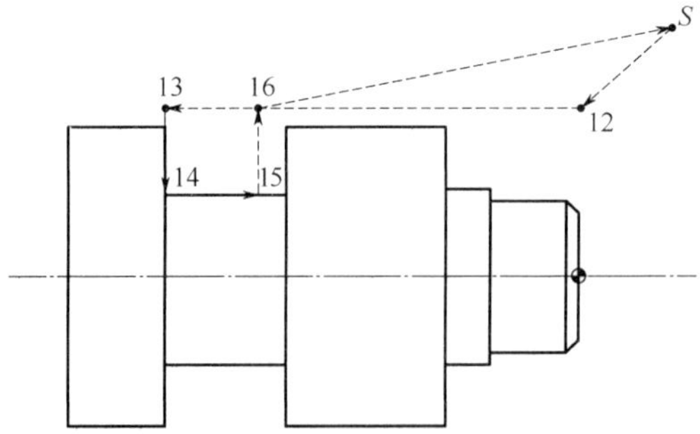

图 4.31 精车沟槽的走刀路线图

表 4.19　粗车沟槽基点坐标值

序号	*X* 坐标	*Z* 坐标	序号	*X* 坐标	*Z* 坐标
S	100	100	6	52	−61.5
1	52	5	7	28.2	−61.5
2	52	−53.7	8	52	−65.5
3	28.2	−53.7	9	28.2	−65.5
4	52	−57.5	10	52	−68.8
5	28.2	−57.5	11	28.2	−68.8

表 4.20　精车沟槽基点坐标值

序号	*X* 坐标	*Z* 坐标	序号	*X* 坐标	*Z* 坐标
S	100	100	14	27.98	−69
12	52	5	15	27.98	−53.5
13	52	−69	16	52	−53.5

2.2　编制沟槽的加工程序

（1）G0、G01 加工沟槽程序

```
O0009;
T0101;   粗车沟槽程序
G0 G97 G99 X100 Z100 M03 S500F0.2;
X52Z5;
Z-53.7;
G01X28.2;
G0X52;
Z-57.5;
G01X28.5;
G0X52;
Z-61.5;
G01X28.2;
G0X52;
Z-65.5;
G01X28.2;
G0X52;
Z-69;    精车沟槽程序
G01X27.98;
Z-53.5;
X52;
G0X100Z100M05;
M30;
```

（2）切槽复合循环指令 G75 加工沟槽程序

```
O00010;
```

```
T0101;
G0 G97 G99 X100 Z100 M03 S500F0.2;
X52Z5;
Z-53.7;
G75 R1.0;    粗车沟槽程序
G75 X28.2 Z-68.8 P5000 Q4000 F0.05;
Z-69;        精车沟槽程序
G01X27.98;
Z-53.5;
X52;
X100Z100M05;
M30;
```

（3）子程序车削沟槽加工程序

```
主程序
00011;
T0101;
G0 G97 G99 X100 Z100 M03 S500F0.1;
X32Z5;
Z-53.7;
M98P0040012;        粗车沟槽程序
Z-69;        精车沟槽程序
G01X27.98
Z-53.5
X52
G0X100Z100M05
M30;
子程序
O0012;
G01X28.2;
G0X52;
W-4;
M99;
```

在计算机仿真软件中完成课题四零件加工后，调入刀宽为 4.5mm 沟槽刀，完成对刀设置工件坐标系后，注意刀位点为沟槽刀的左侧刀尖，模拟加工螺纹过程，得到零件外形如图 4.32 所示。

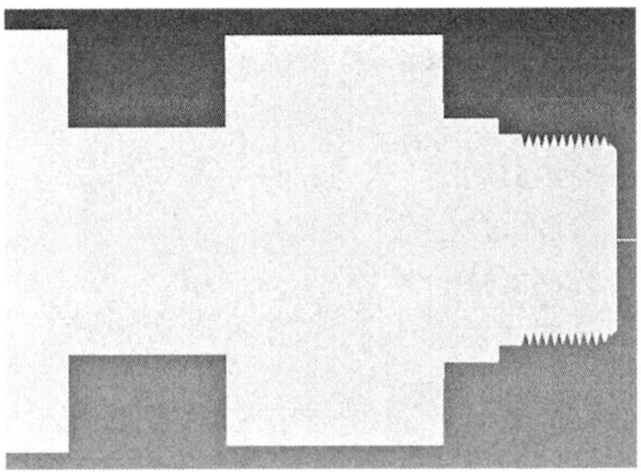

图 4.32 二维仿真加工

课题六 成形面椭圆的车削加工

数控车床加工椭圆、双曲线、抛物线等非圆弧的成形面时，可以利用宏程序进行编程，本课题以 FANUC 0i 数控系统为例，简要介绍数控车床加工中，复杂曲面编程时宏程序的运用技巧及使用方法。

1 编程指令介绍

现代数控系统为用户配备了强大的宏程序功能，宏程序功能类似于高级语言，是一种高级编程工具。用户可以使用变量完成算术运算、逻辑运算和函数的混合运算，此外宏程序还提供了循环语句、分支语句和子程序调用语句，利于编制各种复杂的零件加工程序，减少乃至免除手工编程时进行烦琐的数值计算，以达到精简程序量的目的。宏程序相关参数介绍见表 4.21。

表 4.21 宏程序相关参数介绍

抛物线 $Z=X^2/8$ 在区[0，16]内的程序为：

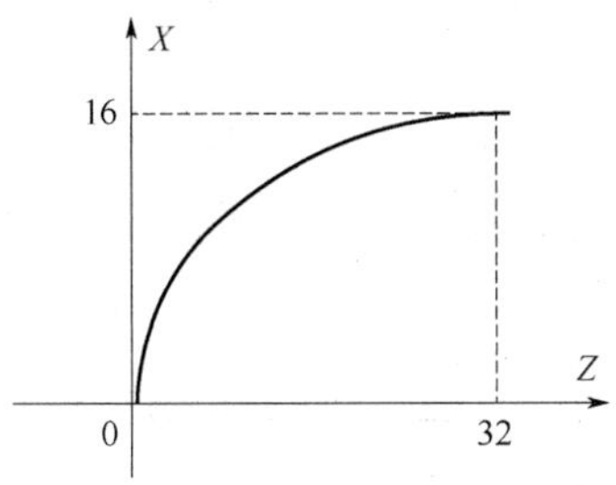


```
O0001;
#10=0;                    X 坐标
#11=0;                    Z 坐标
N10 G0 X0.0 Z0.0;
M03 S600;
WHILE    #10 LE 16;
G01 X[#10] Z[#11] F500;
#10= #10+0.08;
#11= #10*#10/8;
ENDW;
G00 Z0 M05;
G00 X0;
M30;
```

宏变量	由 # + 数字组成宏变量，数字所处区间决定了宏变量所属于的范围	
常量	PI 为圆周率， TRUE 为条件成立（真），FALSE 为条件不成立（假）	
运算符与表达式	算术运算符	+，*，/
	条件运算符	EQ（=），NE（≠），GT（>），GE（≥），LT（<），LE（≤）
	逻辑运算符	AND，OR，NOT
	函数	SIN，COS，TAN，ATAN，ATAN2，ABS，INT，SIGN，SQRT，EXP
	表达式	用运算符连接起来的常数、宏变量构成表达式，例如 175/SQRT[2] * COS[55 * PI/180]；
赋值语句	宏变量=常数或表达式，例如 #2 = 175/SQRT[2] * COS[55 * PI/180]；	
条件判别语句	IF，ELSE，ENDIF	
循环语句	WHILE，ENDW	

2 编程实例

分析零件图 4.11（e），课题五沟槽加工完成后，选择用型车循环指令 G73 和宏程序完成椭圆成形面的车削加工，绘制出分步骤加工零件图，如图 4.33 所示。

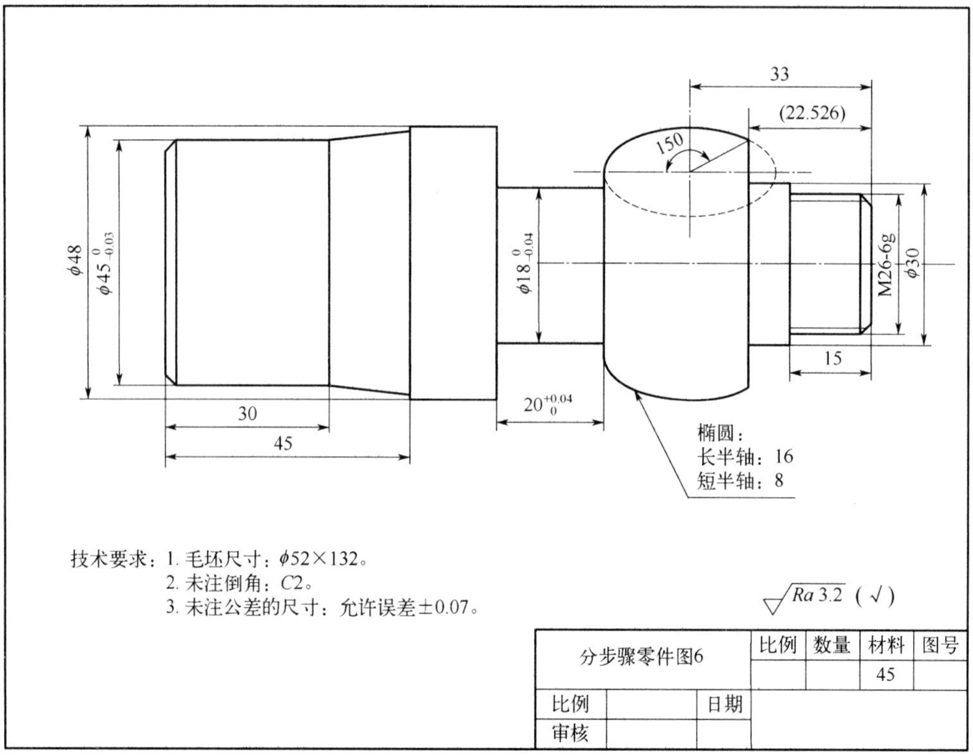

图 4.33 分步骤加工零件图 6

（1）分析图纸确定工艺过程

剖析零件图，根据该零件尺寸精度和表面粗糙度的要求，加工过程分为粗加工、精加工两个步骤。为保障加工质量，粗加工时直径方向预留精加工余量 0.5mm，长度方向预留精加工余量 0.2mm。

（2）刀具选用

1#刀：刀尖角为 35°的 90°外圆粗车刀；2#刀：刀尖角为 35°的 90°外圆精车刀。

（3）数据处理

为避免出现接刀痕迹，椭圆圆弧加工时需考虑切入切出点，如图 4.34 精车走刀路线图所示，切入点选在图 4.34 所示椭圆上的一点 2，基点坐标值见表 4.22。

（4）走刀路线的确定

椭圆的加工选择使用型车循环指令G73完成，只需要绘制出精车椭圆的走刀路线图（图 4.34），精车椭圆的基点坐标见表 4.22。

表 4.22 精车椭圆的基点坐标

序号	*X* 坐标	*Z* 坐标	序号	*X* 坐标	*Z* 坐标
S	100	100	4	33.955	−49
1	52	−20	5	33.955	−50
2	46	−20	6	52	−50
3	45.107	−21.526			

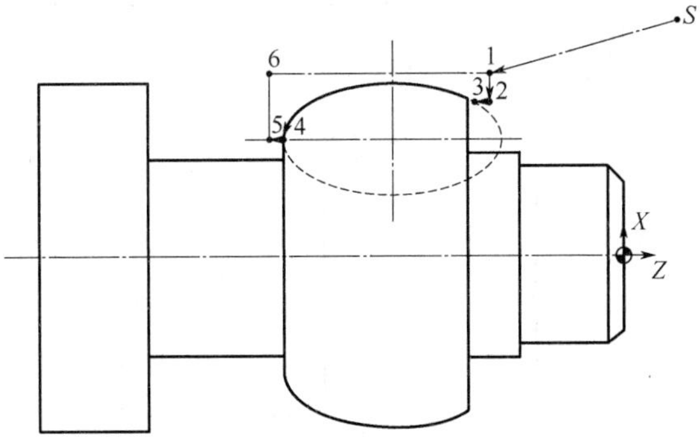

图 4.34　精车椭圆的走刀路线

3　编制椭圆的加工程序

```
O00013;
T0101;     外圆车刀，粗车程序
G0G97G99X100Z100M03S600F0.1;
X52Z-20;
G73U1.2W0R5;
G73P10Q20U0.3W0;
N10 G0X46Z-20;
G01x45.107Z-21.526;
#101=11.474;
N15   #102=8*SQRT[256-#101*#101]/16;
#103=#102*2+33.955;
#104=#101-33;
G01X#103Z#104;
#101=#101-0.05;
IF[#101GE-16]GOTO15;
G01W-1;
N20 X52;
G0X100Z100M05;
M00;
T0202; 外圆精车刀，精车程序
G0X100Z100M03S1500F0.05;
X52Z-20;
G70P10Q20;
G0X100Z100M05;
M30;
```

课后习题

1. 分析图 4.35 所示零件图，确定加工工艺过程，选择合理的切削刀具及切削用量，分别用编程指令 G01、G90、G94 编制零件的加工程序，仿真模拟加工过程，观察不同加工程序的特点。

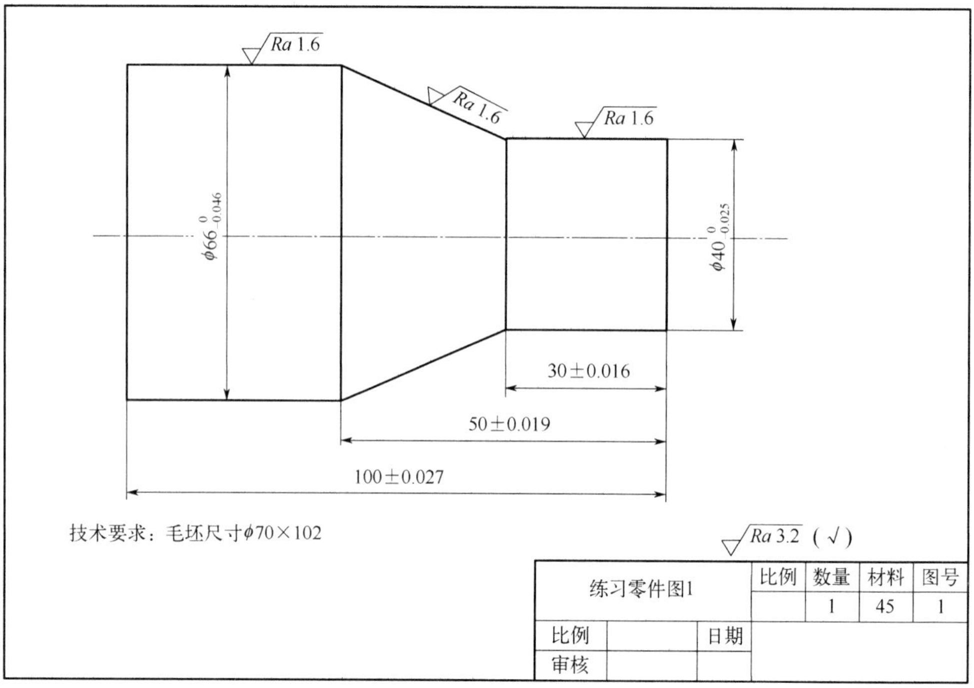

图 4.35　练习零件图 1

2. 分析图 4.36 所示零件图，确定加工工艺过程，选择合理的切削刀具及切削用量，分别用编程指令 G71、G72、G73 编制零件的粗加工程序，仿真模拟加工过程，观察选择不同编程指令加工时，各加工程序及走刀路径的区别，分析选择哪个编程指令加工此零件工时最短。

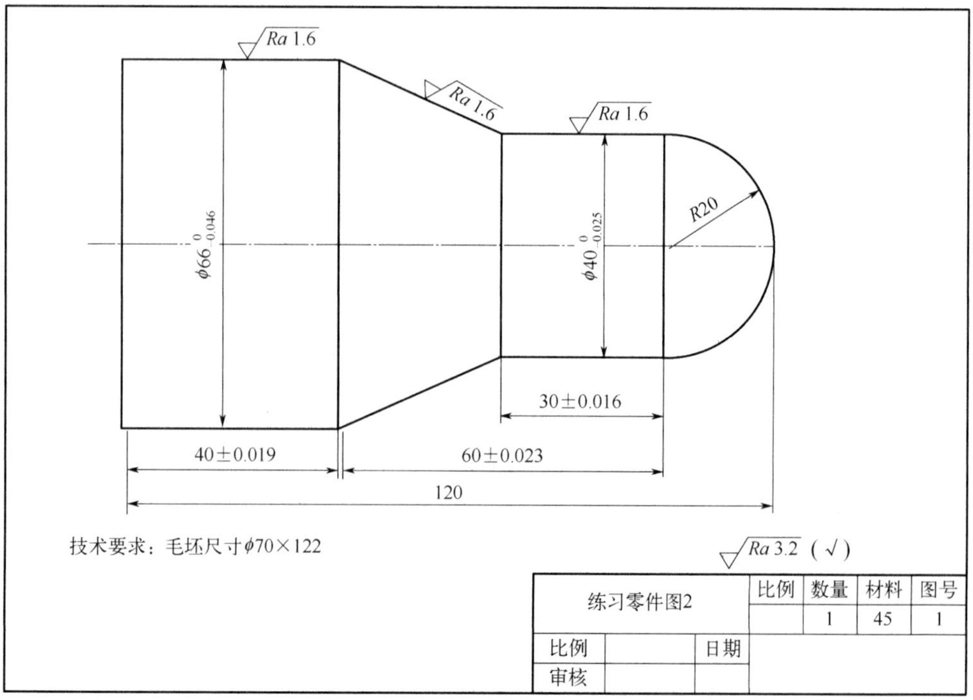

图 4.36　练习零件图 2

3. 分析图 4.37 和图 4.38 所示零件图，确定加工工艺过程，选择合理的切削刀具及切削用量，分别用直线插补指令 G01、G75 和子程序编制零件的加工程序，仿真模拟加工过程，分析两个零件各选择什么加工指令更合理。

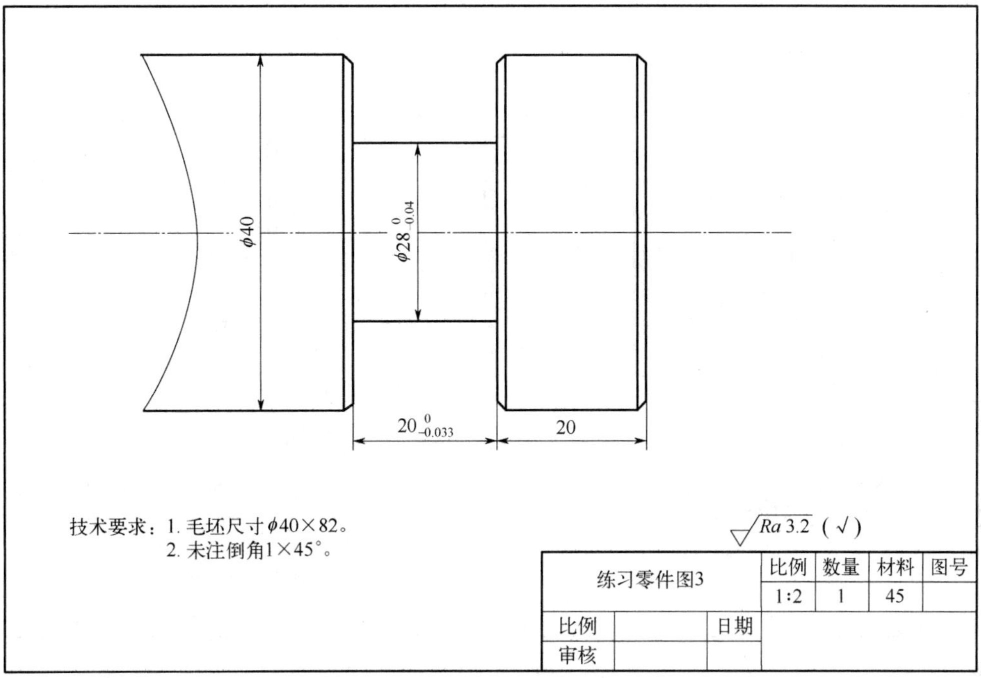

图 4.37　练习零件图 3

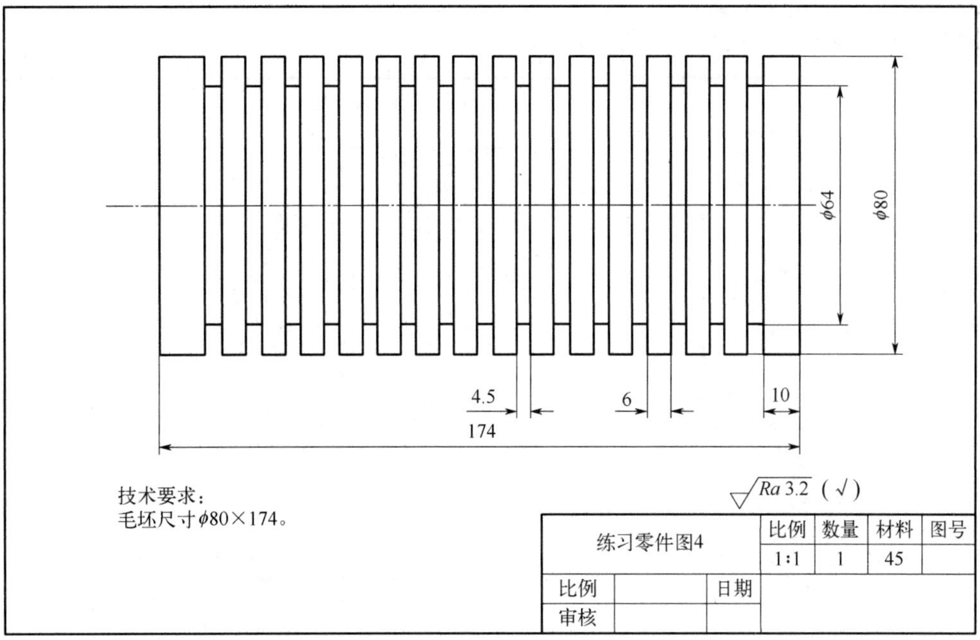

图 4.38　练习零件图 4

4. 分析图 4.39 所示零件图，确定加工工艺过程，选择合理的切削刀具及切削用量，分别用编程指令 G32、G92、G76 编制零件的加工程序，仿真模拟加工过程，观察选择不同编程指令时各加工程序的特点。在原图基础上修改尺寸参数：未注倒角 2×45°，螺纹 M32×4-5g6g，编程仿真比较。

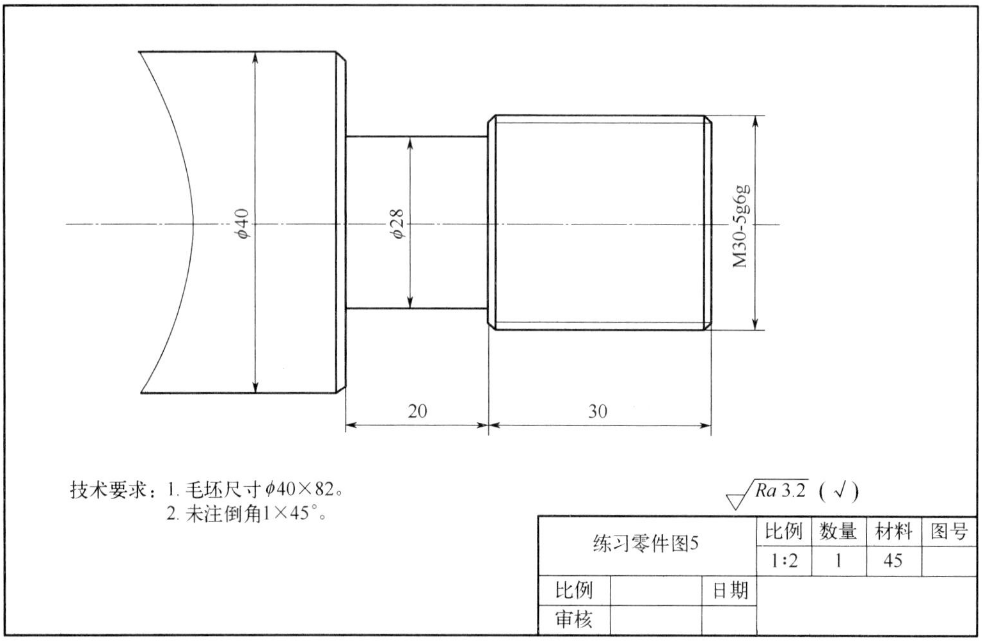

图 4.39 练习零件图 5

5. 分析图 4.40 所示零件图，确定加工工艺过程，选择合理的切削刀具及切削用量，编制零件的加工程序，仿真模拟加工过程。

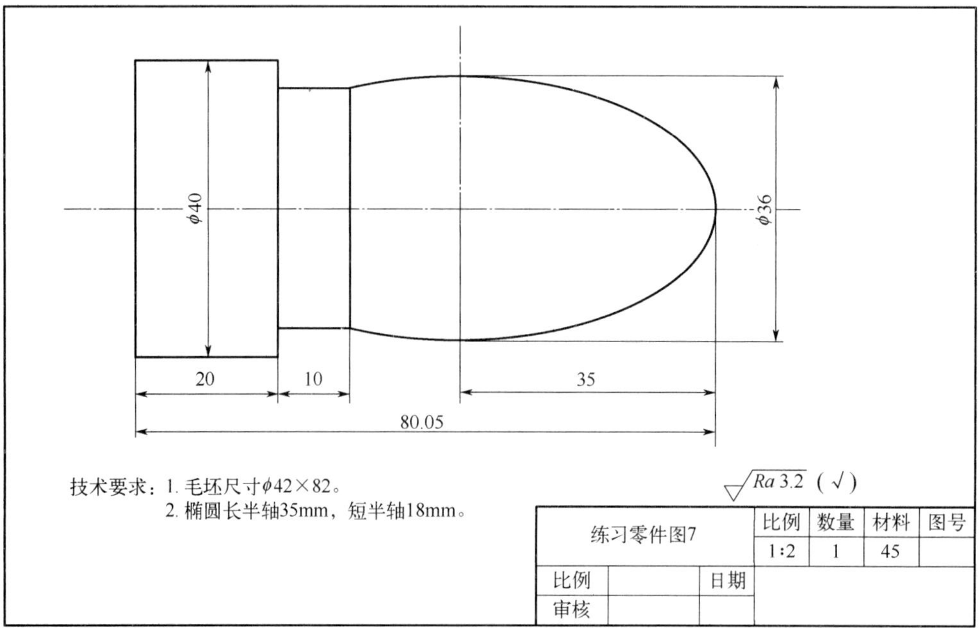

图 4.40 练习零件图 6

6. 分析图 4.41、图 4.42 所示零件图，确定加工工艺时注意图 4.41 中 $R12$ 凹圆弧和图 4.42 中 $R18$ 凸圆弧的不同、选择加工工艺过程的区别，选择合理的切削刀具及切削用量，编制零件的加工程序，仿真模拟加工过程。

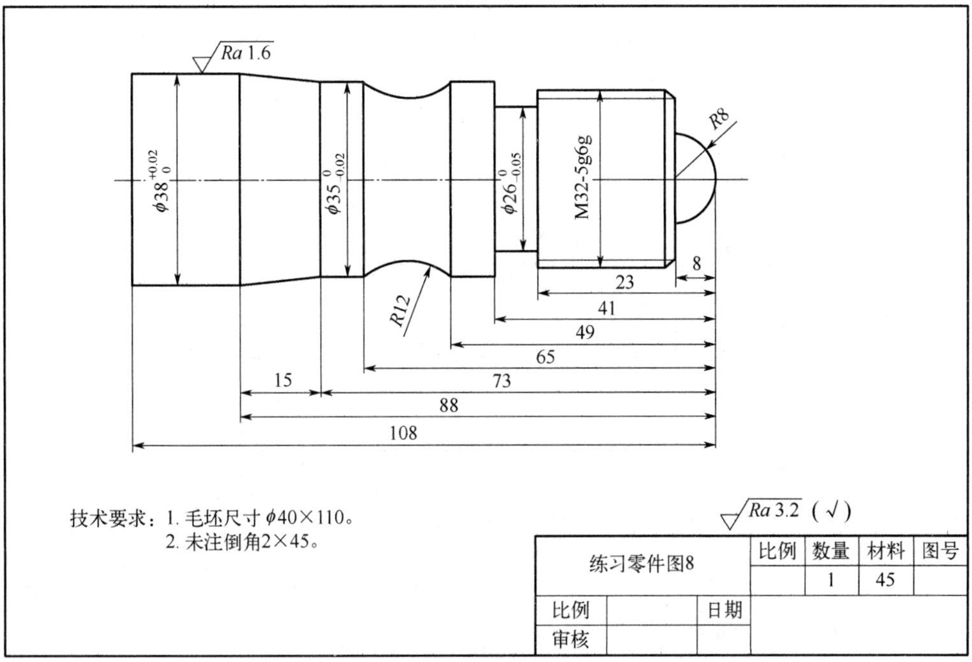

图 4.41 练习零件图 7

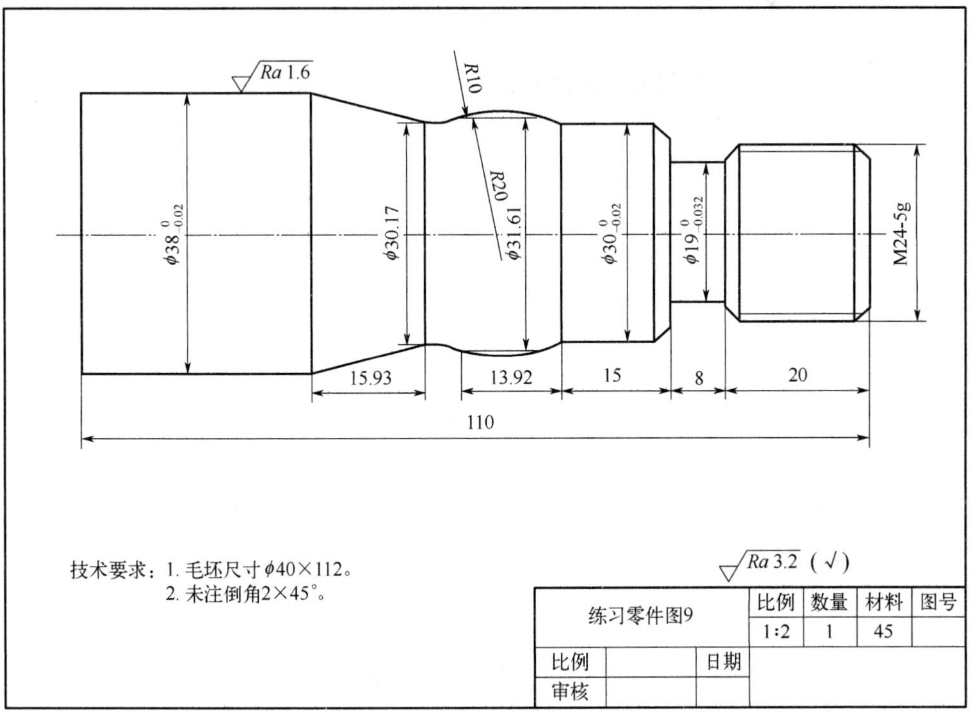

图 4.42 练习零件图 8

7. 分析图 4.43 所示零件图，确定加工工艺过程，选择合理的切削刀具及切削用量，编制零件的加工程序，仿真模拟加工过程。

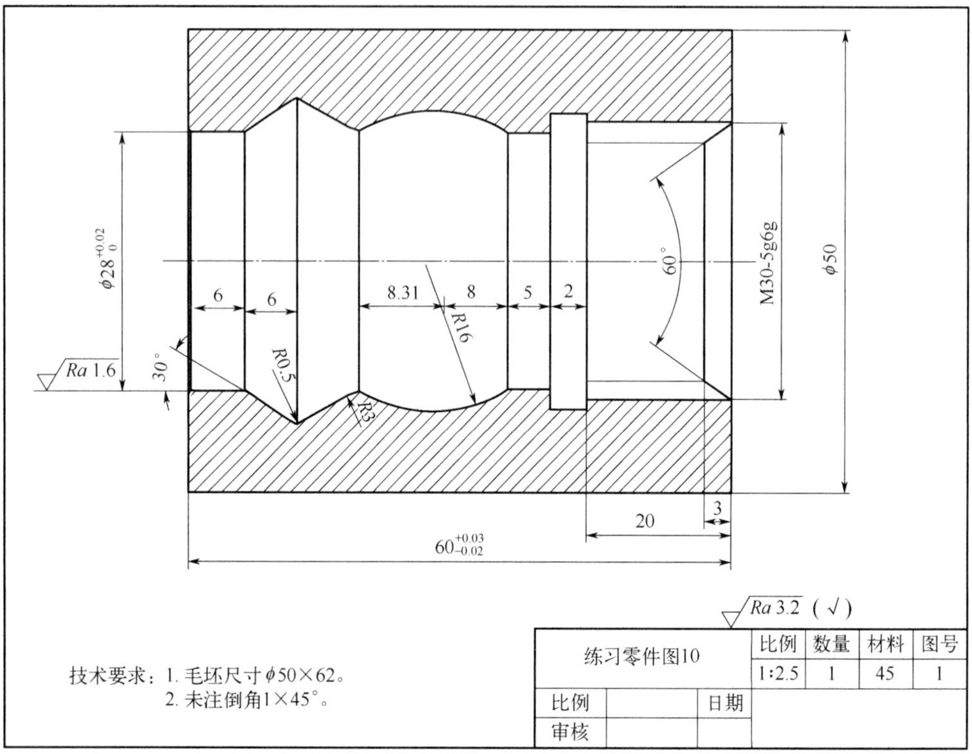

图 4.43　练习零件图 9

8. 创新设计，设计毛坯尺寸，选择刀具，设计图形，编程加工零件。例如：车削国际象棋棋子、葫芦、变形水杯、竹节笔筒、甜瓜手雷等。

· 模块五 ·

数控铣床及加工中心加工及编程

知识引入

在现代机加工领域，作为智能加工关键设备的数控铣床及加工中心彰显了重要地位。常用于平面、轮廓、孔类、沟槽类零件加工的数控铣床，及常用于加工复杂箱体、模具、异形件、曲面类零件的加工中心，凭借高精、高效、自动化的特点在众多行业中得到广泛应用。本模块以数控铣削操作及数控编程代码掌握作为智能加工的切入点，在编程应用等方面做详细介绍，为数控铣削编程学习奠定基础。

课题一　加工中心操作与编程基础

作为制造业自动化生产的核心数控系统之一，FANUC 0i 数控系统稳定性高、灵活性强，广泛应用于各类数控铣床和加工中心，主要包含 0i-MD、0i-MF、0i-MATE MD 等多种型号。该系统实现高速、高精、多轴控制，人机界面简洁友好，支持高速进给，可以实现精密插补运算功能。FANUC 0i 系统配置的数控铣床及加工中心多应用在航空航天、汽车零部件、精密模具制造等高端领域，在复杂零件高效加工方面承担重任。

1　FANUC 0i 数控系统加工中心

由于 FANUC 0i 数控系统加工中心面板组成功能与数控车床面板组成功能相似，本模块不再重述。下面针对加工中心的操作流程作简单介绍。

加工中心具体操作步骤如下：

（1）系统启动和停止

开机：启动总电源→打开系统电源→旋松急停按钮。关机：按下急停→关闭系统电源→关闭总电源。

（2）回零

回机床原点：回零（工作模式）→Z 轴回零→ X 轴回零 → Y 轴回零。

（3）设定加工中心参数及工件毛坯尺寸，选择刀具并装夹

① 机床参数：非单步加工关闭机床门、快速换刀速度控制等。

② 合适的工件毛坯尺寸的设定。

③ 依据被加工工件的工艺分析，选择合适的刀具类型，并完成装夹工作。

（4）对刀和刀补值的输入

对刀是通过一系列操作过程，将工件坐标系原点与机床坐标系建立数值联系，即在机床上确定工件坐标系原点的过程。简要过程：找出工件坐标系原点在机床坐标系中的 X、Y、Z 坐标值，并设到零点偏置坐标系中（偏置坐标系：G54 ~ G59 其中任意一个，都可以作为编程使用的工件坐标系）。

具体方法如下：

法一：通常 X、Y 坐标方向采用光电式或机械式寻边器辅助寻找精确位置；Z 方向采用 Z 轴设定器。操作步骤如表 5.1 所示。

表 5.1　对刀过程

工件左下角点设定为零点		工件中心设定为零点	
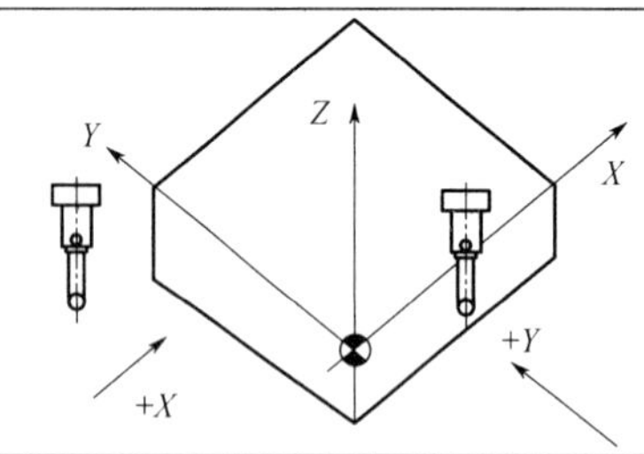		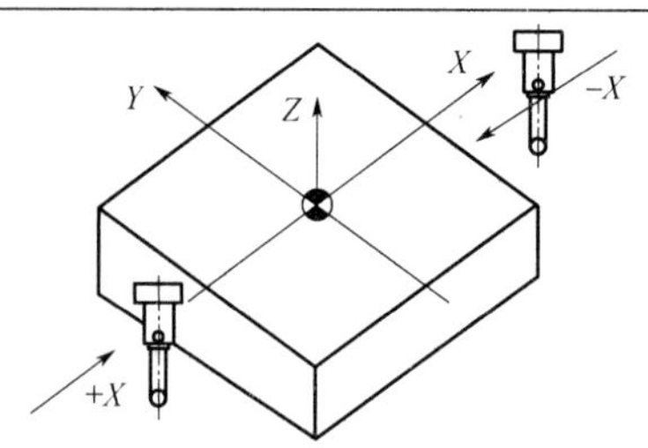	
X（Y）向	Z 向	X（Y）向	Z 向
光电寻边器装到主轴上	使用刀具装到主轴上	光电寻边器装到主轴上	使用刀具装到主轴上
启动主轴	启动主轴	启动主轴	启动主轴
手动：快→渐慢→+X（+Y）接近工件侧面→寻边器发光→-X（-Y）移动手轮一格→手轮改用小倍率→+X（+Y）接近工件侧面→寻边器发光→记录下手轮倍率最小时 X（Y）轴的机床坐标值→X（Y）坐标值+寻边器球半径	手动放置 Z 向设定器→设定器吸附在工件表面→手摇 -Z→刀尖接触设定器→手轮改用小倍率→设定器到指定数值→记录下当前 Z 轴的机械坐标值→Z 轴坐标值-设定器高度	手动：快→慢→+X（+Y）接近工件侧面→寻边器发光→-X（-Y）移动手轮一格→手轮改用小倍率→+X（+Y）接近工件侧面→寻边器发光→记录下手轮倍率最小时 X（Y）轴的机床坐标值→相同方法找到对应面机床坐标值→对应数值相加后除以二	手动放置 Z 向设定器→设定器吸附于工件表面→手摇 -Z→刀尖接触设定器→手轮改用小倍率→设定器到指定数值→记录下当前 Z 轴的机械坐标值→Z 轴坐标值-设定器高度

续表

输入 X（Y）向坐标值	输入 Z 向坐标值	输入 X（Y）向坐标值	输入 Z 向坐标值
OFFSET（功能键）→坐标系（软键）→G54～G59 其中任意一个→移动光标 X（Y）→输入计算数值（功能键 INPUT）	OFFSET（功能键）→坐标系（软键）→选择与 X（Y）相同工件坐标系→移动光标 Z→输入计算数值（功能键 INPUT）	OFFSET（功能键）→坐标系（软键）→G54～G59 其中任意一个→移动光标 X（Y）→输入计算数值（功能键 INPUT）	OFFSET（功能键）→坐标系（软键）→选择与 X（Y）相同工件坐标系→移动光标 Z→输入计算数值（功能键 INPUT）

法二：数控加工仿真软件自动对刀功能。

数控加工仿真软件中一般设置自动对刀模块功能，如图 5.1 所示。

选择“设置工件大小、原点”设置界面，选择工件坐标系原点需要“存入寄存器”的坐标系，任选其一，常用 G54，在设置原点的状态栏中输入工件坐标系原点与工件中心的距离，即可确定。

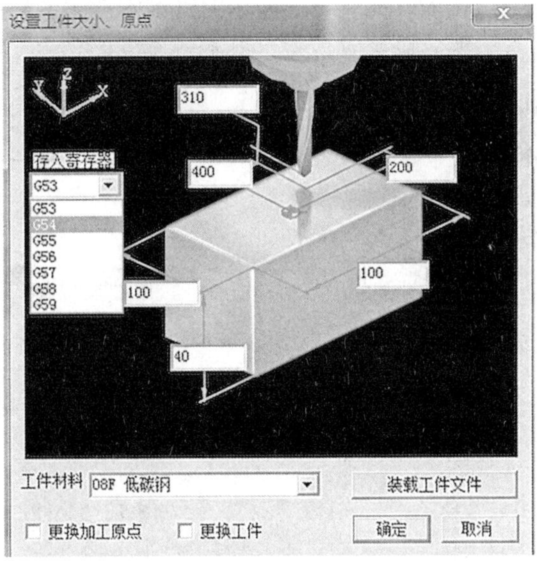

图 5.1　自动设置工件坐标系原点界面

（5）对刀结果检验

MDI 操作面板输入一个程序段指令：

G90 G0 G54 X0 Y0;

G43 H1 Z50.0;

根据刀具执行程序段的结果检验对刀工作是否正确。

MDI（方式）步骤：PROG（功能键）→MDI（软键）→输入程序段→INSERT→循环启动。

（6）调用程序

步骤：EDIT（工作方式）→PROG（功能键）→DIR（软键）→输入 O……（程序号）→INSERT（编辑键）。

（7）自动加工

步骤：自动（工作方式）→PROG（功能键）→DIR（软键）→O……（程序号）→光标移动到程序开头→循环启动。

2 加工中心编程基础（FANUC 0i 数控系统）

2.1 数控机床坐标系的确定

（1）数控机床坐标系

数控机床需根据其行程在机床上设置一个固定的点，并以此固定点为原点建立坐标系，这个建立在机床上的坐标系被称作机床坐标系。目前我国采用 JB/T 3051—1999《数控机床 坐标和运动方向的命名》来规定坐标系的各个坐标轴，要求各轴之间的关系符合右手笛卡儿直角坐标系。数控铣削加工中心的坐标系建立均遵循此规则，其建立的坐标系方向如图 5.2 所示。

（2）编程坐标系（工件坐标系）

为简化编程，给编程员提供方便，以机床坐标系为基准直接在工件上建立新的坐标系，称为编程坐标系，编程坐标系的原点称为编程零点。编程坐标系中各轴的方向与所使用的数控机床相应的坐标轴方向一致，如图 5.3 所示为铣削零件的编程原点。确定编程坐标系时，对于工件毛坯在机床上的实际装夹位置可以不予考虑。

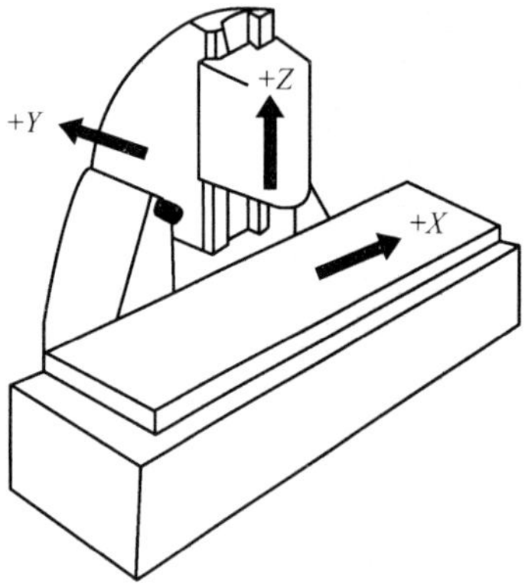

图 5.2 加工中心坐标系

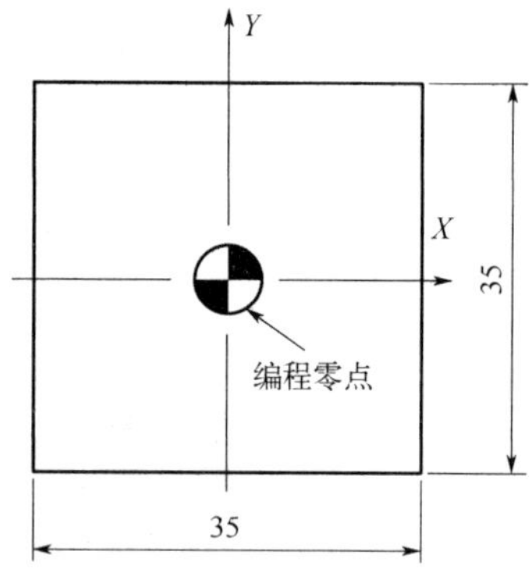

图 5.3 数控铣削零件编程原点

2.2 程序的结构

加工中心程序结构和格式与数控车床相似，本模块不再重述。下面主要针对各功能作简要介绍。

（1）加工中心准备功能

数控程序中的准备功能，其目的是使数控机床对某种运动方式作好准备。因以字母 G 作为地址符，故又将准备功能称作 G 功能或 G 指令。准备功能的代码由地址符 G 和紧随其后的两位数字组成，从 G00 ~ G99 共 100 种，有些系统的 G 代码已使用三位数。G 指令在使用中有以下一些特点：

1）G 指令根据功能定义分成若干个组，同一程序段中同组 G 指令只能使用一个，若指定两个以上时，则只有最后一个 G 指令有效。

2）G 代码中前置“0”允许省略，如 G1 就表示 G01。

我国根据 ISO 1056—1975（E）制定了 JB/T 3208—1999 标准，规定了 G 代码的功能定义，但世界上的数控系统生产厂家众多，为了彰显其数控系统的特点，很多功能定义没有按照国际标准执行，造成 G 指令相同但实际功能含义不同的情况。因此具体应用时，必须明确数控系统类型，根据机床说明书的规定进行编程。表 5.2 为加工中心 FANUC 0i 系统 G 功能含义表。

表 5.2　FANUC 0i 系统 G 功能含义表　（表中 IP 表示任意轴地址的组合）

功能	格式	功能	格式
定位（G00）	G00 IP_；	直线插补（G01）	G01 IP_F_；
圆弧插补 （G02，G03）	$\begin{Bmatrix}G17\\G18\\G19\end{Bmatrix}\begin{Bmatrix}G02\\G03\end{Bmatrix}$ X_Y_Z_ $\begin{Bmatrix}R\_\\I\_J\_K\_\end{Bmatrix}$ F_；	极坐标指令 （G15，G16）	$\begin{Bmatrix}G17\\G18\\G19\end{Bmatrix}$ G16 X_Y_Z_；建立 G15；取消
停刀暂停 （G04）	G04 $\begin{Bmatrix}X\_\\P\_\end{Bmatrix}$；	平面选择 （G17，G18，G19）	$\begin{cases}G17: XY平面\\G18: XZ平面\\G19: YZ平面\end{cases}$
英制、公制转换 （G20，G21）	$\begin{cases}G20: 英制输入\\G21: 公制输入\end{cases}$	返回参考点检查 （G27）	G27 IP_；
返回参考点 （G28，G30）	$\begin{cases}G28\\G30\end{cases}$ IP_；	从参考点经中间点返回参考点 （G29）	G29 IP_；
刀具半径补偿 （G40～G42）	$\begin{Bmatrix}G00\\G01\end{Bmatrix}\begin{Bmatrix}G41\\G42\end{Bmatrix}$ X_Y_D_；建立 G40 X_Y_；取消	刀具长度补偿 （G43，G44，G49）	$\begin{Bmatrix}G43\\G44\end{Bmatrix}$ Z_H_；建立 G49；取消
比例缩放 （G50，G51）	G51 X_Y_Z_ $\begin{Bmatrix}P\_\\I\_J\_K\_\end{Bmatrix}$；建立 G50；取消	工件坐标系寄存器 （G54～G59）	$\begin{Bmatrix}G54\\G55\\\cdots\\G59\end{Bmatrix}$ IP_；
局部坐标系 （G52）	G52 IP_；	单向定位 （G60）	G60 IP_；
宏程序使用 （G65，G66，G67）	$\begin{Bmatrix}G65\\G66\end{Bmatrix}$ P_L_；调用 G67；取消	坐标系旋转 （G68，G69）	$\begin{Bmatrix}G17\\G18\\G19\end{Bmatrix}$ G68X_Y_Z_R_；建立 G69；取消
固定循环 （G73，G74，G76，G80～G89）	$\begin{Bmatrix}G73\\G74\\G76\\G81\\\cdots\\G89\end{Bmatrix}$ X_Y_Z_R_Q_P_F_；建立 G80；取消	绝对坐标、相对坐标 （G90，G91）	G90X_Y_Z_；绝对坐标 G91X_Y_Z_；相对坐标
G92	G92 IP_；建立临时工件坐标系 G92 S_；设置最大主轴速度	切削速度单位转换 （G94，G95）	G94 F_；每分进给 G95 F_；每转进给
（G98，G99）	G98 _；返回起始平面 G99_；返回安全平面		

（2）辅助功能字

辅助功能：机床辅助动作的指令，主要用于数控机床开关量的控制。以字母 M 作为地址符，所以又把辅助功能称作 M 功能或 M 指令。加工中心辅助功能与数控车床相似，本模块不再重述。

（3）程序段结束字

写在每一程序段之后，表示程序段结束。当用 EIA 标准代码时，结束符为“CR”，用 ISO 标准代码时为“NL”或“LF”。有的用符号“;”“*”“#”表示。

（4）编程规则

1）绝对编程和增量编程。数控机床编程时，可采用绝对值编程（加工中心中使用 G90 来指定）、增量值编程（加工中心中使用 G91 来指定）或二者混合编程。

2）小数点编程。数控编程时，可以使用小数点编程，也可采用脉冲数编程。例如：X50.0 或 X50.表示 X 坐标 50mm；X0.01 或 X.01 表示 X 坐标 0.01mm。假如不写小数点，就表示用脉冲数编程，例如当脉冲当量为 0.001mm 时，X50 表示 X 坐标 0.05mm。

3）自保持功能。除个别指令外，大多数 G 代码和 M 代码都具有自保持功能，这类代码称为模态指令，一经应用一直保持有效，直至它们被同组其他指令取代或取消。另外当坐标尺寸字与 F、S、T 字的内容不变时，下一个程序段会自动接收此内容，因此也可以省略不写。

3　编程实例

学习指令代码的目的是编写高水平的程序，加工满足要求的合格零件。以图 5.4 所示零件为例，通过学习编程指令，最终完成该零件的加工。针对该零件做具体的分步骤加工分析。

说明：

1）智能加工领域，数控铣削加工中心是箱体类、板类零件加工的关键设备。从几何特征角度考虑，涉及的零件形状主要包括：

① 轮廓类：常见有直线、曲线和复合轮廓等结构特征。

② 平面类：常见有平面、斜面和凹槽平面等形状。

③ 孔类：圆孔、异形孔及深孔等。

④ 槽类：直槽、螺旋槽和环形槽等。

⑤ 复杂曲面：自由曲面、回转曲面及复合曲面等。

针对零件结构复杂，精度要求高，需要多刀加工的情况，为保障零件严格的尺寸精度和表面质量要求，显著提高生产效率，数控铣削加工方法成为首选的主流加工方法。

2）分析图 5.4 所示零件图，零件特征：由 136mm×105mm 的薄壁轮廓、36mm×10mm 的两个凸键外轮廓、花形外轮廓、椭圆外轮廓以及 ϕ28、ϕ12 不同尺寸的孔组成，ϕ28 的孔端有倒角要求。其中薄壁及凸键的尺寸精度和表面质量要求较高，工件上表面相对于底面有平行度要求，形状复杂。

3）零件有一定的加工难度，应根据零件特性制订合理的加工工序，编制加工程序。

4）后续各课题将围绕编程指令体系与加工工艺展开渐进式学习。以图 5.4 所示零件为典型加工案例，完成零件的编程模拟加工，强化编程应用能力。

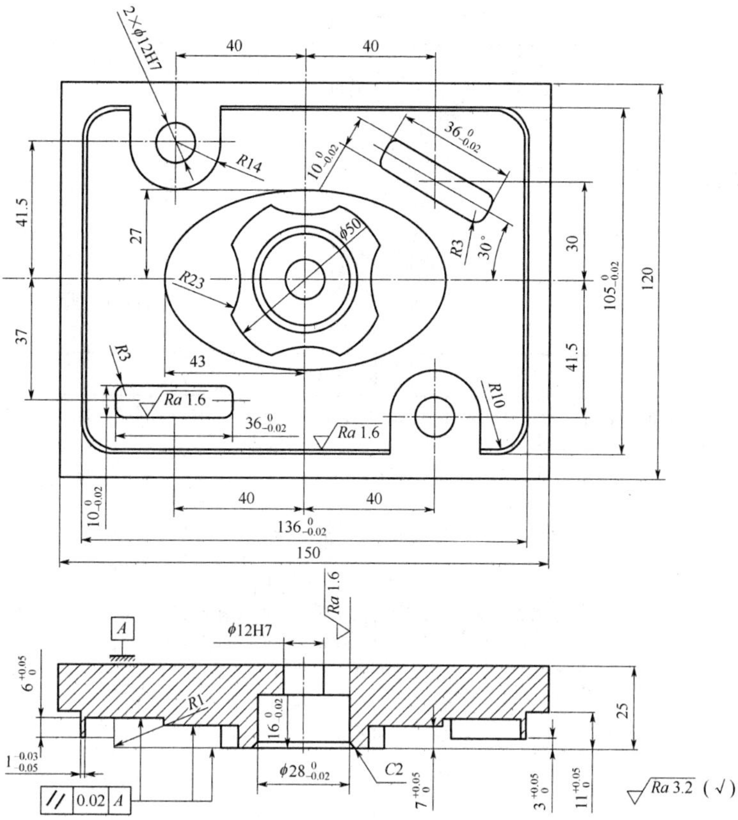

图 5.4 零件图

课题二 单一外形工件加工

本课题以讲解单一外形工件的编程及加工技术为主，详细阐述直线、圆弧、半径补偿等编程指令的格式及应用方法。通过理论掌握与实践操作相结合的学习模式，掌握单一外形工件的编程方法，最后完成自动加工的操作流程。

1 编程指令介绍

以课题一中给定的图 5.4 所示零件的内外轮廓加工作为切入点，剖析图样得到：①外形加工需应用直线、圆弧编程指令；②根据精度要求，采用粗精加工结合工艺方案。先以简单实例学习指令应用。

1.1 G01 和 G00 指令

指令 G01 和 G00 是常用直线移动指令，应用广泛，其中 G01 为直线插补指令，G00 为快速点定位指令。以表 5.3 举例介绍其应用特点，选择毛坯外形尺寸为 35mm×35mm×35mm。

注意：此加工不考虑刀具直径。

表 5.3　G01 和 G00 指令应用

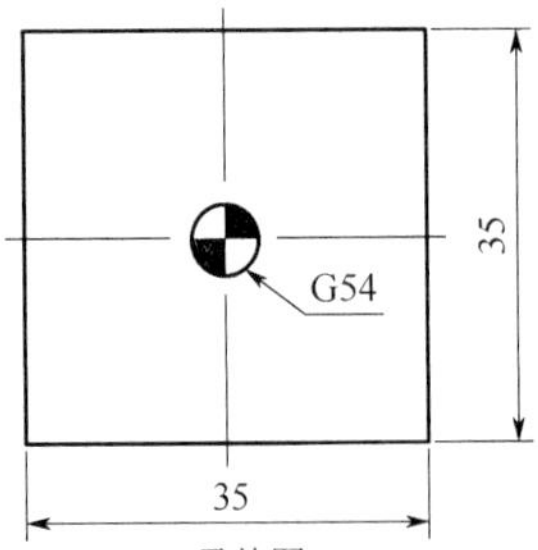

1. 零件图

2. 三维加工图

3. 二维加工图

程序	指令意义说明	指令格式、应用及注意	易混淆指令
N10G90G0G54X0Y0M3S1000F80 N20Z50.0 N30Z2.0	设定坐标系，主轴正转给定转速及切削速度，设置 Z 轴初始平面和安全平面；	G01 指令格式： G90/G91 G01 X__Z__ F__； G90：采用绝对坐标编程。 G91：采用相对坐标编程。 （X，Z）：目标点的坐标值。 F：刀具的进给速度。 应用：直线插补指令。 G01 之前或当前段都没有 F 指令，机床不动	G00 指令格式： G90/G91G00 X____Z____； G90：采用绝对坐标编程。 G91：采用相对坐标编程。 （X，Z）：目标点的坐标值。 说明： ①功能：模态指令，以点定位控制方式从刀具所在点快速移动到下一个目标位置。 ②移动速度由厂家预调，程序指令无法设定。 ③执行过程：刀具由程序起始点→加速到最大速度→快速移动→减速到终点，实现快速点定位。 ④目的：提高定位精度。 ⑤各坐标轴的脉冲当量决定刀具的实际运动路线是直线还是折线
N40X-17.5Y-17.5	移至 *XOY* 平面的切入点；		
N50G1Z-5.0	*Z* 轴扎刀控制切深；		
N60Y17.5 N70X17.5 N80Y-17.5 N90X-17.5	切削方形轮廓；		
N100G0Z100.0	*Z* 轴抬刀；		
N110M05	主轴停转；		
N120M30	程序结束		
说明：G01 指令，用于切削加工过程中及非切削过程直线移动，速度可控；G00 指令，非切削快速移动，速度不可控			

1.2　圆弧 G02 和 G03 指令

加工零件存在如下实际外形：①圆角；②圆弧。下面主要介绍圆弧指令 G02 和 G03。以表 5.4 介绍其应用特点，选择毛坯外形为 35mm×35mm×35mm。

注意：此加工不考虑刀具直径。

表 5.4　G02 和 G03 指令应用表

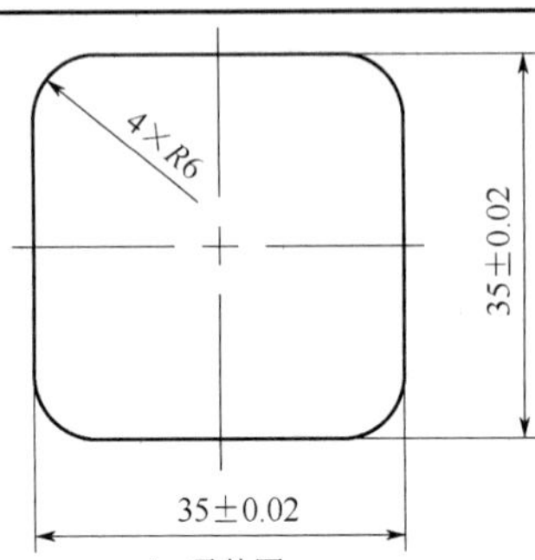

1. 零件图

2. 三维加工图

3. 二维加工图

续表

程序	指令意义说明	指令格式、应用及注意
N10G90G0G54X0Y0M3S1000F80 N20Z50.0 N30Z2.0	设定坐标系，主轴正转给定转速及切削速度，设置 *Z* 轴初始平面和安全平面；	G02、G03 指令格式： 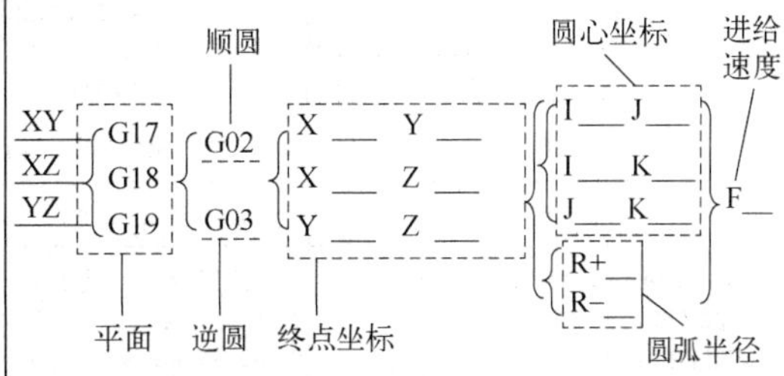
N40X-11.5Y-17.5	移动至 *XOY* 平面的切入点；	
N50G1Z-5.0	*Z* 轴扎刀控制切深；	
N60G02X-17.5Y-11.5R6 N70G1Y11.5 N80G02X-11.5Y17.5R6 N90G01X11.5 N100G02X17.5Y11.5R6 N110G1Y-11.5 N120G02X11.5Y-17.5R6 N130G01X-11.5	切削方形轮廓；	说明： ①加工中心，G17 平面，可省略不写。 ②圆弧顺逆判断：
N140G0Z100.0 N150M05 N160M30	*Z* 轴抬刀； 主轴停转； 程序结束	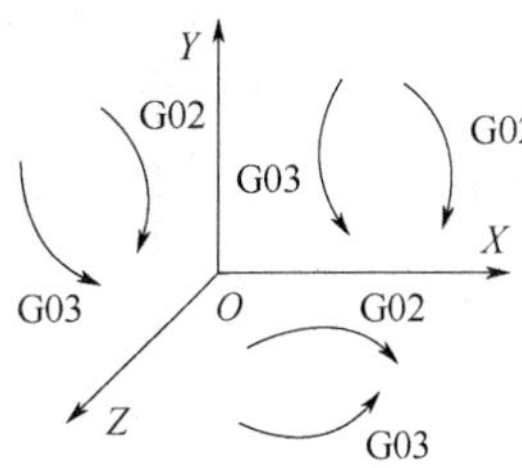圆弧插补方向判别 判别方法：从垂直于圆弧所在平面的轴的正向向负向看，圆弧走向为顺时针则为 G02，圆弧走向为逆时针则为 G03。 ③圆弧终点坐标，可采用两种方式给出坐标值，一种为绝对坐标，使用指令 G90；一种为相对坐标，使用指令 G91。 ④确定圆弧大小：可采用两种方式，一种为圆心编程即 I、J、K 格式，圆心相对于圆弧起点增量值；一种为半径编程即 R 格式，圆心角小于 180°为 R+，大于 180°为 R−。 ⑤整圆轮廓加工。整圆起点和终点重合，R 编程无法定义，只能用圆心坐标编程

说明：倒角和拐角圆弧过渡程序段可以自动地插入在两程序段之间，在 G01、G02 或 G03 程序段的末尾，加工中自动在拐角处加上倒角或过渡圆弧；倒角和拐角圆弧过渡的程序段可连续地指定；在 C 之后，指定从虚拟拐点到拐角起点和终点的距离；在 R 之后，指定拐角圆弧的半径。

指令格式 ：C_；倒角

R_；拐角圆弧过渡

如表中零件图左上圆弧可使用倒圆弧指令：G1Y17.5，R6；

X11.5；

1.3 刀具半径补偿指令（G41、G42、G40）

在编制零件轮廓的铣削加工程序时，直接按照零件图形轮廓编程，同时在程序中给出刀具半径补偿指令，数控系统会自动计算出刀具中心轨迹，控制刀具偏移零件轮廓一定距离后走刀，从而加工出所需要的零件轮廓，数控系统的这种编程功能称为刀具半径补偿功能。G41 和 G42 指令应用见表 5.5。

表 5.5 G41 和 G42 指令应用

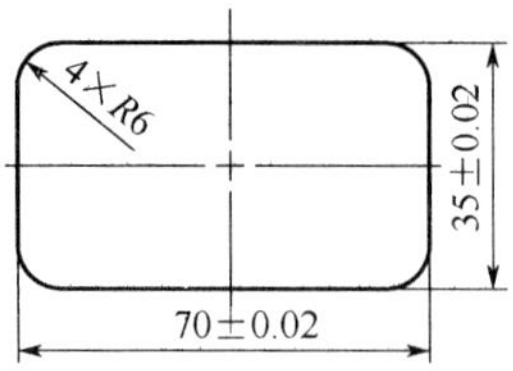

1. 零件图

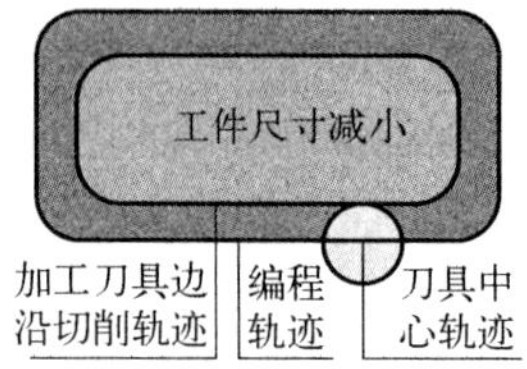

2. 没有使用半径补偿功能示意图

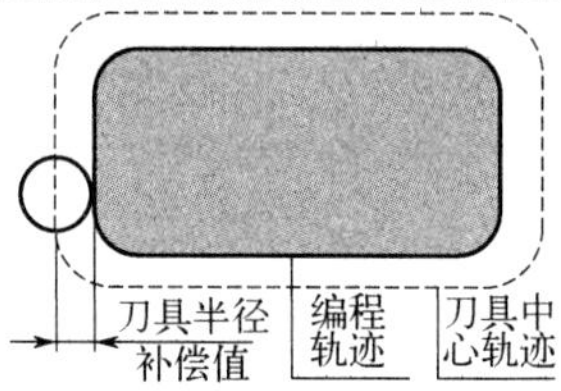

3. 带有半径补偿功能示意图

程序	指令意义说明	指令格式、应用及注意
N10G90G0G54X0Y0M3S900F80; N20Z50.0; N30Z2.0;	设定坐标系，主轴正转给定转速及切削速度，设置 Z 轴初始平面和安全平面；	建立刀补 G41、G42 指令格式： 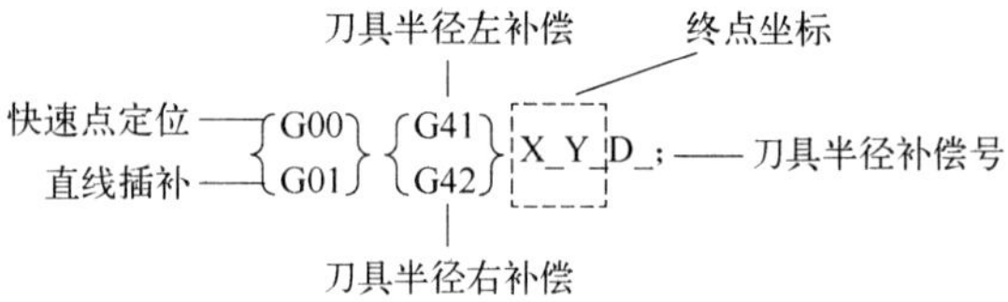
N40X-50Y-50;	移至 XOY 平面的切入点；	
N50G1Z-5.0;	Z 轴扎刀控制切深；	
N60G41X-29Y-17.5D1; →	建立刀具半径补偿；	撤销刀补 G40 指令格式： 撤销刀补 ——G40 X_Y_;—— 终点坐标值 说明： ①进行刀补前，必须用 G17、G18 或 G19 指定刀补的运行平面，平面选择的切换必须在补偿取消的方式下进行，否则将产生报警，该次介绍默认运行平面为 G17 表示的 XOY 平面； ②建立刀补和撤销刀补都要通过 G0/G01 的指令来完成，不要在 G02/G03 程序段上进行； ③左刀补和右刀补的判断方法：沿刀具运动方向看，刀具在被切轮廓边左侧，采用左补偿 G41；刀具在被切轮廓边右侧，采用右补偿 G42；
N70G02X-35Y-11.5R6 N80G1Y11.5 N90G02X-29Y17.5R6 N100G01X29 N110G02X35Y11.5R6 N120G1Y-11.5 N130G02X29Y-17.5R6 N130G01X-29	切削方形轮廓；	
N40G40X-50Y-50 →	撤销刀具半径补偿；	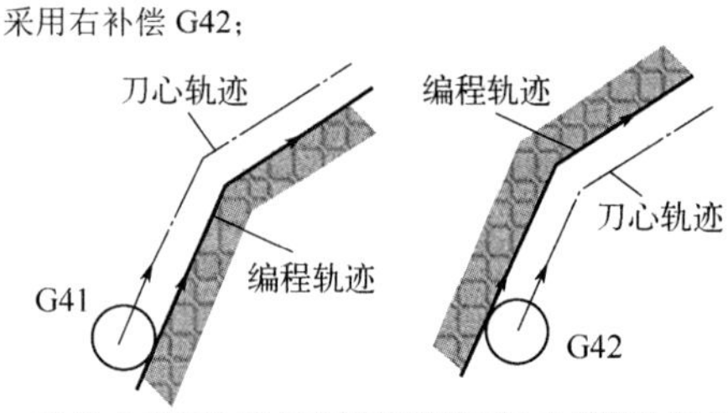
N150G0Z100.0 N160M05 N170M30	Z 轴抬刀； 主轴停转； 程序结束	④终点坐标为建立刀补和撤销刀补直线段的终点坐标值，可以通过两种方式给出，其一为绝对坐标，使用指令 G90，其二为相对坐标，使用指令为 G91； ⑤字母 D 为刀具半径补偿号，指定刀具半径补偿值所在的储存地址，不代表实际补偿值

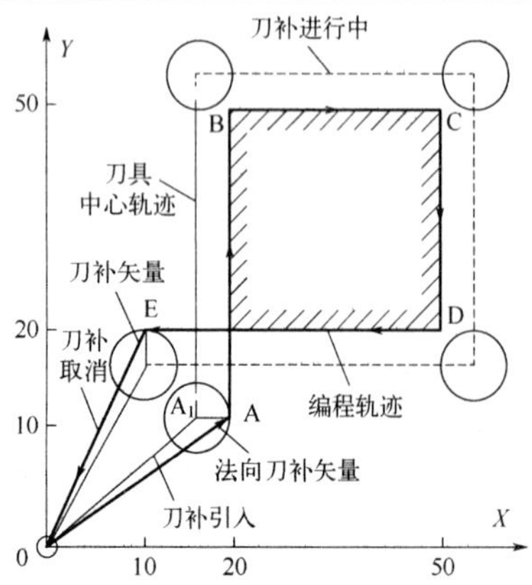

说明：刀具半径补偿的过程分为三步。

①刀补的建立：在刀具从起点接近工件时，刀心轨迹从与编程轨迹重合过渡到与编程轨迹偏离一个偏置量的过程。

②刀补进行：刀具中心始终与编程轨迹相距一个偏置量直到刀补取消。

③刀补撤销：刀具离开工件，刀心轨迹要过渡到与编程轨迹重合的过程

2 编程实例

以零件图 5.5 为例，探讨数控铣削具体的编程过程。分析该图得知，零件边缘轮廓由直线段、圆弧段组成，根据第一部分介绍的指令，编写该轮廓程序。

2.1 工艺准备

（1）分析图纸确定工艺过程

如图 5.5 所示，毛坯选用 50mm×70mm×20mm 的 45 钢，该材料加工性较好。按照零件尺寸精度的要求，加工过程分为粗加工、精加工两步工序完成，粗加工完成后，根据实际测量尺寸修改存储到补偿号中的刀补数值，修改成功后可直接完成精加工操作。

（2）刀具选用

1#刀：ϕ16mm 面铣刀，用于粗铣工件轮廓，预留精加工余量 0.1mm。2#刀：ϕ10mm 面铣刀，精加工铣削工件轮廓，去除加工余量至图纸要求尺寸。

（3）数据处理

根据编程时规定的公差原则，X 轴横向方向取平均尺寸 29.96mm；ϕ40mm 外圆直径平均尺寸取ϕ39.94mm，Y 轴径向方向取平均尺寸 59.94mm，Z 轴方向取平均尺寸 9.97mm。

（4）走刀路线的确定

铣削轮廓时为避免在切入处产生刀痕，一般应尽量避免沿法向切入工件，优先采用沿工件轮廓切向切入切出、沿零件外轮廓曲线延长线的切线方向切入切出或者使用四分之一圆弧切入切出工件加工轮廓。该次加工选用圆弧切入切出的方式，Z 轴一次到达要求深度，走刀路线如图 5.6 所示。XOY 平面确定其基点坐标值见表 5.6。

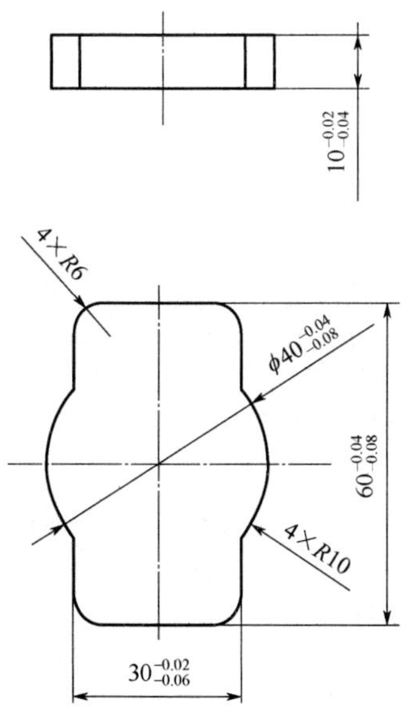

图 5.5　加工零件图

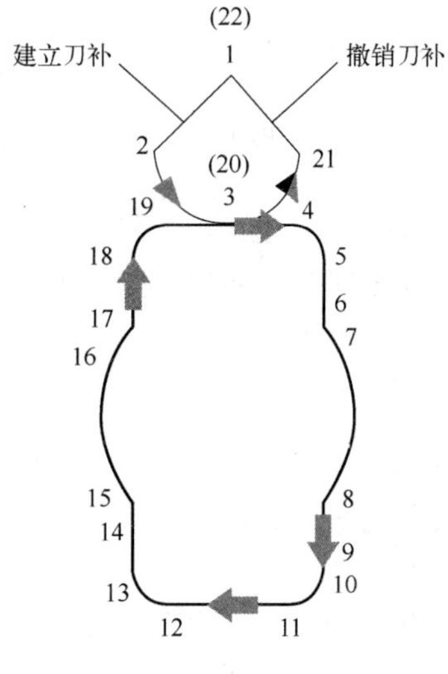

图 5.6　轮廓走刀路线

表 5.6 基点坐标

序号	*X* 坐标	*Y* 坐标	序号	*X* 坐标	*Y* 坐标
S	0	0	12	−8.98	−29.97
1	0	45	13	−14.98	−23.97
2	−10	39.97	14	−14.98	−16.583
3	0	29.97	15	−16.667	−11.055
4	8.98	29.97	16	−16.667	11.055
5	14.98	23.97	17	−14.98	16.583
6	14.98	16.583	18	−14.98	23.97
7	16.667	11.055	19	−8.98	29.97
8	16.667	−11.055	20	0	29.97
9	14.98	−16.583	21	10	39.97
10	14.98	−23.97	22	0	45
11	8.98	−29.97			

2.2 编制加工程序

(1) 加工图 5.5 所示零件的参考程序

```
O0001;
G90G0G54X0Y0M3S900F80; 设定坐标系，主轴正转给定转速及切削速度
Z50.0;
Z2.0;
X0Y45
G01Z-9.97;
G41X-10Y39.97D1; 建立刀具半径补偿
G03X0Y29.97R10.0;
G1X8.98;
G2X14.98Y23.97R6.0;
G1Y16.583;
G3X16.667Y11.055R10.0;
G2X16.667Y-11.055R19.97;
G3X14.98Y-16.583R10.0;
G1Y-23.97;
G2X8.98Y-29.97R6.0;
G1X-8.98;
G2X-14.98Y-23.97R6.0;
G1Y-16.583;
G3X-16.667Y-11.055R10.0;
G2X-16.667Y11.055R19.97;
G3X-14.98Y16.583R10.0;
G1Y23.97;
```

```
G2X-8.98Y29.97R6.0;
G1X0;
G3X10.0Y39.97R10.0;
G40G1X0Y45.0; 撤销刀具半径补偿
G0Z50;
M05;
M30;
```

（2）计算机仿真软件模拟加工

在计算机仿真软件中选择 50mm×70mm×20mm 的 45 钢块料，粗加工使用ϕ16mm 面铣刀，精加工使用ϕ10mm 面铣刀。完成对刀设置操作，设定完成编程坐标系，输入调试好的加工程序，模拟加工过程，仿真结果如图 5.7 所示。

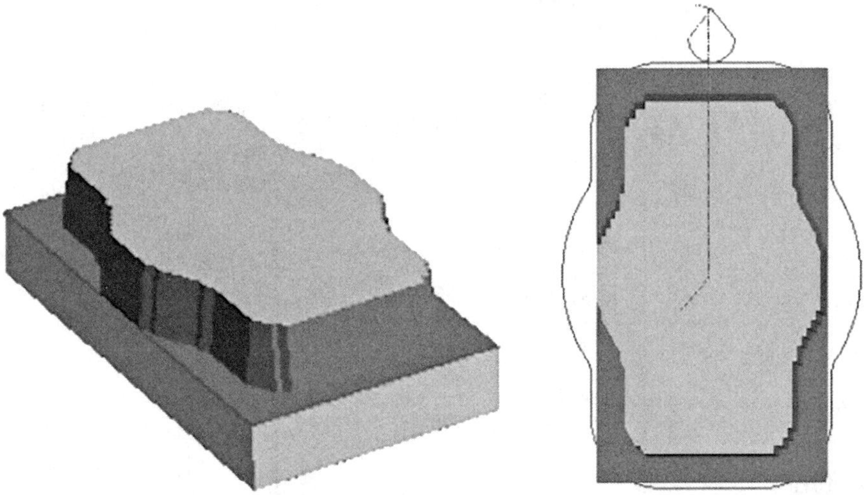

(a) 三维图　　(b) 二维图

图 5.7　仿真加工

课题三　多外形工件加工

本课题以讲解多外形工件的编程及加工技术为主，详细阐述调用子程序编程指令的格式及应用方法。通过理论掌握与实践操作相结合的学习模式，掌握子程序在多外形工件的编程加工中的应用方法，最后完成子程序自动调用的操作加工流程。

1　编程指令介绍

毛坯件一次装夹，加工多个相同零件或同一个零件有局部形状需重复加工的情况下，可以使用子程序编程方法简化主程序，减少计算量，提高加工效率。每次调用子程序时的坐标系、刀具半径补偿值、坐标位置、切削用量等可根据具体情况作相应调整。表 5.7 为子程序的应用特点。

表 5.7　子程序应用特点

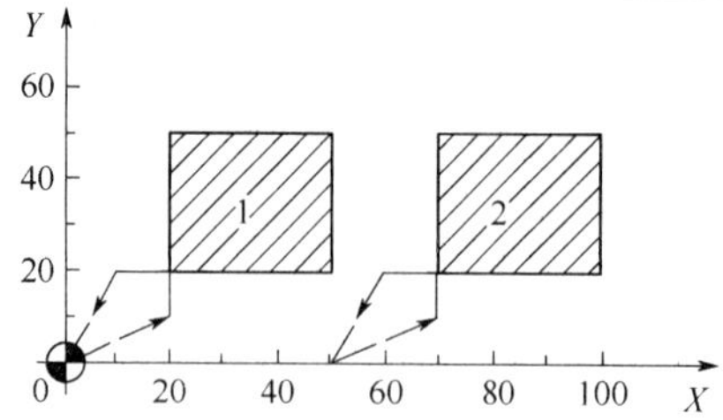

1. 零件图

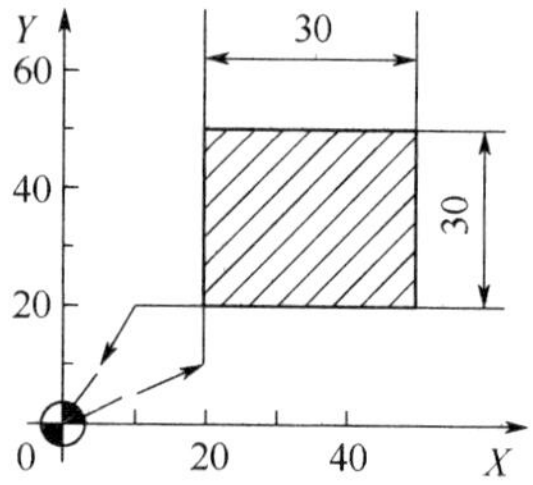

2. 子程序图形

原程序	使用子程序	指令格式、应用及注意
N10G90G0G54X0Y0M3S900F80； N20Z50.0； N30Z2.0； N40G1Z-5.0；	N10G90G0G54X0Y0M3S900F80； N20Z50.0； N30Z2.0； N40G1Z-5.0；	1. 调用子程序 M98 使用格式： （1）M98 P__L__； 其中，M98 为子程序调用指令；P 为子程序号；L 为调用次数。 （2）M98 P 000　　0000； 调用次数　子程序号 其中，M98 为子程序调用指令；P 后七位数字，前三位表示调用次数，后四位表示子程序号，子程序号必须补齐四位。当不指定重复数据时，子程序只调用一次。 2. 子程序结束指令 M99 格式：M99； 当子程序执行到 M99 时，子程序执行结束，返回到主程序。
N60G41X20.0Y10.0D1； N70Y50.0； N80X50.0； N90Y20.0； N100X10.0； N110G40X0Y0；　→	N50M98P100； 说明：加工图形 1 使用调用子程序指令。	
N120G0Z2.0； N130X50.0； N140G1Z-5.0；	N60G90G0Z2.0； N70X50.0； N80G1Z-5.0；	
N150G41X70.0Y10.0D1； N160Y50.0； N170X100.0； N180Y20.0； N190X60.0； N200G40X50.0Y0；　→	N90M98P100； 说明：加工图形 2 使用调用子程序指令。	
N210G0Z100.0； N220M05； N230M30；	N100G90G0Z100.0； N110M05； N120M30； 子程序： O100； G91G41X20.0Y10.0D1； Y40.0； X30.0； Y-30.0； X-40.0； G40X-10Y-20； M99； 说明：图形 1 和图形 2 分处于 *XOY* 平面中不同的位置，所以子程序中使用相对坐标编写轮廓，注意主程序和子程序中相对坐标与绝对坐标之间的转换	主程序　　子程序 O1；　　O100； G54 ---；　　-----； --------；　　-----； --------；　　-----； M98 P100　　M99； --------； --------； --------； M30；

2　编程实例

分析图 5.8 所示多外形零件图，由 1 和 2 两个相同外形轮廓组成，编程方法：将轮廓 1 编写成子程序，再编写主程序，给定加工轮廓 1、2 的基准点、运行轨迹，运行主程序中两次调用子程序指令使用。

2.1 工艺准备

(1) 分析图纸确定工艺过程

如图 5.8 所示，毛坯选用 190mm×100mm×20mm 的 45 钢。

(2) 刀具选用

选用ϕ6mm 球头铣刀。

(3) 走刀路线的确定

将轮廓 1 编写成子程序，轮廓 1 走刀路线如图 5.9 所示，*XOY* 平面确定其基点坐标值见表 5.8。

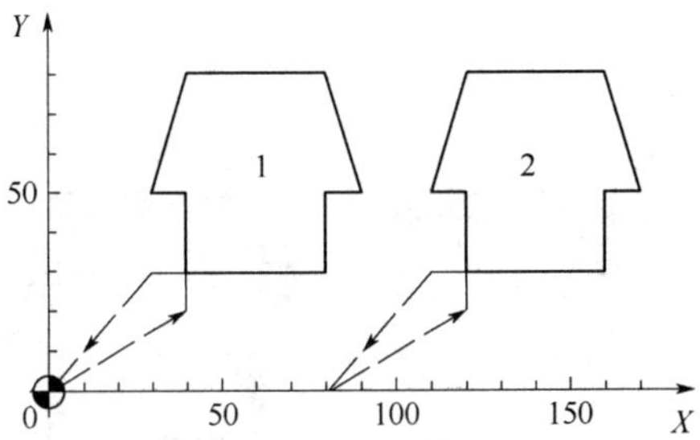

图 5.8 多外形零件图

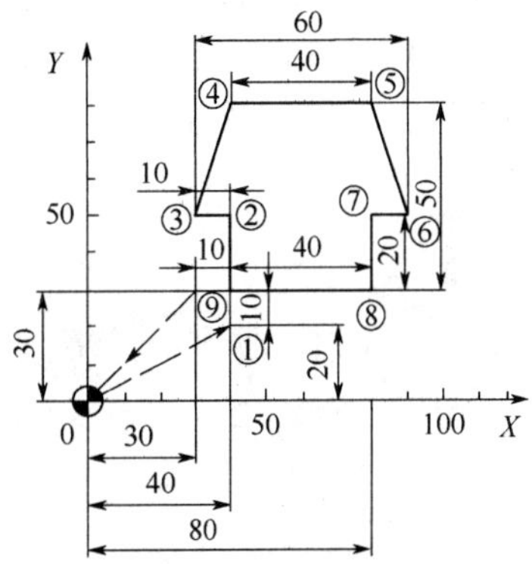

图 5.9 子程序走刀路线

注意：编写子程序使用相对坐标编程，所以该基点坐标为相对坐标值（表 5.8）。

表 5.8 基点坐标值

序号	*X* 坐标	*Y* 坐标	序号	*X* 坐标	*Y* 坐标
S	0	0	5	40	0
1	40	20	6	10	-30
2	0	30	7	-10	0
3	-10	0	8	0	-20
4	10	30	9	-50	0

2.2 编制加工程序

(1) 加工图 5.8 的参考程序

主程序

```
O1
G90 G54 G00 X0 Y0 S500 M03 F60;
Z100.0;
M98 P100;
G90 G00 X80.0;
```

子程序

```
O100
G91 G00 Z-95.0;
G41 X40.0 Y20.0 D1;
G01 Z-15.0;
Y30.0;
```

```
M98 P100;
G90 G00 X0 Y0 M05;
M30;
```

```
X-10.0;
X10.0 Y30.0;
X40.0;
X10.0 Y-30.0;
X-10.0;
Y-20.0;
X-50.0;
G00 Z110.0;
G40 X-30.0 Y-30.0;
M99;
```

（2）计算机仿真软件模拟加工

在计算机仿真软件中选择190mm×100mm×20mm的45钢块料，刀具使用$\phi 6$球头铣刀。完成对刀设置，设置完成编程坐标系，输入加工程序，模拟加工过程，仿真结果如图5.10所示。

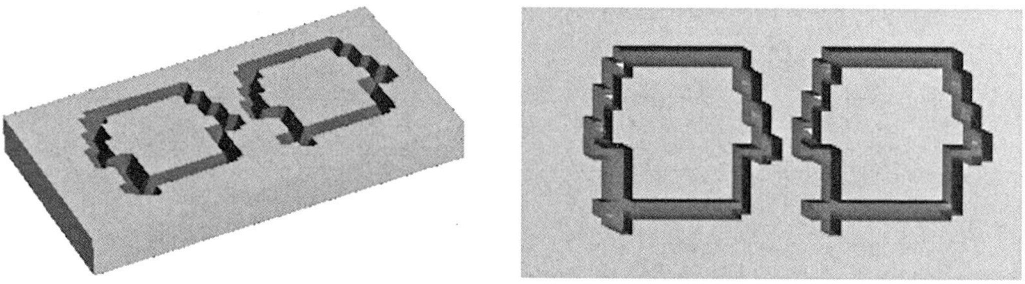

(a) 三维图　　(b) 二维图

图5.10　仿真加工

课题四　孔工件加工

本课题以讲解孔类工件的编程及加工技术为主，详细阐述孔加工编程指令的格式及应用方法，如钻孔、镗孔、攻螺纹等典型孔的加工方法。通过理论掌握与实践操作相结合的学习模式，掌握孔加工编程的应用，最后完成孔类工件的操作加工流程。

1　编程指令介绍

加工中心孔加工过程中使用了固定循环指令，固定循环使编程变得容易。使用固定循环指令，可以将多个加工动作融合到单个程序段中实现。另外，固定循环能缩短程序，节省存储空间。

1.1　G81点钻循环指令

点钻循环主要用于定位孔和一般浅孔加工，表5.9举例介绍了点钻固定循环指令的使用特点。

表 5.9　G81 点钻固定循环指令的使用特点

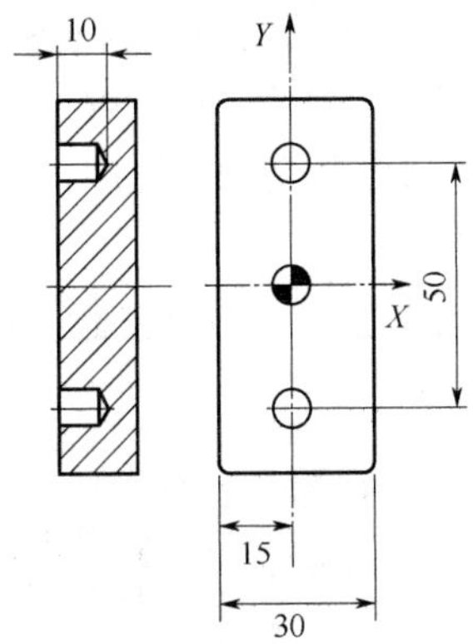

零件图中孔直径为$\phi 8$，只编写孔加工程序

1. 零件图

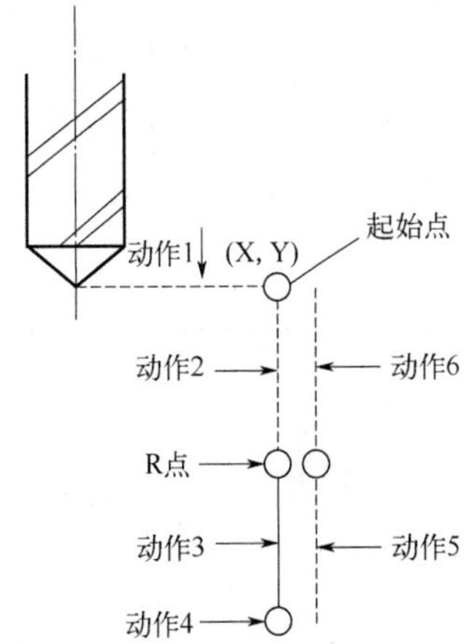

2. 孔加工基础动作

<table>
<tr><th>原程序</th><th>使用固定循环指令</th><th>指令格式、应用及注意</th></tr>
<tr>
<td>N10G90G0G54X0Y0M3S900F80；

N20Z50.0；
N30Y25.0；
N40Z2.0；
N50G01Z-10.0；
N60G0Z50.0；
N70Y-25.0；
N80G01Z-10.0；
N90G0Z50；

N100M05；
N110M30；</td>
<td>N10G90G0G54X0Y0M3S900F80；
N20Z50.0；

N30G98G81Y25Z-10R2；
N40Y-25；
说明：使用 G81 固定循环指令加工两个浅孔。

N50M05；
N60M30；</td>
<td>G81 固定循环指令的使用格式：
G98/G99 G81 X—Y—Z—R—F—；
说明：
①G98/G99：表示孔加工后刀具返回的不同位置。
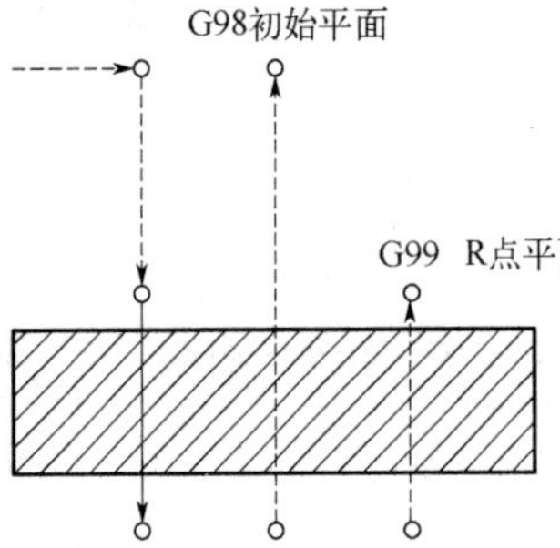
G98初始平面
G99　R点平面
②X，Y：孔位置坐标。
③R：安全平面高度（接近工件表面高度）。
④Z：孔深。
⑤F：切削速度</td>
</tr>
</table>

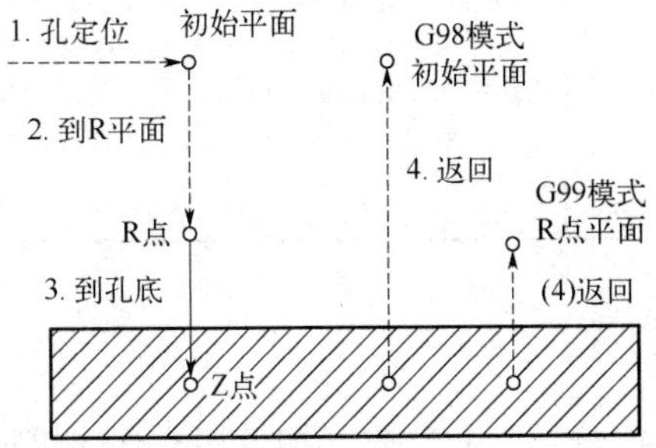

G81 固定循环指令的执行动作如下：

①孔定位：刀具快速移动到孔加工位置。

②到 R 平面：刀具快速移动到设定的安全平面。

③到孔底：刀具以切削速度运行到孔底。

④返回：刀具以快速移动速度返回到设定好的平面（G98 返回到初始平面或 G99 返回到安全平面）

1.2　深孔加工指令（G83、G73）

深孔加工指令主要有两个，是 G83 和 G73，分别为一般深孔加工和高速深孔加工。表 5.10 介绍了两种不同的深孔加工固定循环指令的使用特点。以 G81 点钻固定循环中加工的零件为例，零件图中孔直径为$\phi 8$，切深为 20mm，只编写孔加工程序。

表 5.10　G83 和 G73 固定循环指令使用特点

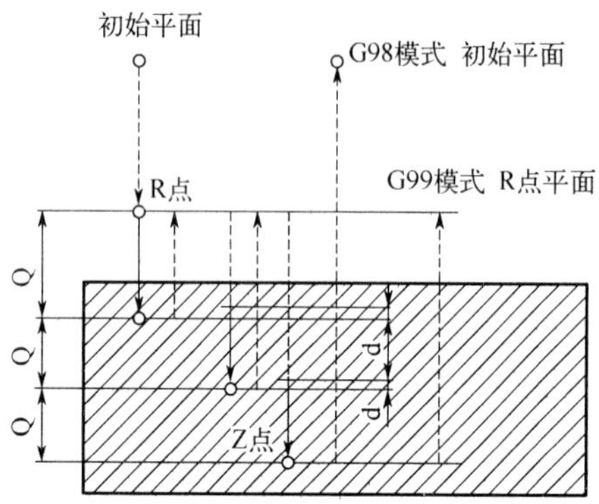

1. G83 深孔加工动作图

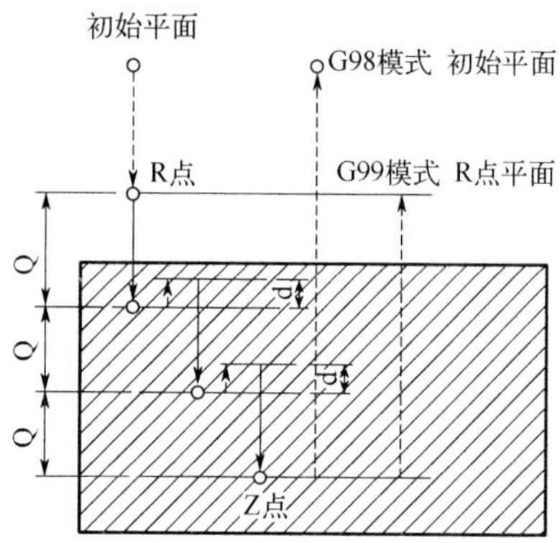

2. G73 快速深孔加工动作图

使用 G83 编程	使用 G73 编程	指令格式、应用及注意
N10G90G0G54X0Y0M3S900F80； N20Z50.0； N30G98G83Y25Z-10R2Q2； N40Y-25； N50M05； N60M30；	N10G90G0G54X0Y0M3S900F80； N20Z50.0； N30G98G73Y25Z-10R2Q2； N40Y-25； N50M05； N60M30；	1. G83 固定循环指令的使用格式： G98/G99 G83 X—Y—Z—R—F—Q—； 2. G73 固定循环指令的使用格式： G98/G99 G73 X—Y—Z—R—F—Q—； 说明： ①G83、G73 固定循环指令使用格式中字符与 G81 固定循环指令中字符含义相同。 ②Q 代表每步切削深度（增量值）。 ③G83 固定循环执行一般深孔钻，执行间歇切削进给到孔的底部，每次切削 Q 值后返回到安全平面，钻孔过程中从孔中排出切屑。 ④G73 固定循环执行高速深孔钻，执行间歇切削进给到孔的底部，每次切削 Q 值后快速移动到本次钻孔结束之前的 d 点，使用此循环指令，切屑很容易从孔中排出，并且能够设定较小的回退值

1.3　螺纹加工指令（G84、G74）

螺纹加工指令主要有两个，分别是 G84 和 G74，分别为右旋螺纹加工和左旋螺纹加工。表 5.11 介绍了螺纹加工固定循环指令的使用特点。以 G81 点钻固定循环中加工的零件为例，零件图中加工 M12 内螺纹，切深为 10mm，只编写螺纹加工程序。

表 5.11　G84 和 G74 固定循环指令使用特点

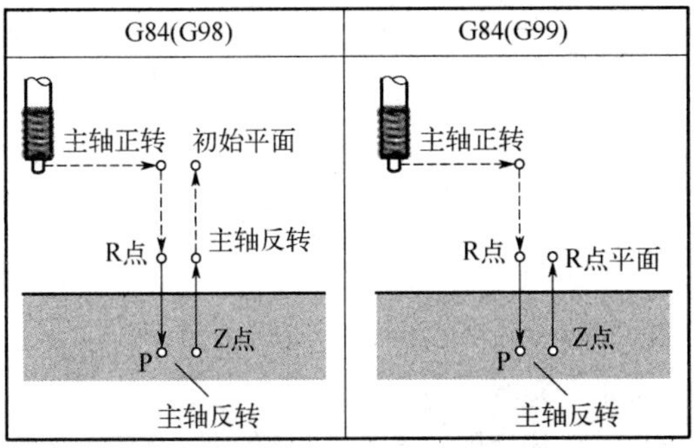

1. G84 右旋螺纹加工动作图

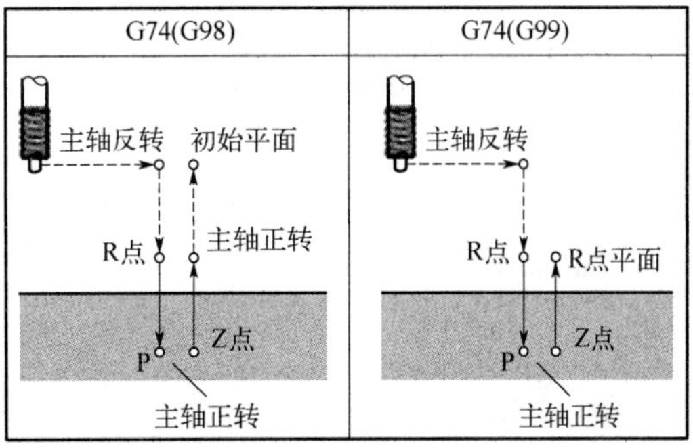

2. G74 左旋螺纹加工动作图

使用 G84 编程	使用 G74 编程	指令格式、应用及注意
N10G90G0G54X0Y0M3S20F35; N20Z50.0; N30G98G84Y25Z-10R2P2000; N40Y-25; N50M05; N60M30;	N10G90G0G54X0Y0M3S20F35; N20Z50.0; N30G98G74Y25Z-10R2P2000; N40Y-25; N50M05; N60M30;	1. G84 固定循环指令的使用格式: G98/G99 G84 X—Y—Z—R—P—F—; 2. G74 固定循环指令的使用格式: G98/G99 G74 X—Y—Z—R—P—F—; 说明: ①G84、G74 固定循环指令使用格式中字符与 G81 固定循环指令中字符含义相同; ②G84 为加工右旋螺纹，主轴正转以切削速度加工，孔底暂停，以切削速度反转退出; ③G74 为加工左旋螺纹，主轴反转以切削速度加工，孔底暂停，以切削速度正转退出; ④P 代表丝锥在螺纹孔底暂停时间（ms）; ⑤进给速度 F=转数 S(r/min)×螺纹螺距(mm)

1.4　镗孔加工指令（G76、G87）

镗孔是用镗刀将工件上的孔扩大，用来提高孔的精度和降低表面粗糙度。镗孔加工分粗镗、精镗和背镗几种情况。表 5.12 介绍了典型镗孔加工固定循环指令的使用特点。

表 5.12　典型镗孔加工固定循环指令的使用特点

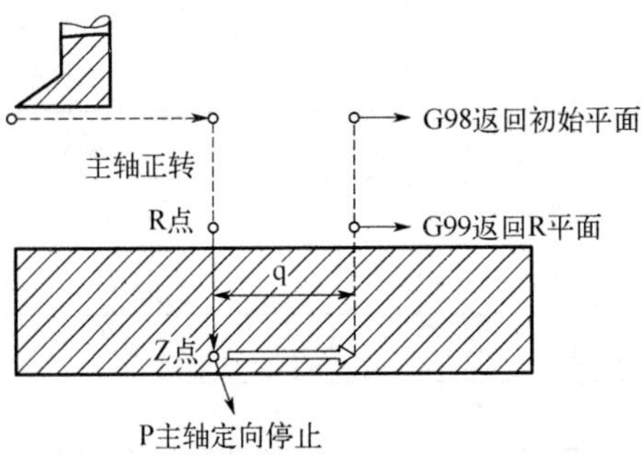

1. 精镗孔 G76 示意图

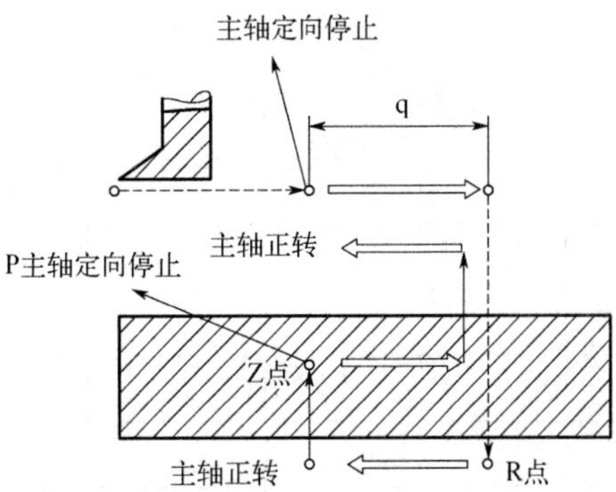

2. 背镗孔（反镗孔）示意图

续表

G76 指令格式、应用及注意	G87 指令格式、应用及注意
1. G76 精镗动作： 镗刀在初始平面快速定位到加工孔中心，然后快速定位到 R 平面，以切削速度进给到 Z 指定的孔底位置，主轴定向停止，镗刀沿刀尖相反方向移动 q 值，快速返回到 R 平面（G99）或初始平面（G98），此期间刀尖不接触加工面，保证加工面不被破坏。 2. G76 指令使用格式： G98/G99 G76 X—Y—Z—R—F—Q—P—； 说明： ①G76 固定循环指令使用格式中字符与 G81 固定循环指令中字符含义相同。 ②Q 指定刀具在孔底的偏移量，为正值，如果 Q 指定为负值，符号被忽略。在参数 NO.5101 的#4（RD1）和#5（RD2）中设定偏置方向。 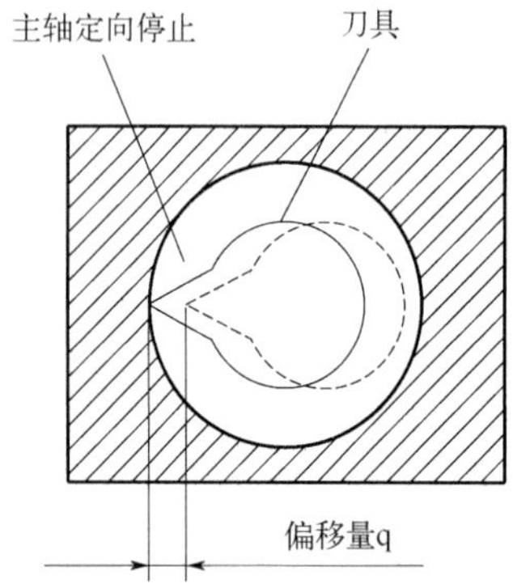 ③P 代表丝锥在螺纹孔底暂停时间，单位为 ms	1. G87 背镗孔（反镗孔）动作： 镗刀在初始平面快速定位到加工孔中心，主轴定向停止，沿刀尖相反方向移动 q 值，快速移动到孔底 R 平面，在刀尖方向按原移动量（q 值）返回，主轴正转沿 Z 轴正向镗孔直接到 Z 指定位置，主轴定向停止，沿刀尖相反方向移动 q 值，镗刀返回到初始位置，刀具在刀尖方向偏移，主轴正转，执行下一个程序段的加工。 2. G87 指令使用格式： G98/G99 G87 X—Y—Z—R—F—Q—P—； ①G76 固定循环指令使用格式中字符与 G81 固定循环指令中字符含义相同。 ②Q 指定刀具在孔底的偏移量，为正值，如果 Q 指定为负值，符号被忽略。在参数 NO.5101 的#4（RD1）和#5（RD2）中设定偏置方向。 ③P 代表丝锥在螺纹孔底暂停时间，单位为 ms

1.5　常用固定循环指令列表

FANUC 0i 数控系统加工中心中常用到的孔加工固定循环指令列表如表 5.13 所示。

表 5.13　固定循环指令

G 代码	钻削（-Z 方向）	在孔底动作	回退（+Z）方向	应用
G73	间歇进给	—	快速移动	高速深孔钻循环
G74	切削进给	停刀→主轴正转	切削进给	左旋攻螺纹循环
G76	切削进给	主轴定向停止	快速移动	精镗孔循环
G80	—	—	—	取消固定循环
G81	切削进给	—	快速移动	钻孔循环，点钻循环
G82	切削进给	停刀	快速移动	钻孔循环，锪镗循环
G83	间歇进给	—	快速移动	深孔钻循环
G84	切削进给	停刀→主轴反转	切削进给	攻螺纹循环
G85	切削进给	—	切削进给	镗孔循环
G86	切削进给	主轴停止	快速移动	镗孔循环

续表

G 代码	钻削（-Z 方向）	在孔底动作	回退（+Z）方向	应用
G87	切削进给	主轴正转	快速移动	背镗孔循环
G88	切削进给	停刀→主轴停止	手动移动	镗孔循环
G89	切削进给	停刀	切削进给	镗孔循环

2　编程实例

分析图 5.11 所示孔类加工零件图，其中 1 为ϕ30 通孔，2、4、6 需要加工 M12 内螺纹，3、5、7 需要加工ϕ12 通孔，1、2、3、4、5、6 均需加工ϕ16 沉头孔。

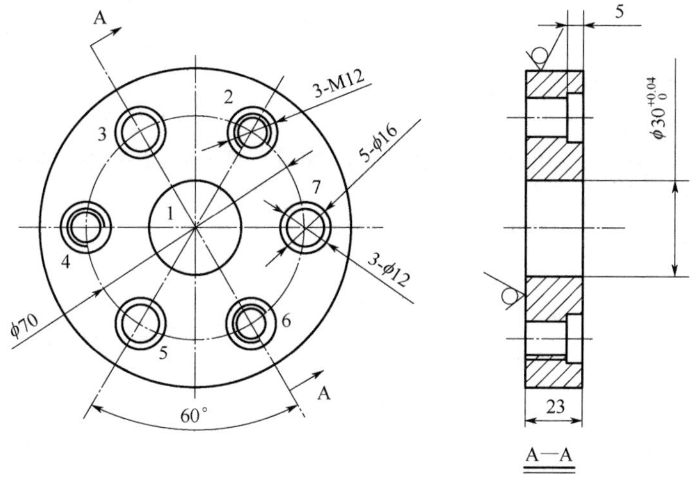

图 5.11　孔类加工零件图

2.1　工艺准备

(1) 分析图纸确定工艺过程

如图 5.11 所示，毛坯选用ϕ100 的 45 钢棒料，该材料加工性较好。按照零件尺寸精度的要求，各孔首先使用中心钻加工中心孔进行定位；然后孔 1 加工ϕ12 通孔，扩孔至ϕ28，镗孔至最终尺寸；孔 2、4、6 加工ϕ10.2 通孔，加工 M12 内螺纹；孔 3、5、7 加工ϕ12 通孔；各孔进行锪孔加工ϕ16 沉头孔。

(2) 刀具选用

1#刀：中心钻 A2.0，用于各孔打中心孔定位。2#刀：ϕ12mm 钻头，用于加工ϕ12mm 通孔。3#刀：ϕ28mm 钻头，用于扩孔。4#刀：ϕ30mm 精镗刀，用于精镗 7 孔。5#刀：ϕ10.2mm 钻头，用于加工 M12 螺纹底孔。6#刀：M12 丝锥，用于加工 M12 内螺纹。7#刀：ϕ16mm 锪孔刀，用于加工ϕ16 沉头孔。

(3) 走刀路线的确定

根据图 5.11，首先加工 1 通孔，2、4、6 螺纹孔，3、5、7 通孔，然后按 2、3、4、5、6、7 的顺序加工沉头孔，各孔的中心坐标值如表 5.14 所示。

表 5.14　各孔中心坐标值

序号	*X* 坐标	*Y* 坐标	序号	*X* 坐标	*Y* 坐标
S	0	0	4	-35	0
1	0	0	5	-17.5	-30.311
2	17.5	30.311	6	17.5	-30.311
3	-17.5	30.311	7	35	0

2.2　编制加工程序

(1) 加工图 5.11 所示零件的参考程序

加工中心孔（中心钻）：

```
O0001;
M6T1;                              调用 1#刀（中心钻）
G90G54G0X0Y0M3S1500;
Z50.0;
G98G81X0Y0R2.0Z-2.0F100;           中心孔使用 G81 点钻固定循环指令
X17.5Y30.311;
X-17.5Y30.311;
X-35.0Y0;
X-17.5Y-30.311;
X17.5Y-30.311;
X35Y0;
G80X0Y0M05;                        取消固定循环指令，主轴停转
M00;                               暂停
```

加工孔 1（ϕ12mm 钻头，ϕ28mm 钻头，ϕ30mm 镗刀）：

```
M6T2;                              调用 2#刀（ϕ12mm 钻头）
G90G54G0X0Y0M3S800;
Z50.0;
G98G83X0Y0R2.0Z-30.0F40Q2.0;       加工孔 1 使用 G83 深孔钻固定循环
G80X0Y0M05;                        取消固定循环指令，主轴停转
M6T3;                              调用 3#刀（ϕ28mm 钻头）
G90G54G0X0Y0M3S800;
Z50.0;
G98G73X0Y0R2.0Z-30.0F40Q2.0;       扩孔 1 使用 G73 快速深孔钻固定循环
G80X0Y0M05;                        取消固定循环指令，主轴停转
M6T4;                              调用 4#刀（ϕ30mm 镗刀）
G90G54G0X0Y0M3S800;
Z50.0;
G98G85X0Y0R2.0Z-25.0F40Q0.5;       镗孔 1 使用 G85 精镗孔固定循环
G80X0Y0M05;                        取消固定循环指令，主轴停转
M00;                               暂停
```

加工螺纹孔 2、4、6（ϕ10.2mm 钻头，M12 丝锥）：

```
M6T5;                                   调用 5#刀（φ10.2mm 钻头）
G90G54G0X0Y0M3S1500;
Z50.0;
G98G83X17.5Y30.311R2.0Z-25.0F100Q2.0;   使用 G83 深孔钻固定循环指令
X-35.0Y0;
X17.5Y-30.311;
G80X0Y0M05;                             取消固定循环指令，主轴停转
M6T6;                                   调用 6#刀（M12 丝锥）
G90G54G0X0Y0M3S20;
Z50.0;
G98G84X17.5Y30.311R2.0Z-25.0F35P2000;   使用 G84 右旋螺纹固定循环指令
X-35.0Y0;
X17.5Y-30.311;
G80X0Y0M05;                             取消固定循环指令，主轴停转
M00;                                    暂停
```

加工通孔 3，5，7（ϕ12mm 钻头）：

```
M6T2;                                   调用 2#刀（φ12mm 钻头）
G90G54G0X0Y0M3S1500;
Z50.0;
G98G83X-17.5Y30.311R2.0Z-25.0F100Q2.0;  使用 G83 深孔固定循环指令
X-17.5Y-30.311;
X35Y0;
G80X0Y0M05;                             取消固定循环指令，主轴停转
M00;                                    暂停
```

加工沉头孔 2，3，4，5，6，7（ϕ16mm 锪孔刀）：

```
M6T7;                                   调用 7#刀（φ16mm 锪孔刀）
G90G54G0X0Y0M3S1500;
Z50.0;
G98G81X17.5Y30.311R2.0Z-5.0F100.0;      使用 G81 固定循环指令
X-17.5Y30.311;
X-35.0Y0;
X-17.5Y-30.311;
X17.5Y-30.311;
X35Y0;
G80X0Y0M05;                             取消固定循环指令，主轴停转
M30;                                    程序结束
```

（2）计算机仿真软件模拟加工

在计算机仿真软件中选择ϕ100 的 45 钢棒料，设置好刀具。完成对刀设置，设置完成编程坐标系，输入加工程序，模拟加工过程，仿真结果如图 5.12 所示。

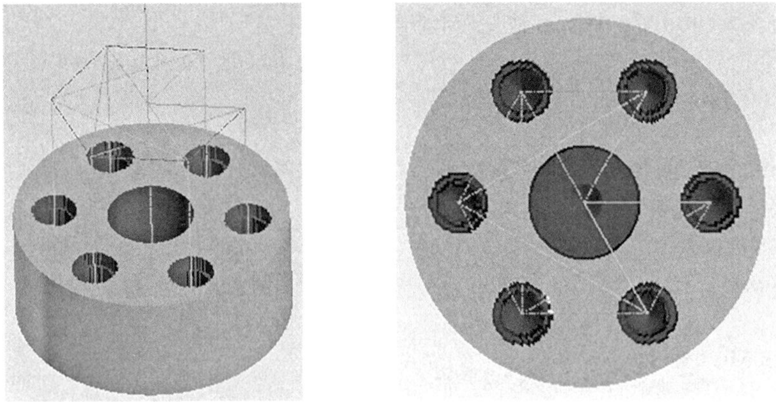

(a) 三维图　　(b) 二维图

图 5.12　仿真加工

3　补充编程指令

极坐标应用指令（G15、G16）可实现坐标值用极坐标（半径和角度）输入。

格式：G90/G91 G16;　　　　开启极坐标功能

G90/G91 G01 X_ Y_ F_;

G00 X_ Y_;　　　　极坐标指令

….

G15;　　　　取消极坐标功能

其中，G16 为启用极坐标；X 为极坐标半径；Y 为极角（“+值”为逆时针方向，“-值”为顺时针方向）；G15 为取消极坐标。

说明：

1）开启极坐标功能中的 G90 指定工件坐标系的零点作为极坐标系的原点，从该点测量半径，如图 5.13（a）所示；开启极坐标功能中的 G91 指定刀具当前点作为极坐标系的原点，从该点测量半径，如图 5.13（b）所示。

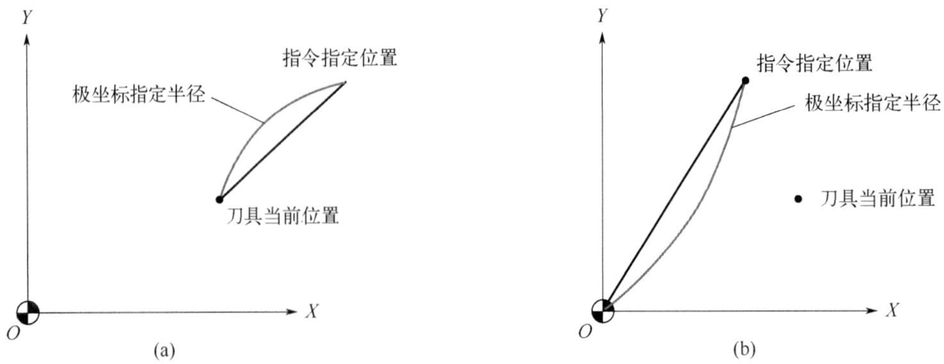

(a)　　(b)

图 5.13　极坐标半径指定

2）极坐标使用格式中的 G90 指定水平 X 轴为极角零度；极坐标使用格式中的 G91 指定工件坐标系零点和刀具当前位置点连线为极角零度。当极坐标原点在工件坐标系零点位置上时，极坐标格式中 G90 的使用如图 5.14（a）所示，G91 的使用如图 5.14（b）所示。

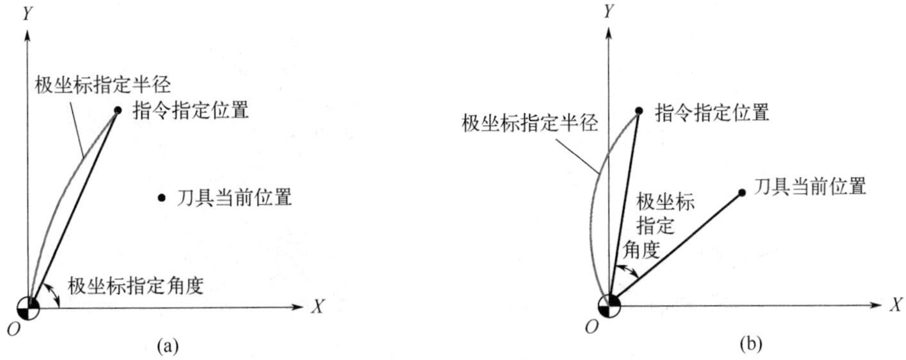

图 5.14 极坐标角度指定 1

当极坐标原点在刀具当前所在位置上时，极坐标格式中 G90 的使用效果如图 5.15（a）所示，G91 的使用如图 5.15（b）所示。

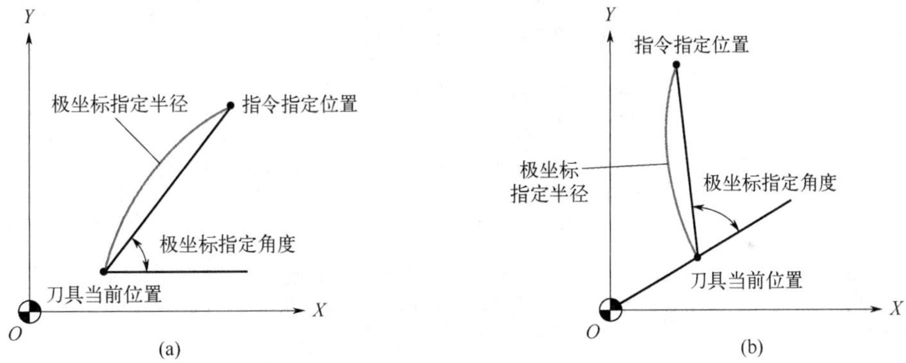

图 5.15 极坐标角度指定 2

课题五 工件坐标系旋转功能、镜像功能、缩放功能使用

本课题主要介绍工件坐标系旋转指令、镜像功能指令、缩放功能指令的使用格式，通过学习掌握这些功能在工件加工过程中的使用方法。

1 编程指令介绍

1.1 工件坐标系旋转功能应用

利用工件坐标系旋转指令，可将工件旋转某一指定的角度，如果工件的形状由许多相同的图形组成，则可将图形单元编成子程序，然后用主程序的旋转指令调用，可以简化编程，省时、省存储空间。表 5.15 利用实例给出了工件坐标系旋转功能的使用方法。

注意：此加工不考虑刀具直径。

表 5.15　G68 指令使用方法

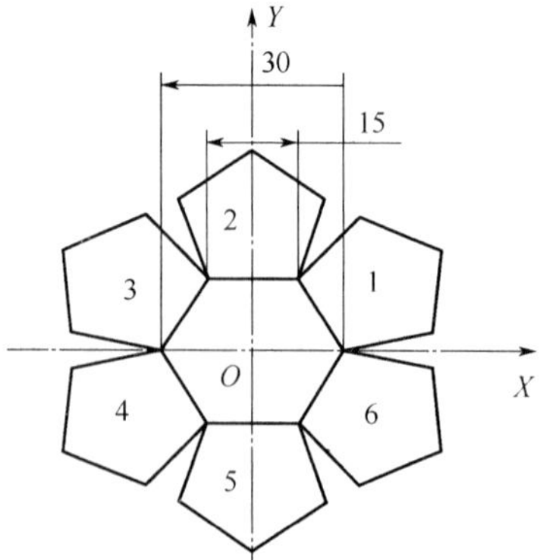

1. 零件图

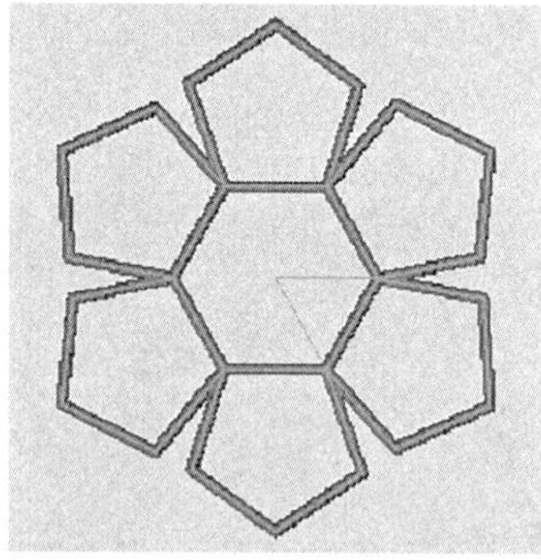

2. 二维加工图

使用 G68 编程	程序解释	指令格式、应用及注意
主程序为： O1； G0G54G90X0Y0M3S1000F60； Z50.0； Z2.0M08； M98P100；	 调用 100 子程序加工零件图中的 1；	G68、G69 指令格式： G68 X— Y— R— ；坐标系开始旋转 …　没有建立坐标系旋转方式 …　之前的程序段 G69；　坐标系旋转取消指令 说明： ①加工中心，G17 平面，可省略不写。 ②X— Y—：旋转中心的绝对坐标值。 ③R—：旋转角度，编程所取形状方位（水平或垂直）到实际形状方位之间的角度。“+”逆时针旋转，“-”顺时针旋转。系统参数 5400 中 #0 设为“1”时为增量旋转角度，如果使用绝对旋转角度时，程序段中加 G90；系统参数 5400 #0 设为“0”时为绝对旋转角度，但 G91 不起作用。 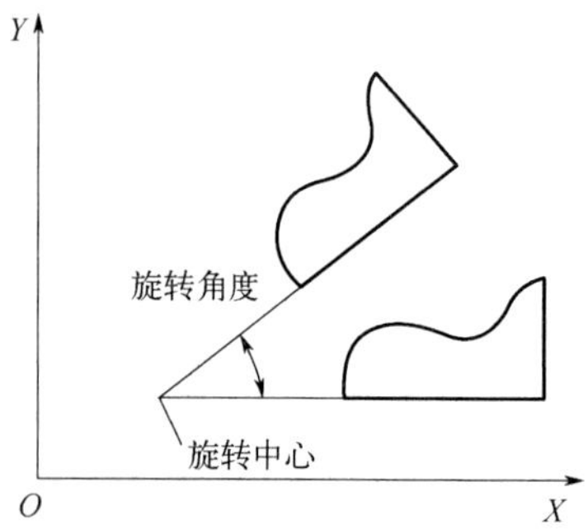 ④坐标系旋转取消指令（G69）以后的第一个移动指令必须用绝对值编程；如果用增量值编程，将不执行正确的移动
G68X0Y0R60； M98P100；	以（0，0）为中心设置旋转功能； 调用 100 子程序加工零件图中的 2；	
G68X0Y0R120； M98P100；	以（0，0）为中心设置旋转功能； 调用 100 子程序加工零件图中的 3；	
G68X0Y0R180； M98P100； G68X0Y0R240； M98P100；	以（0，0）为中心设置旋转功能； 调用 100 子程序加工零件图中的 4； 以（0，0）为中心设置旋转功能； 调用 100 子程序加工零件图中的 5；	
G68X0Y0R300； M98P100；	以（0，0）为中心设置旋转功能； 调用 100 子程序加工零件图中的 6；	
G69； G0Z100.0M09； M05； M30；	撤销工件坐标系旋转功能；	
子程序为： O100； G01X15YO； Z-10； X29.67Y3.12； X31.24Y18.04； X17.54Y24.84； X7.5Y12.99； X15Y0； Z2； M99；	加工图形 1 的子程序	

1.2　镜像功能应用

利用镜像功能指令可实现坐标轴（坐标点）的对称加工，将图形单元编成子程序，然后用主程序的镜像指令调用，可以简化编程，省时、省存储空间。表 5.16 利用实例给出了镜像功能的使用方法。

注意：此加工不考虑刀具直径。

表 5.16　镜像功能指令应用

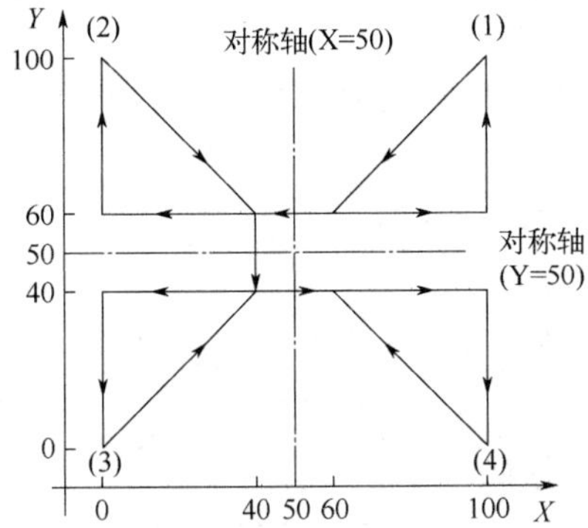

1. 零件图

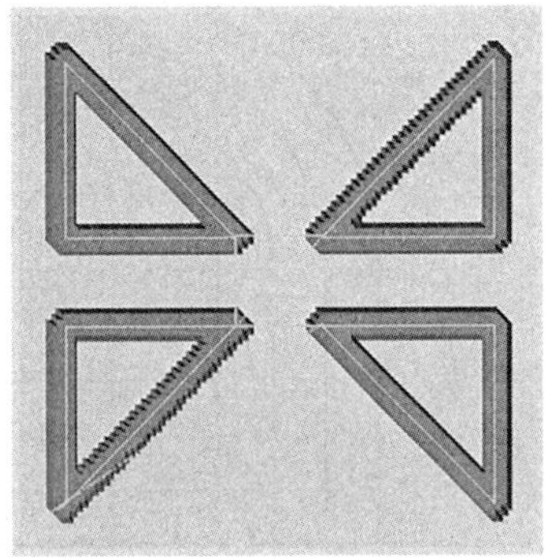
2. 二维加工图

使用 G51.1 编程	程序解释	指令格式、应用及注意
主程序为： O1； G0G54G90X0Y0M3S1000F60； Z50.0； Z2.0M08； M98P100；	 调用 100 子程序加工零件图中的（1）；	G51.1 指令格式： G51.1 X— Y— ；　设置可编程镜像 …　　镜像前原始图形的程序段 …　　一般采用调用子程序方式
G51.1X50.0； M98P100；	以 X=50 为对称轴，设置镜像； 调用 100 子程序加工零件图中的（2）；	G50.1 X— Y— ；　取消可编程镜像 说明： ①加工中心，G17 平面，可省略不写。
G51.1X50.0Y50.0； M98P100；	以（50，50）为对称点，设置镜像； 调用 100 子程序加工零件图中的（3）；	②G51.1：建立镜像功能。 ③X— Y—：用 G51.1 指定镜像的对称点（位置）和对称轴。
G51.1Y50.0； M98P100；	以 Y=50 为对称轴，设置镜像； 调用 100 子程序加工零件图中的（4）； 撤销镜像功能；	当 G51.1 指令后仅有一个坐标值时，为指定镜像轴，如 G51.1X50，指定镜像轴与 Y 轴平行，且与 X 轴在 X=50 处相交。 当 G51.1 指令后有两个坐标值时，为指定镜像点，如 G51.1X50Y50，指定镜像点为（50，50）。
G50.1X50.0Y50.0； G0Z100.0M09； M05； M30；		④用 G50.1：取消镜像功能
子程序为： O100； G01X60Y60； Z-10； X100； Y100； X60Y60； Z2； M99；	加工图形（1）的子程序	

1.3 缩放功能应用

利用缩放功能指令可实现编程形状的放大和缩小加工，将图形单元编成子程序，然后用主程序的缩放指令调用，可以简化编程，省时、省存储空间。表 5.17 利用实例给出了缩放功能的使用方法。注意：此加工不考虑刀具直径。

表 5.17 缩放功能的使用方法

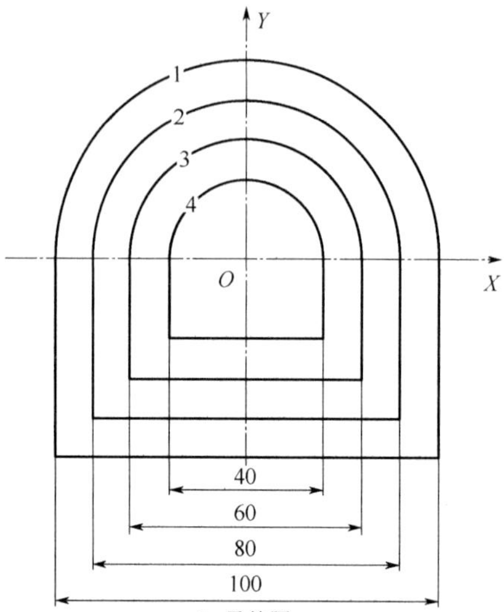

1. 零件图

2. 二维加工图

使用 G51 编程	程序解释	指令格式、应用及注意
主程序为： O1； G0G54G90X0Y0M3S1000F60； Z50.0； Z2.0M08； M98P100；	调用 100 子程序加工零件图中的 1；	G51 指令格式： 1）沿所有轴以相同的比例缩放： G51 X— Y— Z—P—；缩放开始 … 缩放前原始图形的程序段 … 一般采用调用子程序方式
G51X0Y0P800； M98P100；	以（0，0）为缩放中心，设置缩放； 调用 100 子程序加工零件图中的 2；	G50； 缩放取消 2）沿所有轴以不同的比例缩放： G51 X— Y— Z— I—J— K— ；缩放开始
G51X0Y0P600； M98P100；	以（0，0）为缩放中心，设置缩放； 调用 100 子程序加工零件图中的 3；	… 缩放前原始图形的程序段 … 一般采用调用子程序方式 G50； 缩放取消
G51X0Y0P400； M98P100；	以（0，0）为缩放中心，设置缩放； 调用 100 子程序加工零件图中的 4；	说明： ①X— Y— Z—：比例缩放中心的绝对坐标值。
G50； G0Z100.0M09； M05； M30； 子程序为： O100； G01X-50Y-50； Z-10； Y0； G02X50I50； G01Y-50； X-50； Z2； M99；	撤销缩放功能； 加工图形 1 的子程序	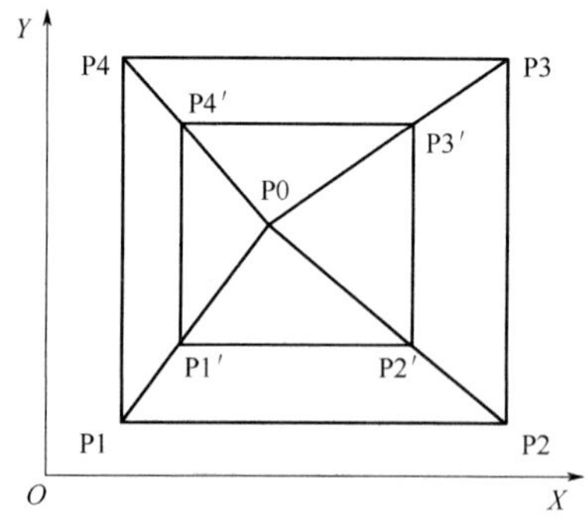 P0为缩放中心

续表

使用 G51 编程	程序解释	指令格式、应用及注意
		②P—：缩放比例，比如 G51X0Y0P2000，表示以（0，0）为缩放中心，将图形扩大 2 倍。 ③I—J— K—：各轴对应的缩放比例，比如 G51X0Y0I800J600，表示以（0，0）为缩放中心，*X* 轴和 *Y* 轴分别以 0.8、0.6 的比例进行缩放。 ④当各轴用不同的比例缩放，缩放比例为“-”时，形成镜像。 ⑤对于圆弧，各轴指定不同的缩放比例，刀具也不会走出椭圆轨迹，将以程序段中首先指定的比例来执行

2　编程实例

分析图 5.16 所示图形，由两个正六边形组成，编程方法：将大正六边形编写成子程序，主程序中使用工件坐标系旋转和缩放功能加工小正六边形。

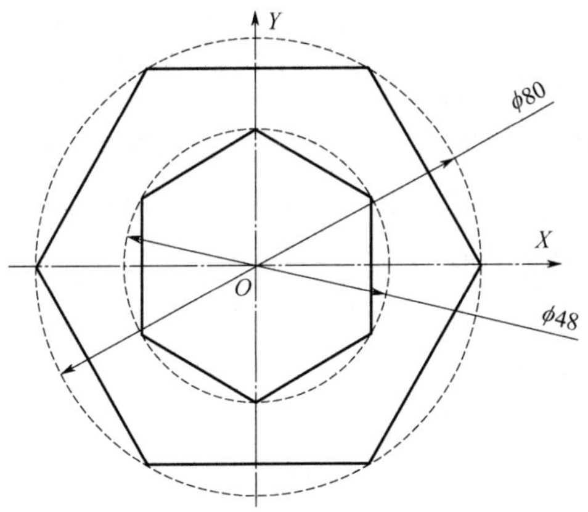

图 5.16　正六边形零件图

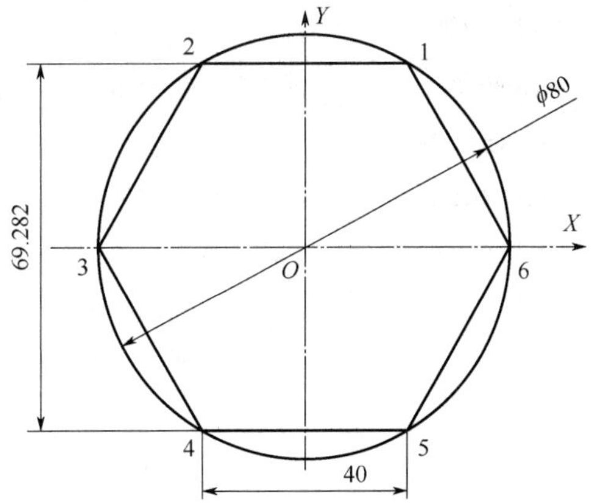

图 5.17　子程序走刀路线

2.1　工艺准备

（1）分析图纸确定工艺过程

如图 5.16 所示，毛坯选用 100mm×100mm×20mm 的 45 钢。

（2）刀具选用

选用ϕ6mm 面铣刀。

（3）走刀路线的确定

将大正六边形编写成子程序，走刀路线如图 5.17 所示，*XOY* 平面确定其基点坐标值见表 5.18。

注意：此加工不考虑刀具直径。

表 5.18　基点坐标值

序号	*X* 坐标	*Y* 坐标	序号	*X* 坐标	*Y* 坐标
S	0	0	1	20	34.641

续表

序号	X 坐标	Y 坐标	序号	X 坐标	Y 坐标
2	-20	34.641	5	20	-34.641
3	-40	0	6	40	0
4	-20	-34.641			

2.2 编制加工程序

（1）加工图 5.16 所示零件的参考程序

主程序为：

```
O0001;
G0G54G90X0Y0M3S1000F60;
Z50.0;
Z2.0M08;
M98P100;            调用 O100 号子程序加工大正六边形
G68X0Y0R90;         使用工件坐标系旋转功能，以（0，0）为旋转中心，逆时针旋转 90°
G51X0Y0P600;        使用缩放功能，以（0，0）为缩放中心，将图形缩小到原图形的 0.6 倍
M98P100;            调用 O100 号子程序加工小六边形
G50;                取消缩放功能
G69;                取消工件坐标系旋转功能
M05M09;
M30;
```

子程序为：

```
O100;
G01X20Y34.461;
Z-10;
X-20Y34.461;
X-40Y0;
X-20Y-34.461;
X20Y-34.461;
X40Y0;
X20Y34.461;
Z2;
M99;
```

（2）计算机仿真软件模拟加工

在计算机仿真软件中选择 100mm×100mm×20mm 的 45 钢，设置好刀具。完成对刀设置，设置完成编程坐标系，输入加工程序，模拟加工过程，仿真结果如图 5.18 所示。

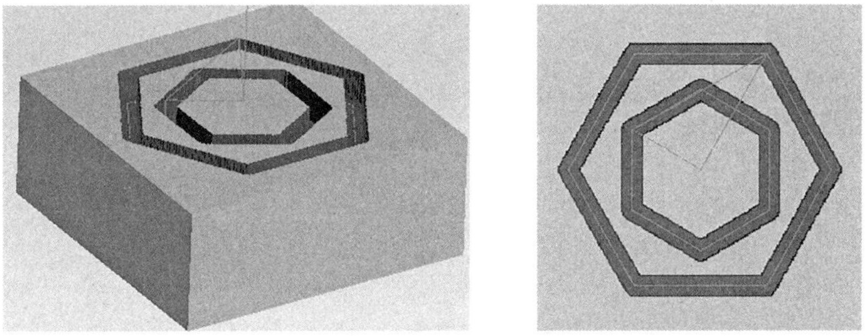

(a) 三维图　　(b) 二维图

图 5.18 仿真加工

课题六 宏程序功能使用

对于椭圆、双曲线、抛物线等公式曲线的轮廓，没有专门的指令来指定，可以利用宏程序进行编程，本课题以椭圆为例介绍宏程序在程序编制中的使用方法。

1 编程指令介绍

宏程序允许使用变量、算术和逻辑运算及条件转移，所以能够使用宏程序编制除直线、圆弧之外的复杂公式曲线轮廓，也使得编制同样的加工程序更简单。宏程序所用基础知识在数控车床模块中已作介绍，不再复述。

2 编程实例

图 5.19 所示椭圆，其中长轴为 50、短轴为 30，使用宏程序编制该轮廓。

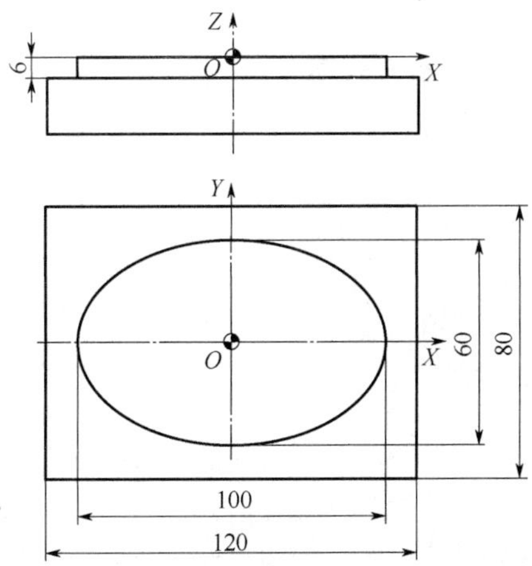

图 5.19 椭圆零件图

2.1 工艺准备

（1）分析图纸确定工艺过程

如图 5.19 所示，毛坯选用 120mm×80mm×20mm 的 45 钢。

（2）刀具选用

选用ϕ6mm 面铣刀。

（3）走刀路线的确定

为了避免出现接刀痕迹，椭圆加工时采用圆弧切入圆弧切除的方式，如图 5.20 为走刀路线。*XOY* 平面确定其基点坐标值，见表 5.19。

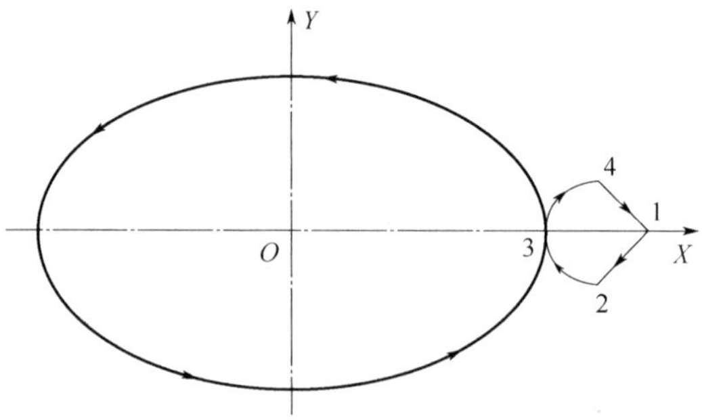

图 5.20　椭圆走刀路线

表 5.19　基点坐标值

序号	*X* 坐标	*Y* 坐标	序号	*X* 坐标	*Y* 坐标
S	0	0	3	50	0
1	70	0	4	60	10
2	60	-10	1	70	0

2.2　编制加工程序

（1）加工图 5.19 所示零件的参考程序

```
O0001;
M6 T1;
G90 G0 G54 X70 Y0 M3 S1000;
Z50.0;
Z2.0 M8;
G1 Z-6.0 F50;
#1=0;
G42 X60.0 Y-10.0 D1 F100;              刀具半径右补偿进行逆时针加工
G2 X50.0 Y0 R10.0;                     圆弧切入
WHILE  [#1 LE 360.0] DO 1;             使用宏程序开始加工椭圆
#2=50.0 *COS [#1] ;
#3=30.0*SIN [#1] ;
G1 X#2 Y#3;
#1=#1+1.0;
END 1;
```

```
G2 X60.0 Y10.0 R10.0;          圆弧切出
G1 G40 X70.0 Y0;               取消刀具半径补偿
G0 Z100.0 M9;
M05;
M30;
```

（2）计算机仿真软件模拟加工

在计算机仿真软件中选择 120mm×80mm×20mm 的 45 钢，设置好刀具。完成对刀设置，设置完成编程坐标系，输入加工程序，模拟加工过程，仿真结果如图 5.21 所示。

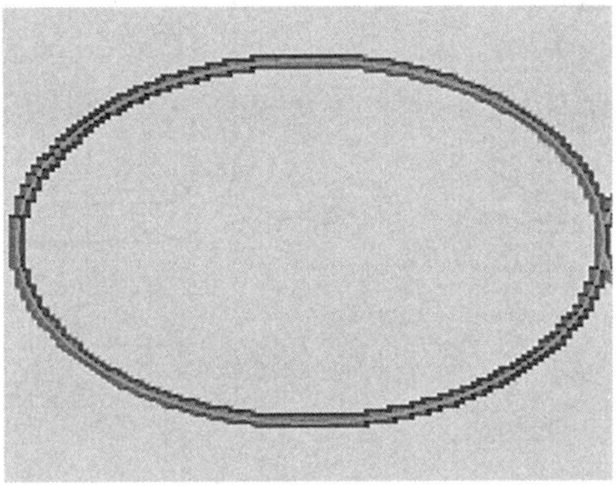

图 5.21　仿真加工

课后习题

1. 用ϕ4mm 键槽铣刀铣如图 5.22 所示图形，深度为 2mm，试编写其数控加工程序。

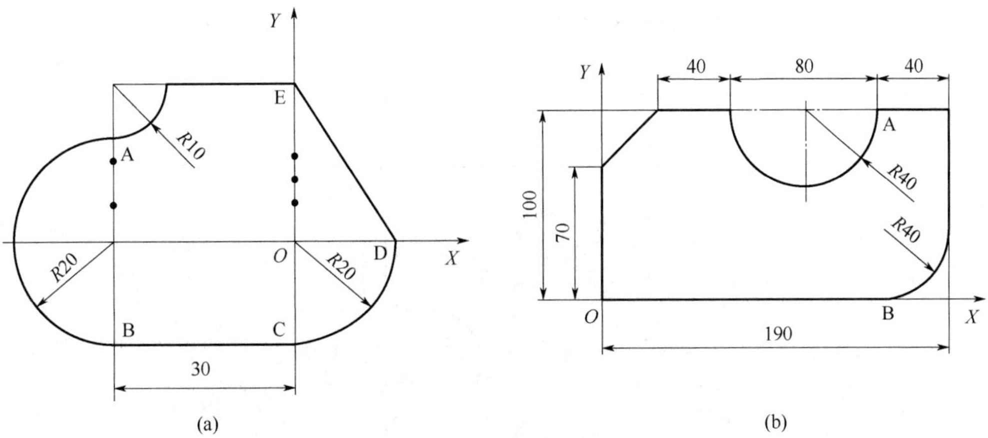

图 5.22　练习零件图 1

2. 加工图 5.23 所示外轮廓，采用刀具半径补偿指令编程。

3. 所需板材尺寸自选，雕刻字体自选，工艺过程自设，设计选择下列内容之一：“爱我中华”“祖国母亲”“我爱中国”“华夏万岁”“这么近，那么美，周末到河北”“自强创新”等，也可自己设计创意方案。

4. 加工图 5.24 所示综合件，试编写其加工程序。

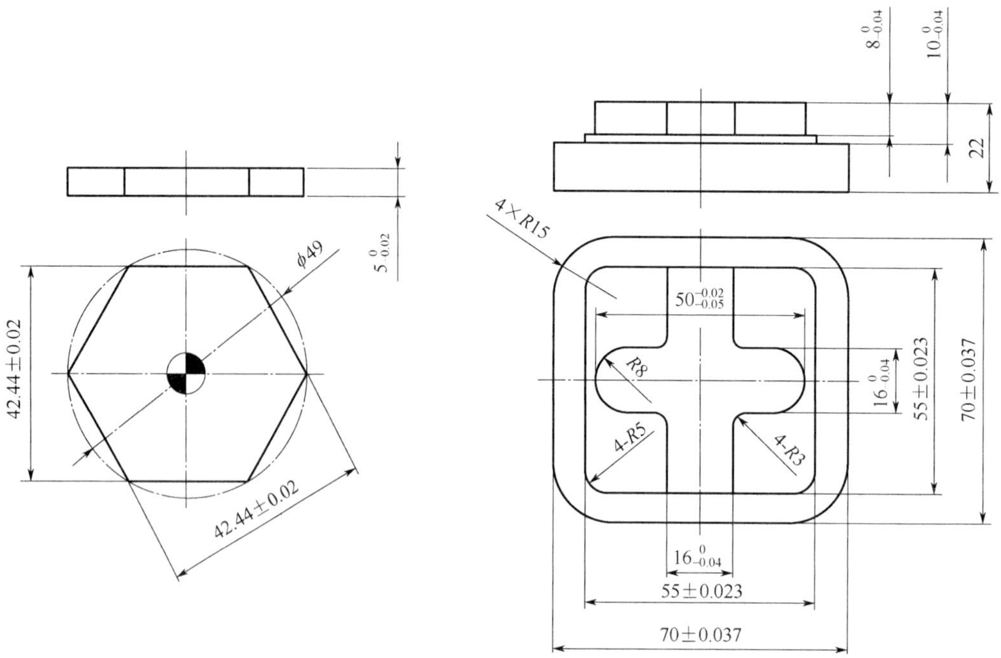

(a)　　　　　　　　　　(b)

图 5.23　练习零件图 2

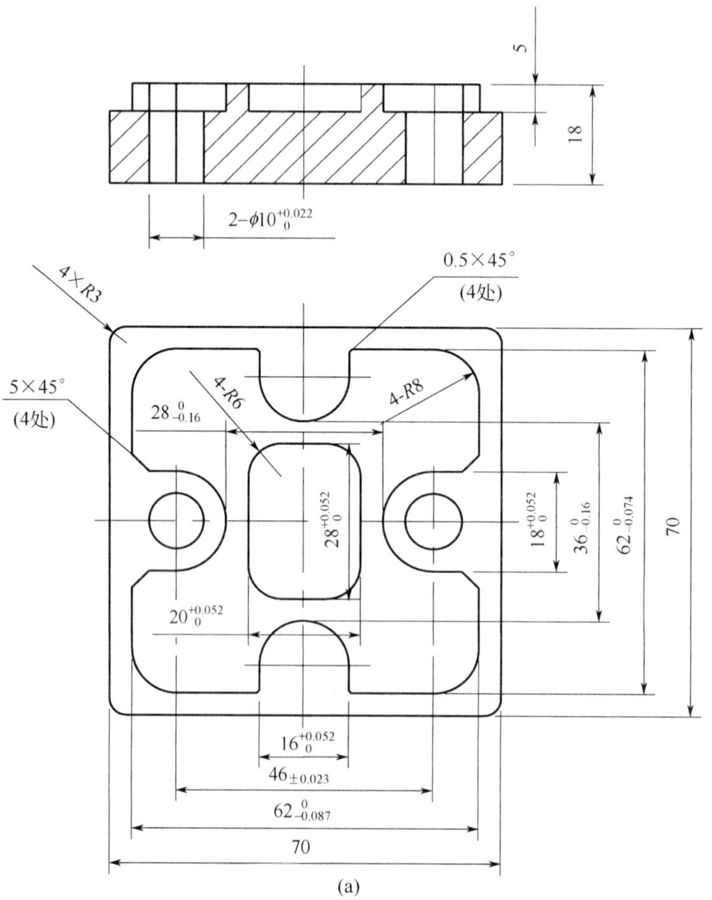

(a)

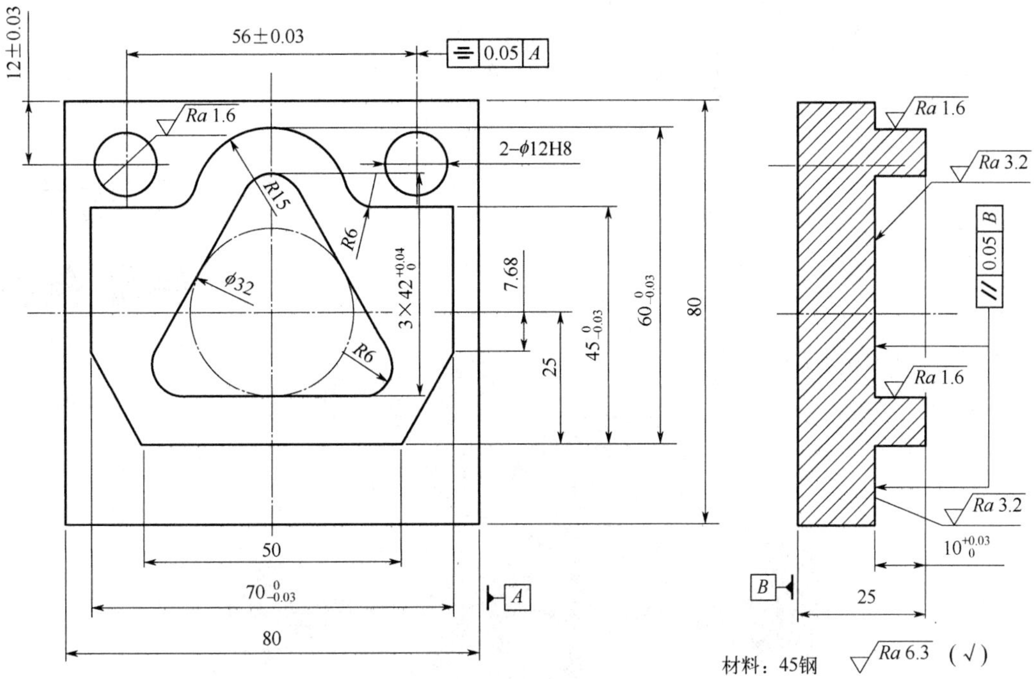

(b)

图 5.24　练习零件图 3

·模块六·

自动编程

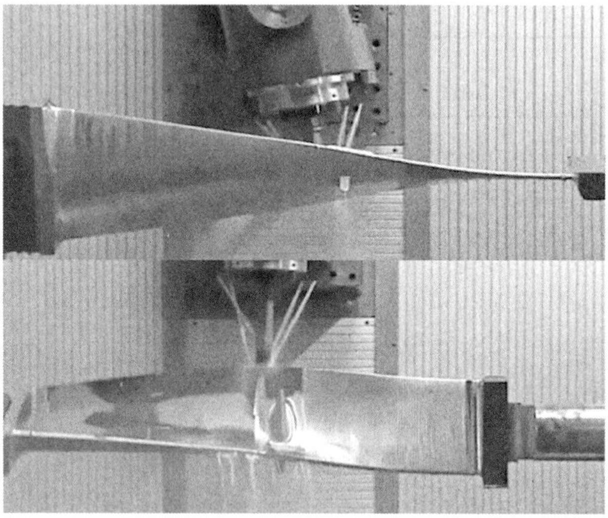

知识引入

数控自动编程技术在数控机床发展的历程中占据重要的位置，表现为：编程效率大幅提高、加工精度极大保证、复杂形状零件的加工精度显著提升，有效促进数控机床智能化发展。

本模块就智能加工自动编程技术做简要介绍，为后续学习奠定基础。

课题一　自动编程基础

自动编程是根据零件设计要求、技术要求和能够满足的工艺条件，借助计算机辅助软件相关功能模块，自动生成刀位数据文件，完成后置处理，转化生成数控加工程序，实现自动编制程序的一种方法和过程。

自动编程时，计算机系统根据给定的轨迹点或图形、切削用量参数、刀具参数、辅助参数等自动完成数学处理、程序代码生成、程序校验等工作，程序编制效率高，针对复杂几何形状零件，手工编程方法计算量大、精度低、费时费力，借助计算机的强大计算功能，自动编程能够轻松解决上述问题。根据计算机系统提供可视化刀具中心的运动轨迹，编程人员查找轨迹缺陷，检查数控程序，针对不足之处及时修改、弥补、完善，获得最优的加工程序，然后通过磁盘或通信接口导入数控机床，待一切准备就绪，启动程序实现零件加工。

1 自动编程方式的分类

（1）语言自动编程

数控语言自动编程系统主要由零件源程序和编译软件组成。

零件源程序常用直接编写语言——APT。

APT（automatically programmed tool）是一种符号语言，运用英语单词或其简写形式与数字、字符连用表达不同的含义，用来表述工件几何形状、进给速度、刀具相对于工件的运动轨迹和位置等。

例如：

CUTTER/8　　刀具直径 8mm；

LN1=LINE/20，20，30，70　　直线起点（20，20），终点（30，70）；

CIR=CIRCLE/10，0，50，50，100　　圆弧起点（10，0），终点（50，50），半径 100；

FROM/SETPT　　从点 SETPT 开始运动；

FEDRAT/200　　进给速度 200mm/min；

GOTO/PT1　　刀具运动到点 PT1 的位置；

（2）图形自动编程

计算机软件上建立加工零件的二维或三维模型，针对该模型进行工艺规划制订、加工刀具选择、切削用量确定及走刀方式设定等一系列辅助工作，之后由计算机自动完成机床刀具中心运动轨迹数据的计算（刀补计算）和加工程序代码的生成工作，进一步检查与模拟仿真生成的程序，检验程序是否合格。

图形自动编程不需要使用数控 APT 源程序语言，几何模型形象立体，参数设置直观，数据计算高效，程序生成快速。很多 CAD/CAM 软件都有内置图形自动编程功能模块，实现图形几何建模→数控代码生成，方便快捷。

2 图形自动编程的工作过程

图形自动编程软件使用交互式人机界面，简洁直观，操作方便快捷。图形自动编程工作原理：获取图样→几何造型→刀具路径文件→后置处理和模拟仿真→数控加工程序→数控机床加工零件，实现一体化流程。过程如图 6.1 所示。流程先进简捷，被国内外 CAD/CAM 软件普遍采用，已成为数控自动编程方法主流思路。

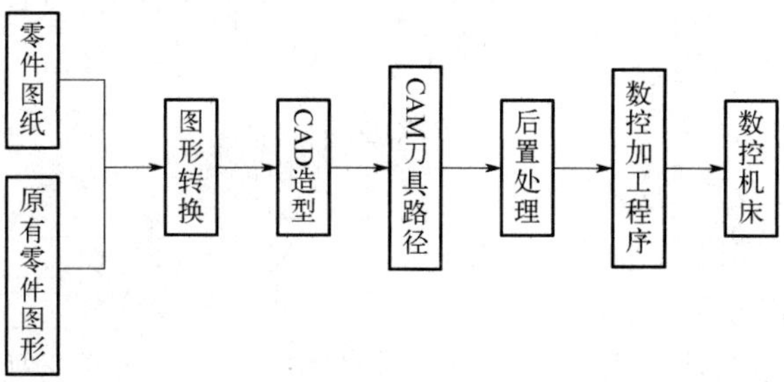

图 6.1 自动编程流程

基于 CAD/CAM 软件的数控自动编程的具体步骤如图 6.2 所示。

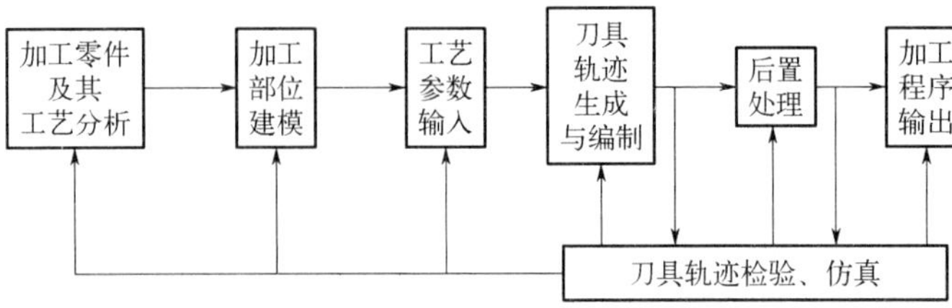

图 6.2 自动编程具体步骤示意图

(1) 加工零件及其工艺分析

作为数控编程的基础内容、编程顺利进行的保障，加工零件及工艺分析的主要任务包括四点：

① 核准零件几何尺寸、公差及精度要求；

② 确定加工方法，明确选用工具、夹具、量具及刀具的种类及型号；

③ 以简化编程为目的，选取合适的点作为零件编程原点，建立编程坐标系；

④ 确定工件装夹方案，制订合理走刀路线及工艺参数。

(2) 零件加工部位建模

零件几何模型获取和建立的三种方法：

① 编程软件具有 CAD 设计功能模块；针对结构复杂零件，编程软件 CAD 模块功能较弱，达不到模型设计要求时，采用第②种方法。

② 软件本身不具备自动编程功能或自动编程能力较弱，但拥有强大的图形设计功能，通过标准图形转换接口，转换成编程软件系统的图形格式。

③ 实体零件，采用三坐标测量机实测数据或利用三维激光扫描仪扫描数据，直接生成三维模型而后进行修改。

(3) 工艺参数输入

将零件工艺分析过程中确定的相关工艺参数通过交互界面输入自动编程系统，常见工艺参数有：

① 刀具类型、尺寸与材料；

② 切削用量及精加工余量等；

③ 毛坯信息，如尺寸、材料等；

④ 其他信息，如安全平面、线性逼近误差、刀具轨迹间的残留高度、进退刀方式、走刀方式、冷却方式等。

(4) 生成刀具路径

① 确定加工类型（如轮廓、点位、挖槽或曲面加工等）；

② 确定加工部位及切削加工路线；

③ 选取或输入所需的工艺切削参数；

④ 系统生成刀位文件。

注意：刀位轨迹生成后，系统将自动显示刀具轨迹，在人工交互方式下对不合适的刀具轨迹可进行编辑与修改。

自动编程系统通过自身的验证与仿真模块，检查刀具轨迹的正确性与合理性。例如：

检验加工中过切、刀具与约束面干涉或碰撞等现象是否发生；模拟显示刀具运动的加工轨迹，可以直观地检查编程过程中可能出现的错误，基本具有试切加工的效果。

（5）后置处理、程序输出

后置处理：刀位文件转换为 G 代码程序。

加工程序输出：

① 不同数控装置的指令格式不尽相同，因此自动编程系统需提供针对不同数控装置的专用或通用后置处理文件；将加工程序输出打印，供人工查阅；

② 加工程序存储，用于保存或转移到数控机床上使用；

③ 通过标准通信接口，加工程序可以直接输送到数控装置执行加工操作。

3 国内外典型的 CAM 软件简介

数控自动编程技术在数控机床发展的历程中占据重要的位置，表现为：编程效率大幅提高、加工精度保证、复杂形状零件的加工精度显著提升、数控机床智能化发展有效促进。

当前国内外典型的数控机床自动编程应用软件包括：

Creo——实现“信息化带动工业化”战略的重要技术支撑工具。

UG——航空制造企业飞机零部件高精度复杂曲面数控加工优选工具。

Catia——复杂型面设计能力逐步取代 UG，成为满足超精密复杂型面设计需求的前沿工具。

MasterCAM——功能实用，性能优异，价格亲民。

CAXA 制造工程师——国产 CAD／CAM 软件之星，在国内 CAM 市场中占据一席之地。

典型 CAM 软件见表 6.1。

表 6.1 典型 CAM 软件一览表

软件名称	Creo	UG（Siemens NX）	CATIA	MasterCAM	CAXA 制造工程师
出品国家	美国	美国（后被西门子收购）	法国	美国	中国
出品公司	PTC 公司	西门子数字工业软件	Dassault 公司	CNC Software 公司	北京数码大方科技股份有限公司
发展历程	2010 年推出，PTC 公司闪电计划第一个产品，经历多个版本更新	最初由美国 McAuto 公司开发，后被西门子公司收购；历经多次重大版本更新	在一些关键技术领域，采取 CATIA 的高质量设计建模技术+ UG 强大编程加工功能，二者结合，搭配使用	较早推出的CAD/CAM 软件，不断升级更新，在数控加工领域发展成熟	国内最早开发的制造业信息化领域软件，多年发展，产品不断丰富，CAD/CAM/PDM 业界领导者和主要供应商
软件性质	新型 CAD 设计软件包	三维参数化软件，集CAD、CAM、CAE 功能于一体的集成软件	高端三维设计软件 CAD/CAM/CAE 一体化软件，在所有 CAD 三维软件中位居前列；拥有强大曲面造型功能	基于 PC 机平台的 CAD／CAM 一体化集成软件，侧重于数控加工编程	国产自主研发的 CAD／CAM 工业软件，提供数字化设计、制造、产品管理等
应用领域	机械设计、电子、工业造型、汽车制造等行业新产品开发	航空航天、汽车、医疗、工业机械等，在模具设计与制造方面应用广泛	航空航天、汽车、船舶、机械制造等，复杂曲面和高精度设计要求高的领域	机械加工制造行业，模具制造、零部件加工等。我国制造业及教育界应用较多	机械制造、汽车、电子等工业领域

续表

主要功能	整合参数化设计、直接建模技术和三维可视化技术，具备互操作性、易用特点，覆盖产品开发全领域	综合线框、曲面、实体造型，基于参数化和特征设计功能，建模和数控加工编程功能强大	丰富的 3D 建模工具，完成顶级曲面设计，高效装配设计，满足复杂零件的数控加工要求，强大的编程能力	设计（CAD）部分拥有完整曲线曲面功能；加工（CAM）部分生成车削、铣削、线切割刀具路径，进行加工模拟	二维、三维软件，设计、工艺和制造功能。应用于数控车床、2～5 轴数控铣床与加工中心、钻削数控加工编程软件
组成模块	CreoParametric、Creo Direct、CreoSimulate、逆向工程、运动模拟和有限元分析等多个应用程序	CAD、CAM、CAE 多个功能模块，如数控车削、铣削、线切割等模块	Part Design、Assembly Design、Surface Design 等多个模块	三大模块：Mill、Lathe、Wire 组成，各模块内置 CAD 系统	电子图板、实体设计、制造工程师、协同管理 PDM 等模块
典型应用	复杂机械产品设计与开发，如发动机缸体设计	汽车覆盖件模具设计、航空发动机叶片加工	法制幻影系列战斗机、波音 737、波音 777 的开发设计；汽车外形曲面设计	机械零件、模具型腔的数控加工	二维绘图、三维建模与简单加工
性价比	价格较高，适合对产品研发高要求的企业。复杂设计软件价格年费2万～十几万元人民币不等	价格较高，对大型企业和复杂项目而言性价比高。按版本和功能模块收费，价格相差较大，十几万～几十万元人民币不等	高端制造优势明显，模块组合收费，价格昂贵。几十万～几百万人民币不等。对大型特定行业企业而言性价比高	价格相对较低，性能优越，功能实用，国内民用行业数控编程选择应用较多的软件。对中小企业而言性价比高	价格相对较低，服务与技术支持好，性价比高。在国内市场应用较多，在中小企业产品设计和制造中比较受欢迎

课后习题

1. 自动编程分类。
2. 简述图形自动编程工作过程。
3. 国内外典型 CAM 编程软件应用比较。

课题二　自动编程实例

1 MasterCAM 软件组成及实操过程

MasterCAM 软件凭借其功能的全面性和操作的便捷性，成为机械加工领域的重要工具。MasterCAM 软件系统核心模块可分为设计（CAD）和加工（CAM）两大部分。

CAD 设计主要依托 Design 模块实现，该模块具备强大的曲线曲面设计能力，能够精准绘制和编辑二维、三维空间曲线，支持生成复杂的方程曲线；运用 NURBS、PARAMETERICS 等数学模型，能够提供多种曲面生成方法，并拥有丰富的曲面编辑工具，可满足多种类型复杂零件的设计需求。

CAM 加工由 Mill、Lathe 和 Wire 三大功能模块实现，每个模块都内置独立完整的 CAD 设计系统，实现设计与加工的无缝衔接。Mill 模块专注于铣削加工，快速生成刀具路径，适用于外形铣削、型腔加工、钻孔加工等多种工艺，该模块的模拟功能直观呈现加工过程；Lathe 模块负责车削加工，生成刀具路径，适用于粗精车、切槽以及车螺纹等加工操作；Wire 模块服务于线切割激光加工，生成加工路径，编制各类线切割加工程序，尤其在 2 ~ 4 轴上下异形加工模拟方面表现出色，该模块还支持各种 CNC 控制器。

实操过程中，首先使用 Design 模块完成零件的三维建模或导入已有的 CAD 模型；然后根据加工工艺需求，选择对应的 CAM 模块，如铣削、车削或线切割模块；之后设置加工参数，包括刀具类型、切削用量、加工余量等；生成刀具路径，并通过软件的模拟功能进行加工过程仿真，检查刀具路径是否合理，是否存在干涉或碰撞；最后，后置处理功能将刀具路径转化为数控机床能够识别的 NC 代码，传输送至对应数控系统的数控机床，完成零件加工。

目前，在我国制造业及教育业，MasterCAM 软件凭借强大的功能、简捷易学的特性、低廉的价格得到广泛应用。

2 MastercamX 实例应用

启动 MastercamX 软件，初始界面如图 6.3 所示。主菜单选择“C 构图”，应用相关指令按图 6.4 给出的尺寸绘制图形，绘图完成后，设置边界，得到加工模型图，如图 6.5 所示，保存文件名为 2.MCX。打开 2.MCX 加工模型图，经一系列铣削刀具路径加工操作及后处理操作后生成 NC 程序。以此为例描述具体操作过程。

图 6.3 MastercamX 软件初始界面

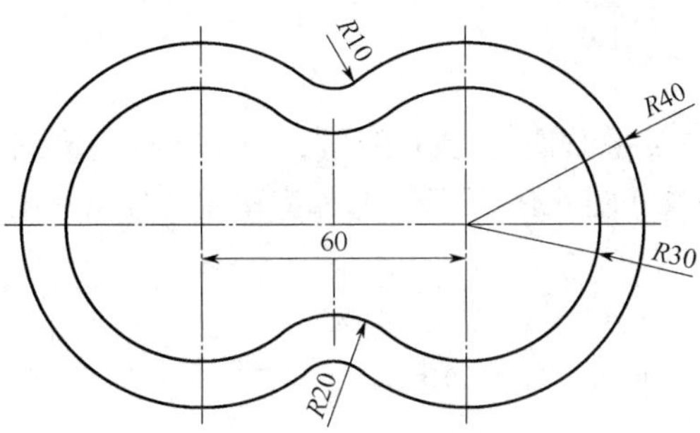

图 6.4 模型尺寸图

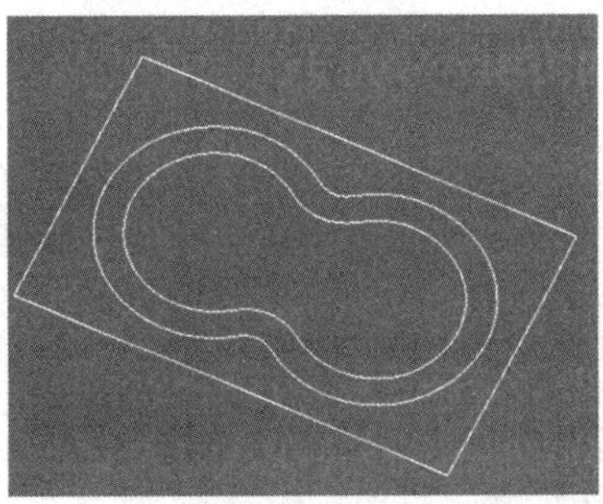

图 6.5 加工模型图

（1）选择加工模块和设置毛坯

1）主菜单选择“M 机床类型”→“M 铣床”→“3 C: \MCAMX\CNC-MACHINES\MILL 3-AXIS VMC MM.MMD”（加工设备）命令，选择立式三轴铣床。

2）单击左侧操作管理器 ⊟ 山 属性 - 3 - AXIS VMC → ◈ 材料设置 图标→加工群组属性（材料设置）对话框，如图 6.6 所示，单击“B 边界盒”按钮→“边界盒选项”设置，对话框如图 6.7 所示，单击“√”按钮。

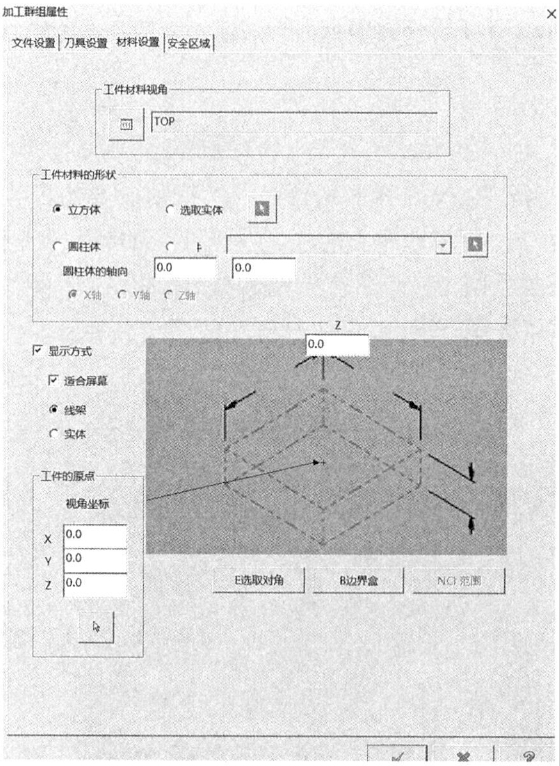

图 6.6　材料设置

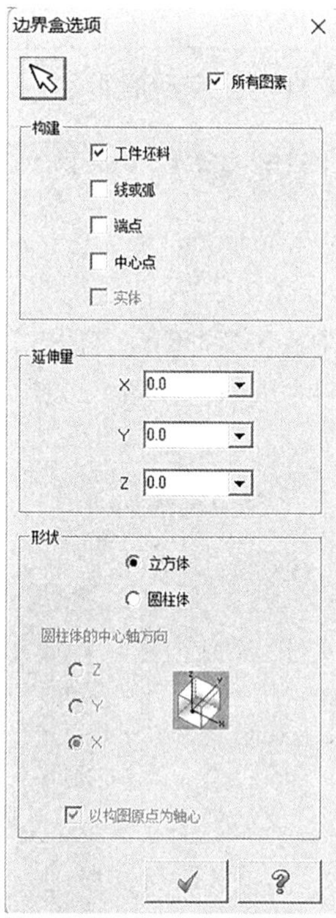

图 6.7　边界盒设置

3）返回加工群组属性（工件毛坯材料设置）对话框，修改 Z 轴坐标值为 16mm，勾选毛坯材料“显示方式”命令（适合屏幕+线性），工件坐标系选取毛坯中心，修改 X、Y 向尺寸。结果如图 6.8 所示，设置完毕后单击“√”按钮。

（2）创建刀具路径

1）创建平面铣削刀具路径

① 选择平面铣削命令，“T 刀具路径”→“A 平面铣削刀具路径”，弹出选择外形对话框，如图 6.9 所示。用串联方式选择图中外形 C1，图 6.10 所示。选择完毕单击图 6.9 中的“√”按钮。

② 平面铣削，如图 6.11 所示。点击“刀具参数”→“刀具过滤” 按钮，弹出刀具过滤设置对话框，刀具种类选择“Endmill3 Bull”（圆鼻刀），如图 6.12 所示，设置完毕单击“√”按钮。

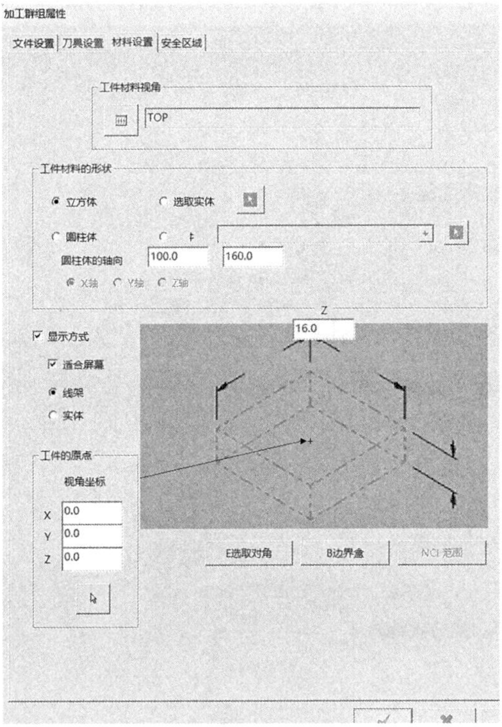

图 6.8　毛坯尺寸设置

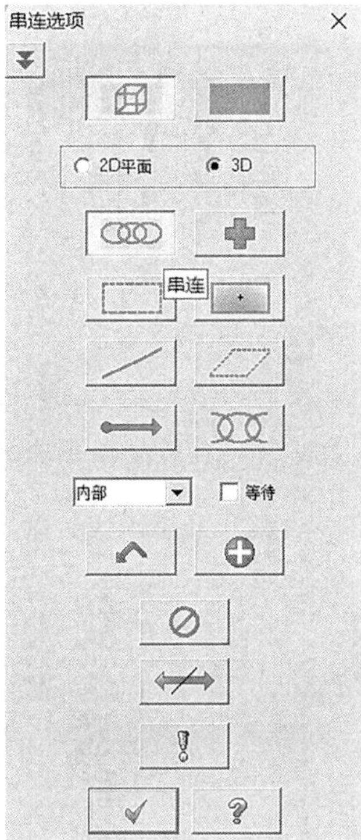

图 6.9　选择外形对话框

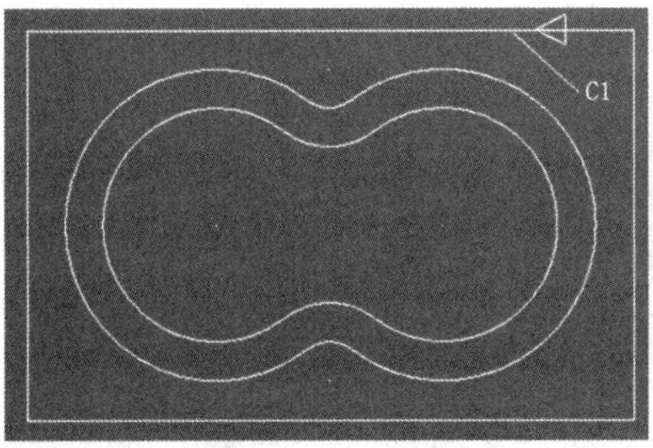

图 6.10　选 C1

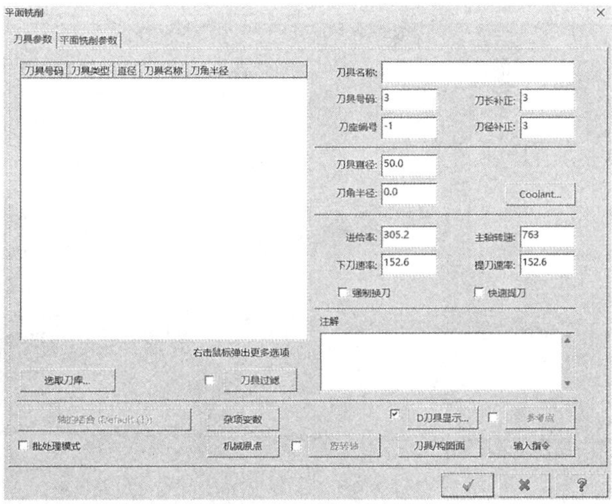

图 6.11　刀具参数

③ 在图 6.11 中，点击“选取刀库”，在对话框内移动鼠标，选择直径为 10mm 的圆鼻刀，刀角半径为 1mm，如图 6.13 所示，选择完毕后单击“√”按钮。

④ 如图6.14所示，在刀具状态栏内双击选中的刀具，弹出刀具定义对话框，在“Endmill3 Bull”（圆鼻刀）几何尺寸栏内将“刀具号码”修改为 1，如图 6.15 所示。单击 “参数”设置进给率为 1000mm/min，下刀速率为 1600mm/min，提刀速率为 1600mm/min，主轴转速为 2500r/min，如图 6.16 所示，设置完毕后单击“√”按钮。

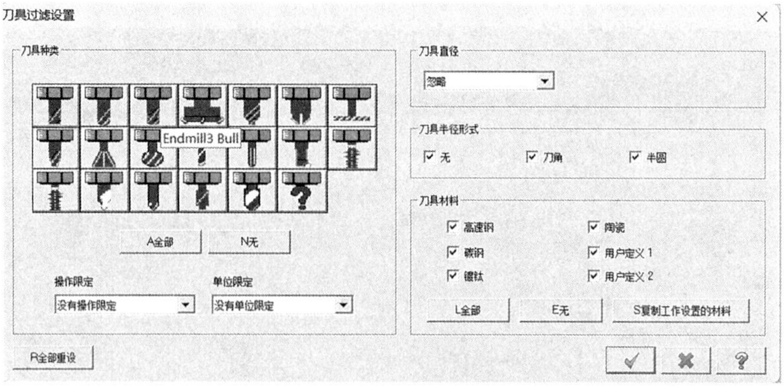

图 6.12　刀具种类设置

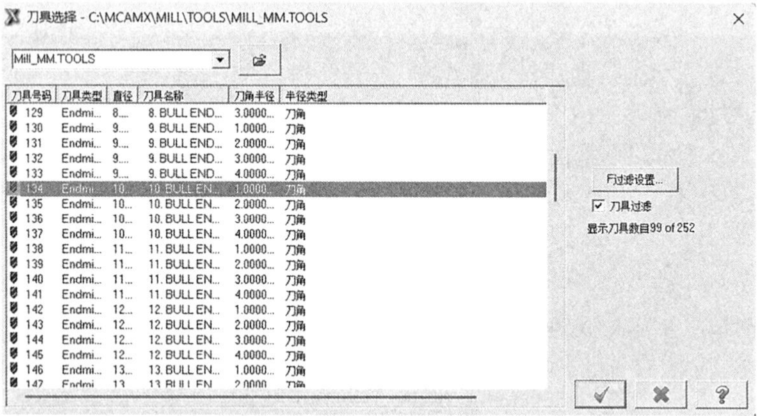

图 6.13　选直径 10mm 的圆鼻刀

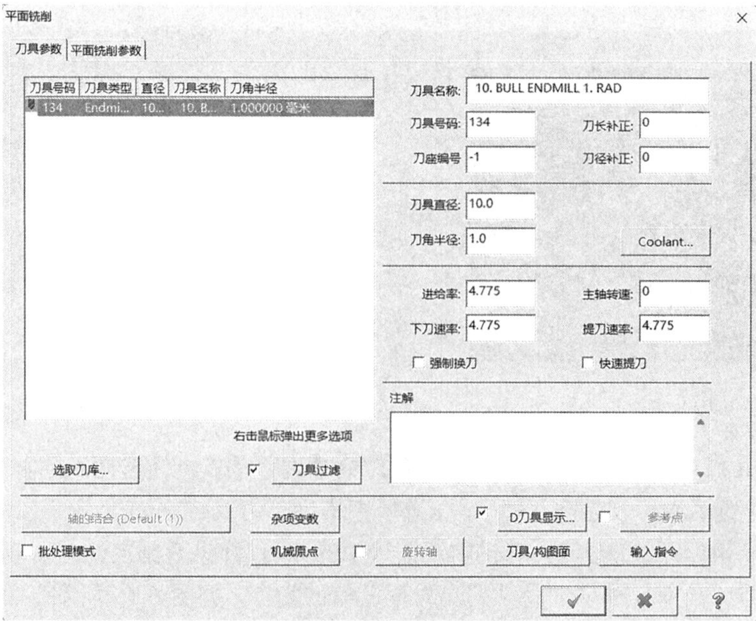

图 6.14　选中刀具

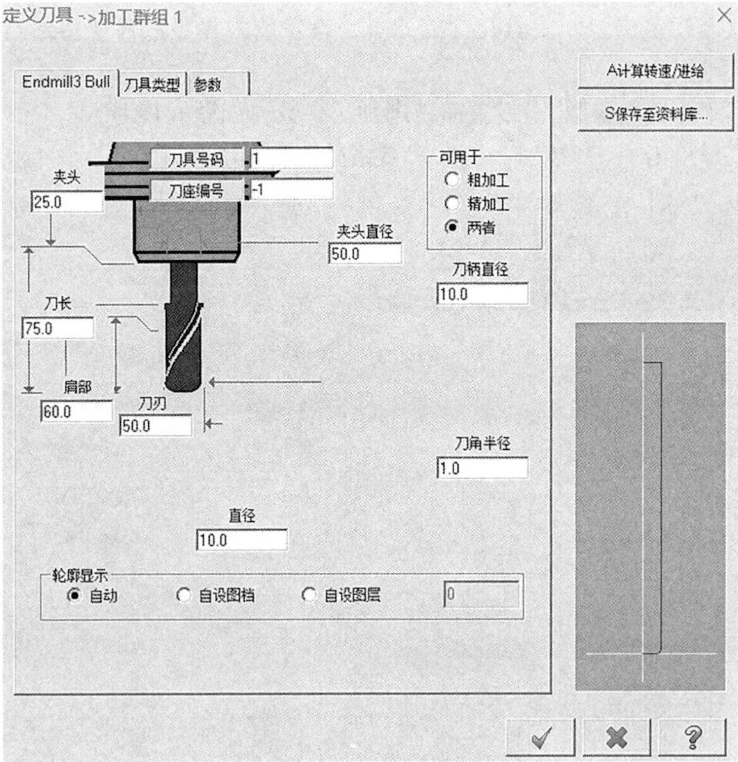

图 6.15　圆鼻刀几何尺寸

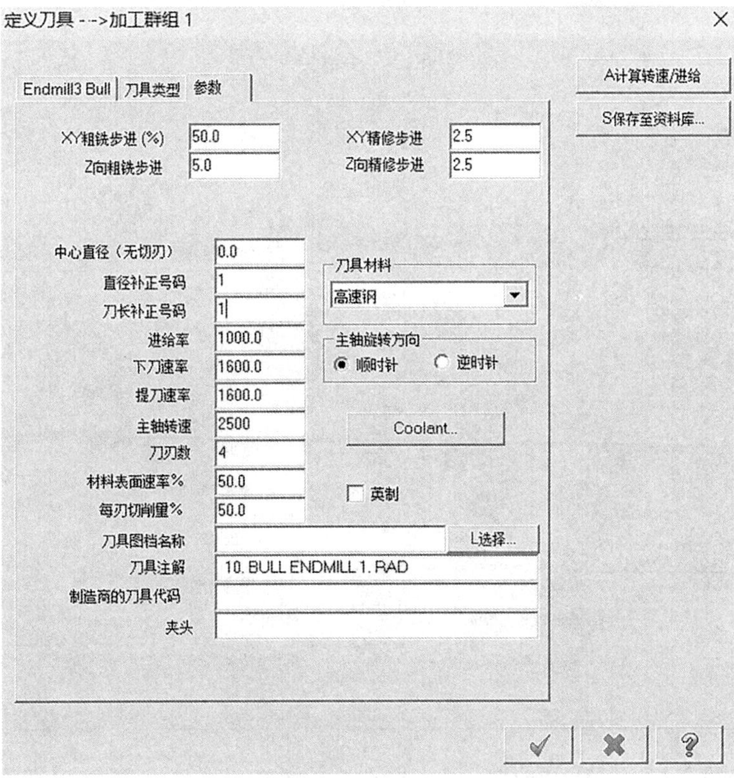

图 6.16　设置速度参数

⑤ 刀具状态栏单击上一步骤建立的刀具，设置的刀具参数自动传到刀具路径参数栏内，如图 6.17 所示。

⑥ 单击“平面铣削参数”，设置面铣削加工参数，如图 6.18 所示。

⑦ 设置完毕单击“√”按钮，生成刀具路径如图 6.19 所示。

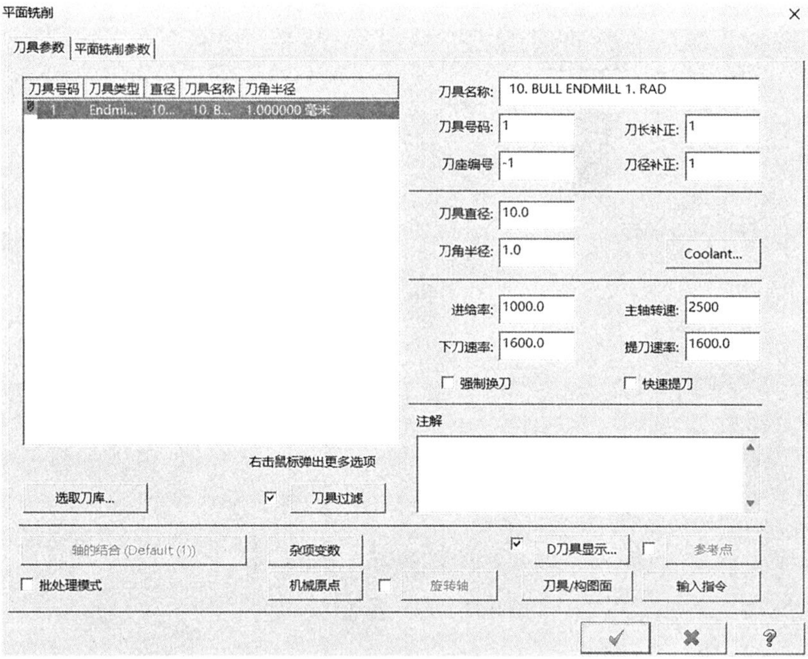

图 6.17　参数传入

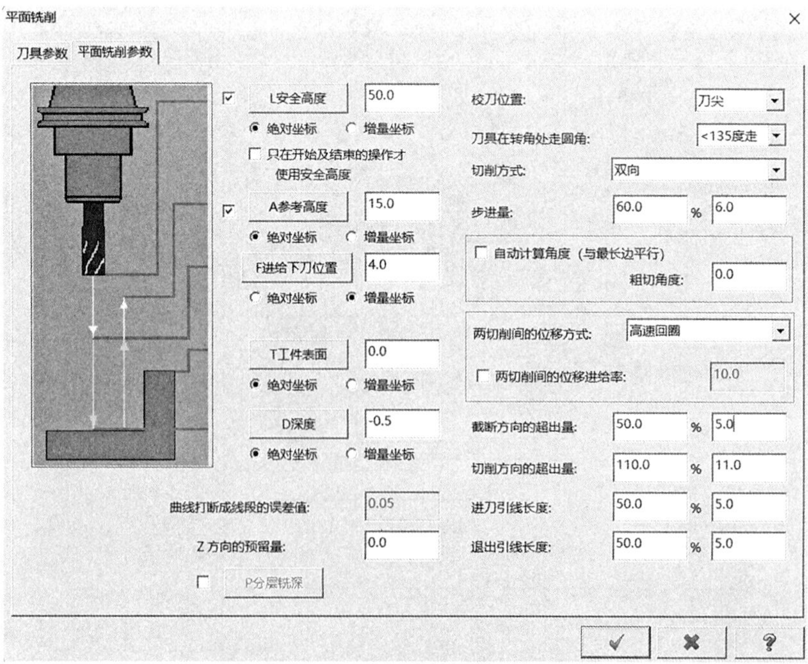

图 6.18　设置面铣削加工参数

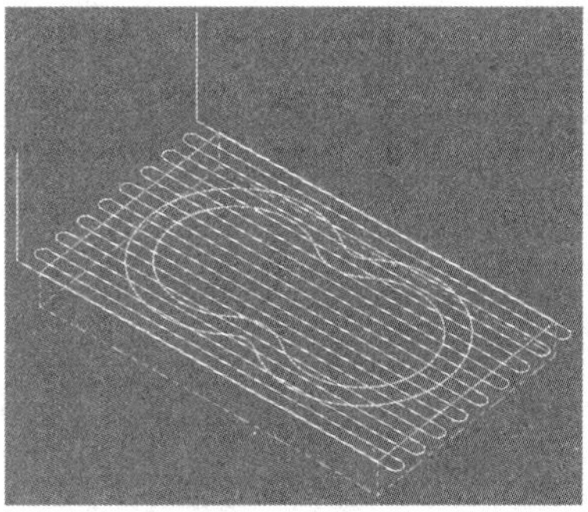

图 6.19　生成刀具路径

2）创建挖槽刀具路径

① 选择“T 刀具路径”→“P 挖槽刀具路径”挖槽加工命令，用串联方式选择串联外形 C1 和 C2，如图 6.20、图 6.21 所示，选择完毕后单击“√”按钮。

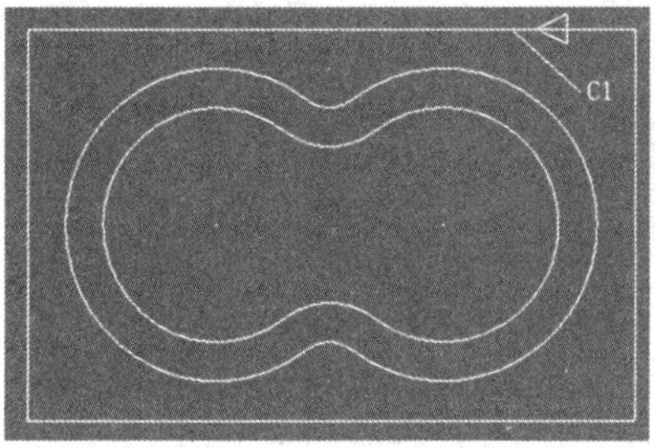

图 6.20　C1 选择

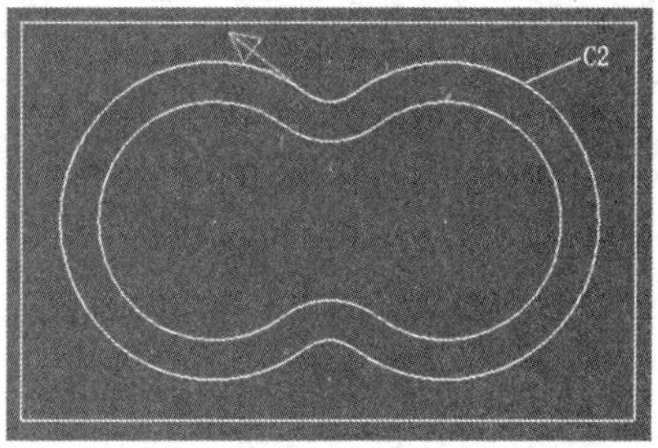

图 6.21　C2 选择

② 选择刀具状态栏内ϕ10mm 圆鼻刀，使刀具参数传到刀具路径参数栏内，如图 6.22 所示。

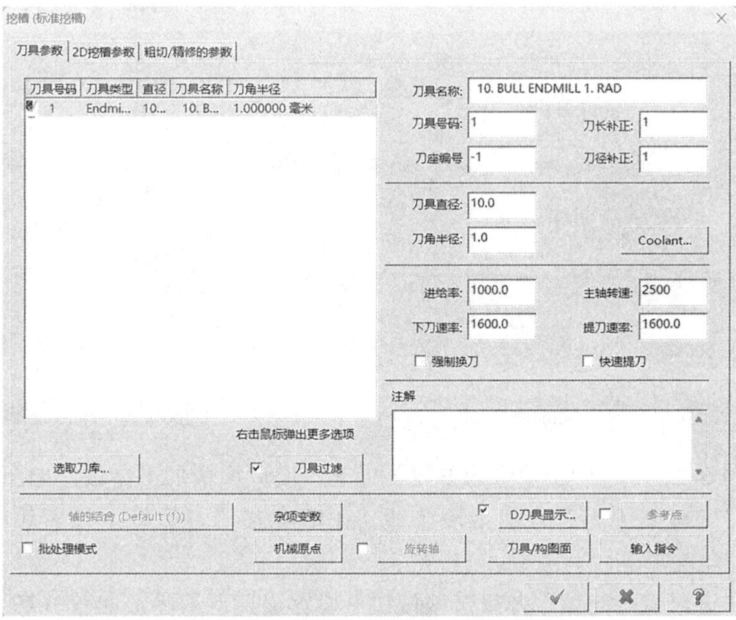

图 6.22　刀具参数传到刀具路径参数栏

③ 单击“2D 挖槽参数”标签，设置挖槽参数，如图 6.23 所示。

④ 选择“挖槽加工形式”为铣平面。单击“G 铣平面”按钮，设置参数如图 6.24 所示，单击“√”按钮。

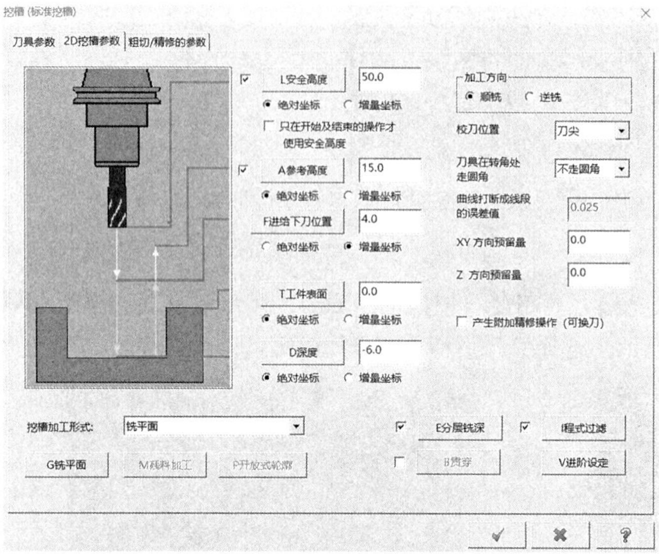

图 6.23　设置挖槽参数

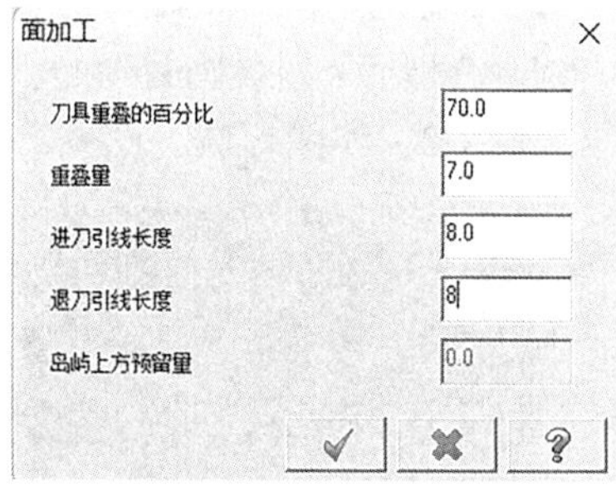

图 6.24　面加工参数

⑤ 勾选“E 分层铣深”，单击“E 分层铣深”按钮，设参数如图 6.25 所示，完毕单击“√”按钮。

⑥ 勾选“I 程式过滤”，单击“I 程式过滤”设置按钮，设置参数如图 6.26 所示，完成后单击“√”。

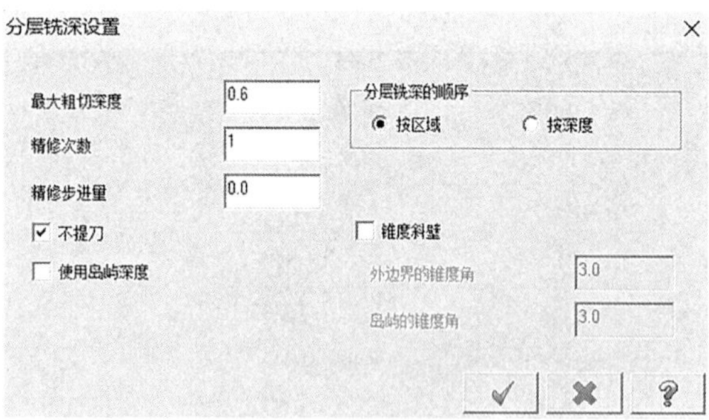

图 6.25　分层铣深参数

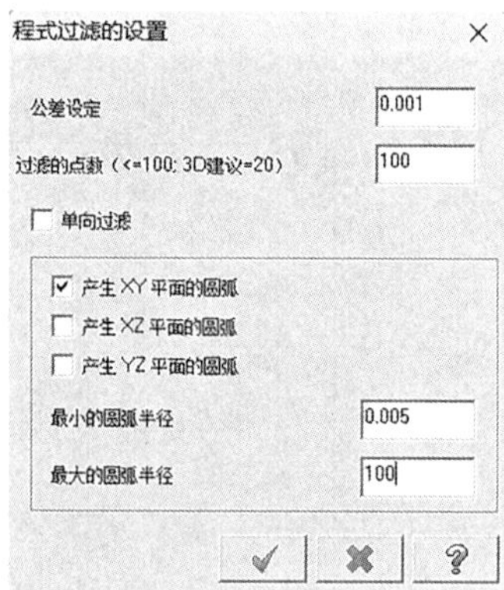

图 6.26　程式过滤参数

⑦ 单击图 6.23 中“粗切/精修的参数”标签，设置粗精加工参数，如图 6.27 所示。

⑧ 勾选“螺旋式下刀”并单击该按钮，在螺旋式下刀标签下设置螺旋下刀参数如图 6.28 所示，设置完毕后单击“√”按钮。

⑨ 勾选“进刀退刀向量”并单击该按钮，设置进刀退刀参数如图 6.29 所示，完成后单击“√”按钮。

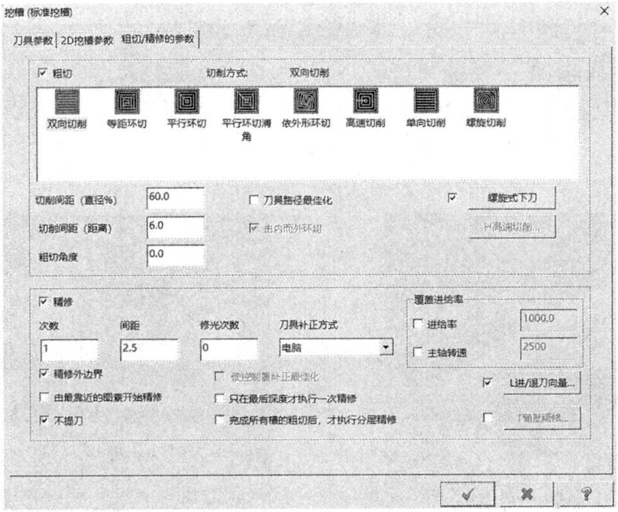

图 6.27　粗切/精修的参数

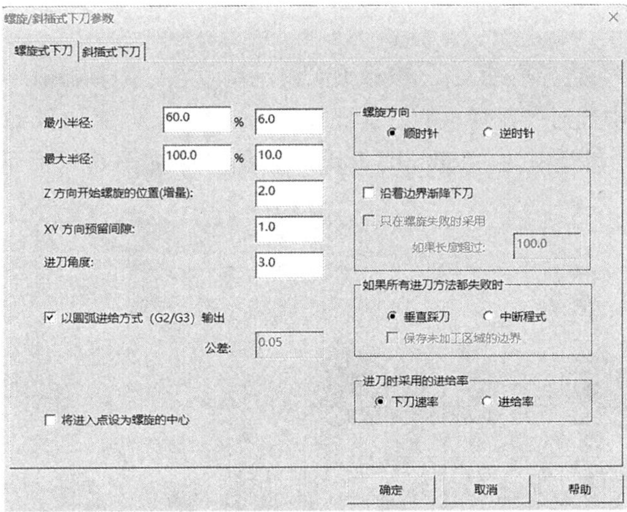

图 6.28　螺旋/斜插下刀参数

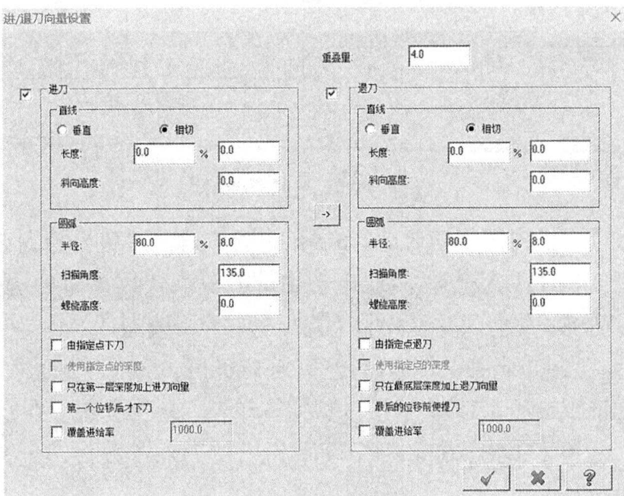

图 6.29　进刀退刀参数

⑩ 最后单击“√”按钮，生成刀具路径如图 6.30 所示。

3）创建挖槽刀具路径

① 选择“T 刀具路径”→“P 挖槽刀具路径”挖槽加工命令，用串联方式选择串联外形 C3，如图 6.31 所示，完毕单击“√”按钮。

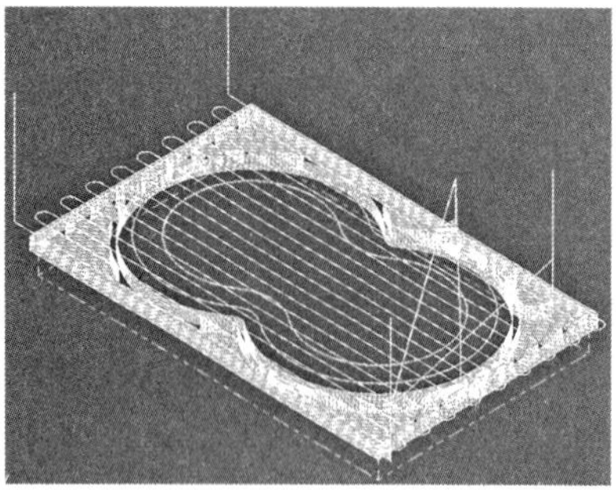

图 6.30　刀具路径

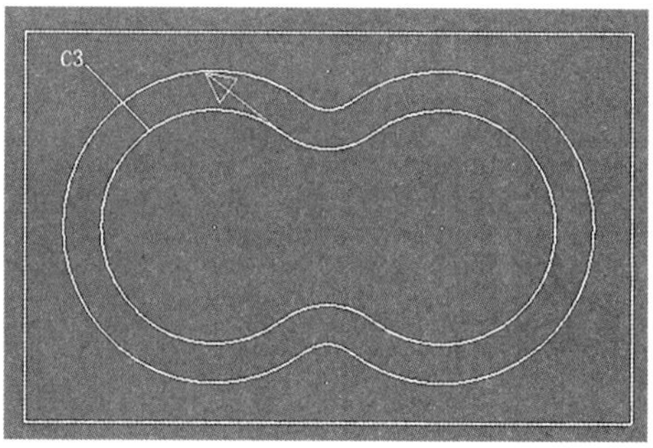

图 6.31　选 C3 外形

② 弹出“挖槽（边界再加工）”参数设置对话框，在“刀具参数”标签下，单击“选取刀库”按钮，从中选刀，在弹出的刀具选择对话框中单击“F 过滤设置”按钮，弹出刀具过滤设置，设置刀具类型为“Endmill3 Bull”（圆鼻刀），如图 6.32 所示，完毕后单击“√”按钮。

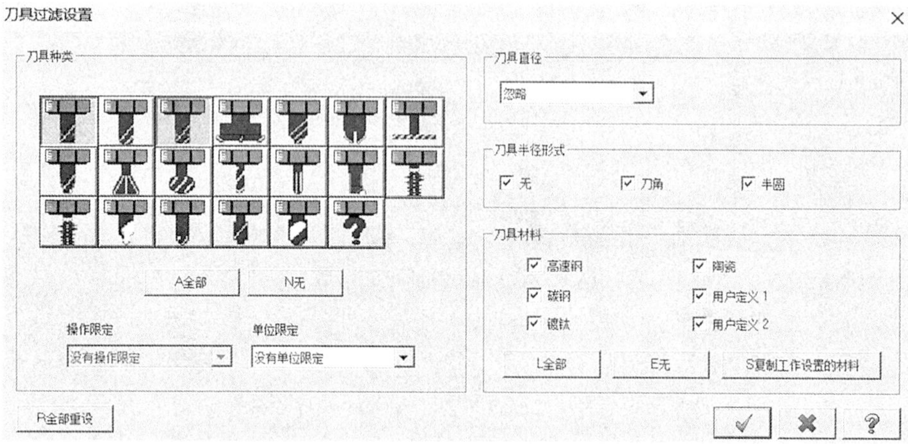

图 6.32　刀具设置

③ 在刀具选择对话框内选择直径为ϕ6mm 的圆鼻刀，刀角半径为 1mm，如图 6.33 所示，单击“√”按钮。在刀具状态栏内双击选中的刀具，快捷菜单中选择编辑刀具命令，弹出“定义刀具”对话框。几何尺寸栏内将“刀具号码”修改为 2，如图 6.34 所示。单击“参数”标签设置进给率为 1000mm/min，下刀速率为 1600mm/min，推刀速率为 1600mm/min，主轴转速为 3400r/min，如图 6.35 所示，设置完毕单击“√”按钮。在挖槽（边界再加工）对话框“刀具参数”标签下单击ϕ6mm 圆鼻刀，设置的刀具参数传递到刀具路径参数栏内，如图 6.36 所示。

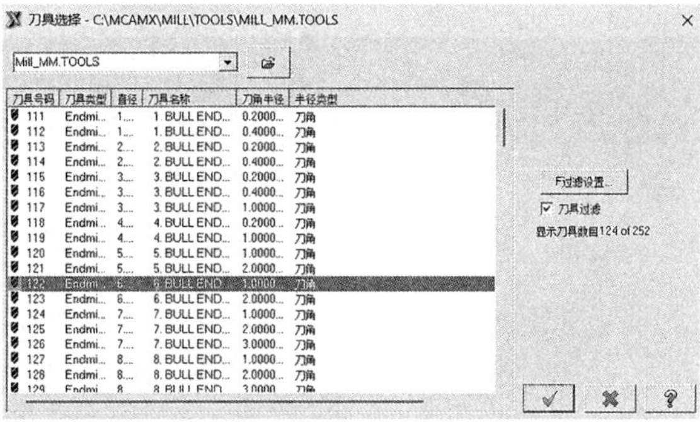

图 6.33　选ϕ6mm 的圆鼻刀

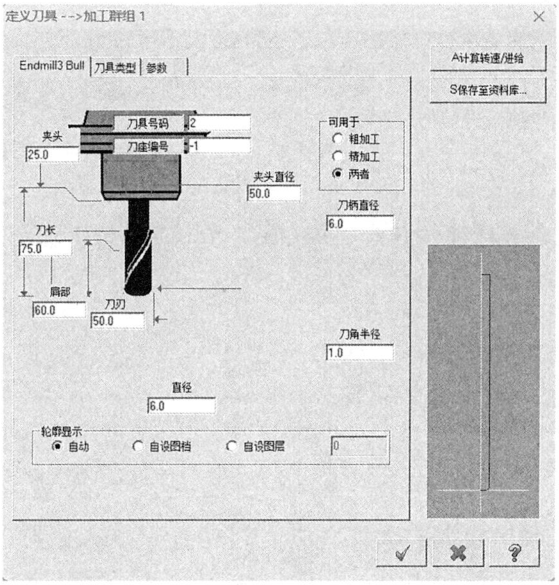

图 6.34　刀号修改

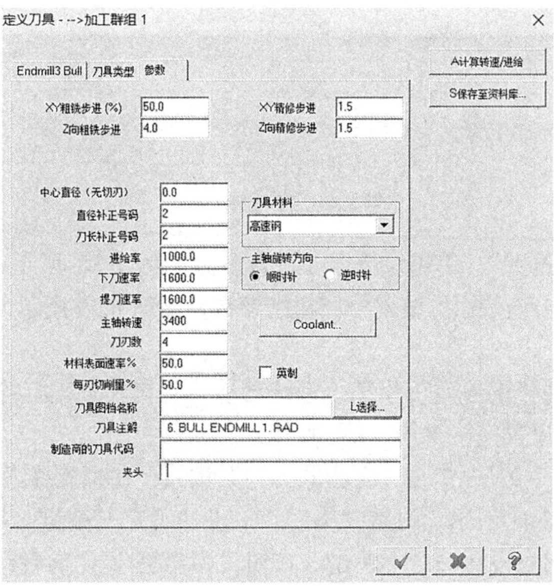

图 6.35　速度参数

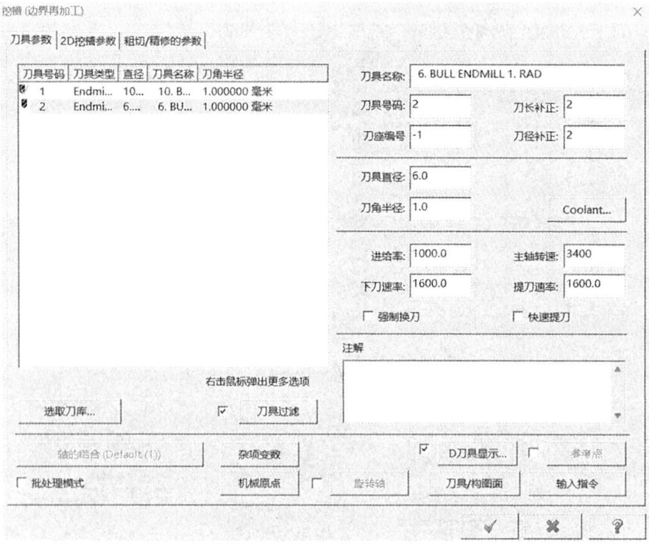

图 6.36 刀具参数输入

④ 单击挖槽加工参数标签，设置 2D 挖槽参数，如图 6.37 所示。

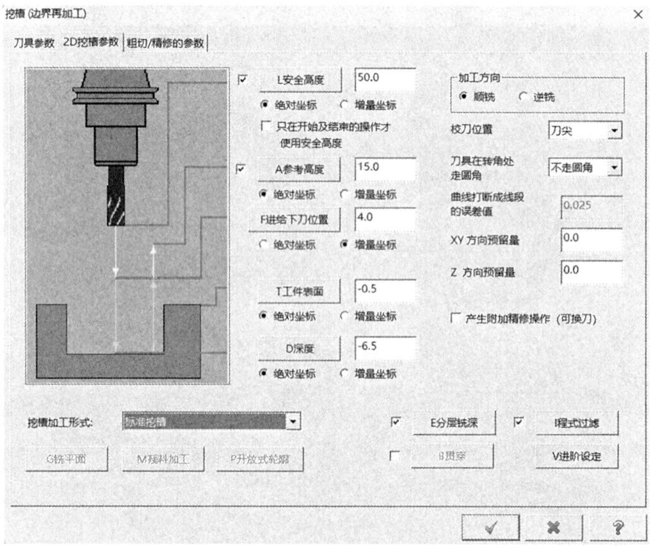

图 6.37 2D 挖槽参数

⑤ 勾选“I 程式过滤”，单击该按钮，设置参数如图 6.38 所示，单击“√”按钮。勾选“E 分层铣深”，单击该按钮，设置分层切削参数，如图 6.39 所示。设置完毕，单击“√”按钮。

⑥ 单击“粗切/精修的参数”标签，系统自动转到粗精加工标签下，设置粗精加工参数，如图 6.40 所示，设置完毕单击“√”按钮。

⑦ 勾选“螺旋式下刀”，单击“螺旋式下刀”按钮，在螺旋/斜插式下刀参数标签下设置进退刀参数，如图 6.41 所示。设置完毕后，单击“确定”按钮。

⑧ 勾选进/退刀向量设置命令，单击该按钮，弹出进/退刀向量设置对话框，如图 6.42 所示，设置完毕后，单击“√”按钮。

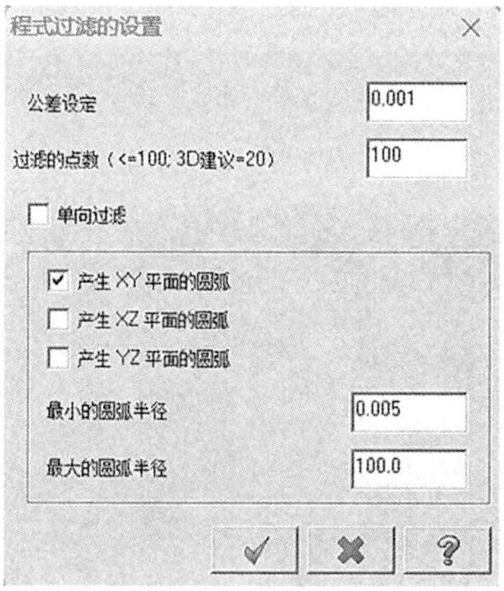

图 6.38 程式过滤参数

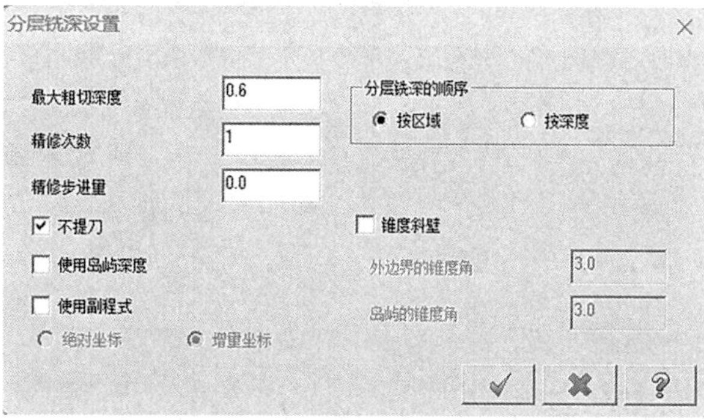

图 6.39 分层铣深参数

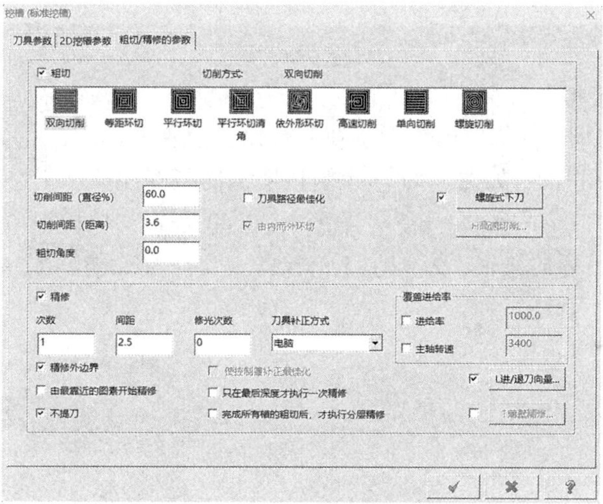

图 6.40 粗切/精修加工参数

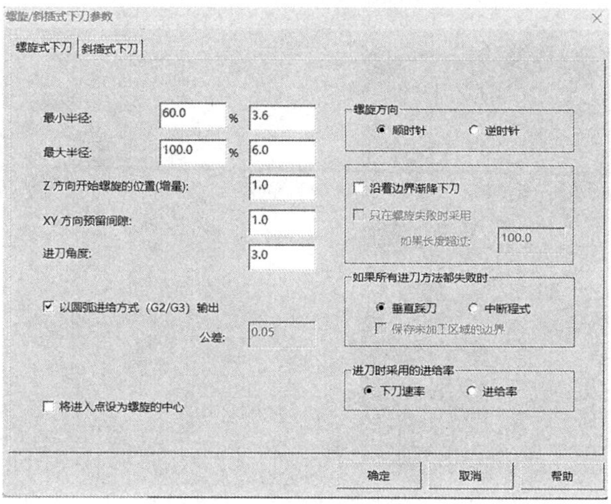

图 6.41 螺旋式下刀参数

⑨ 设置完毕后，单击“√”按钮，生成刀具路径，如图 6.43 所示。

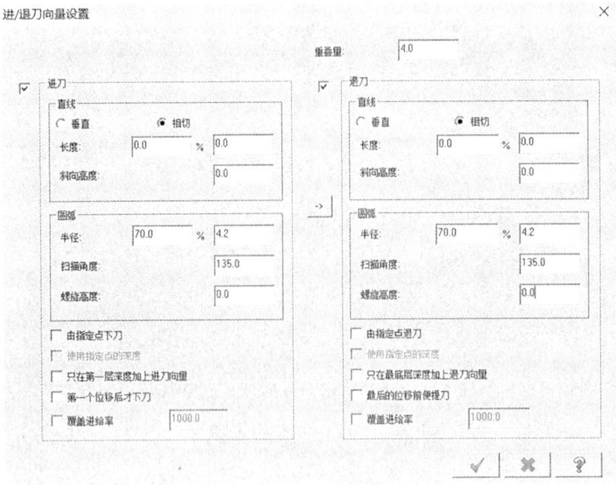

图 6.42　进刀退刀设置

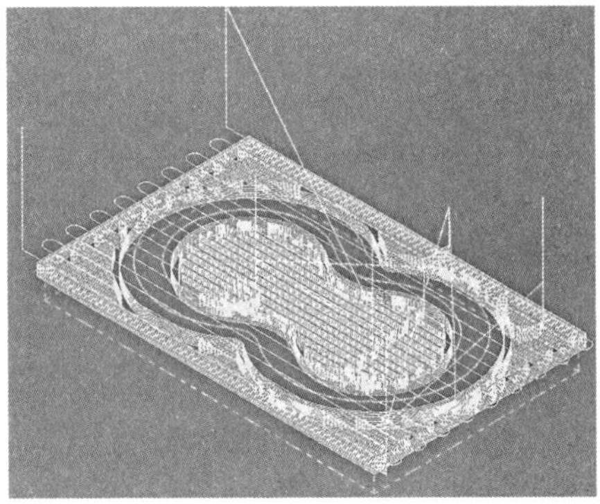

图 6.43　刀具路径

（3）实体加工模拟

每一个平面、沟槽、孔及曲面等形状在刀具路径设置完毕后，可以进行加工刀路模拟，以检验每个形状是否正确，如图 6.44 所示为该实例内型腔模拟加工。加工零件所有刀具路径均设置完毕后，可以单击选择所有操作命令，单击实体模拟命令，实体模拟对话框如图 6.45 所示，单击播放按钮，模拟加工，检验无误后，单击“√”按钮。

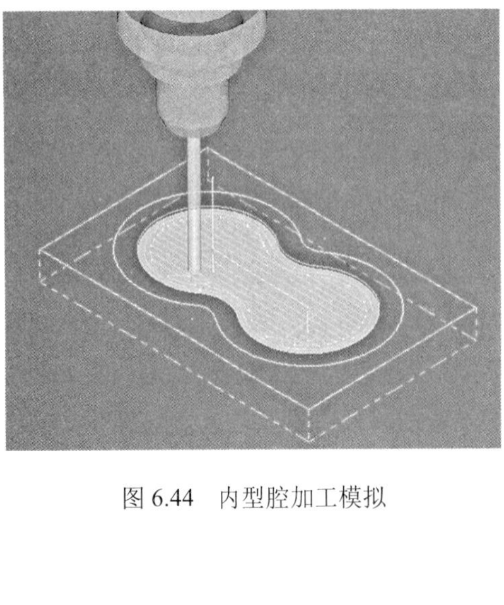

图 6.44　内型腔加工模拟

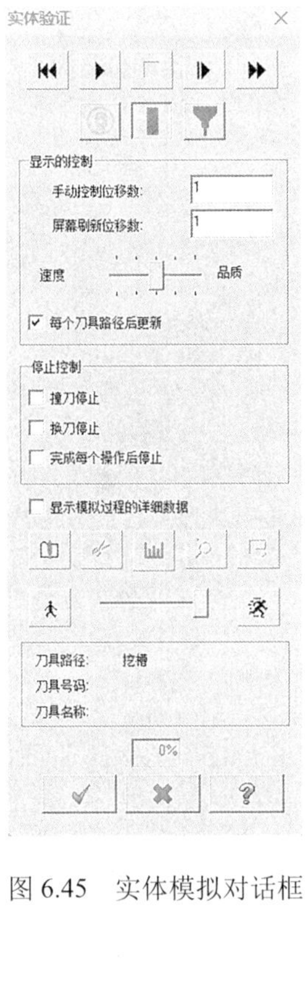

图 6.45　实体模拟对话框

（4）生成后处理

刀具路径生成后，经刀具路径检验无误，可进行后处理操作。

① 单击选择所有操作按钮，选取所有的操作对象，单击G1生成后处理命令，将选择的操作生成G代码程序，“后处理程式”对话框如图6.46所示，单击“√”。

② 保存位置对话框，如图6.47所示，选择保存位置。

③ 生成G代码程序，如图6.48所示。

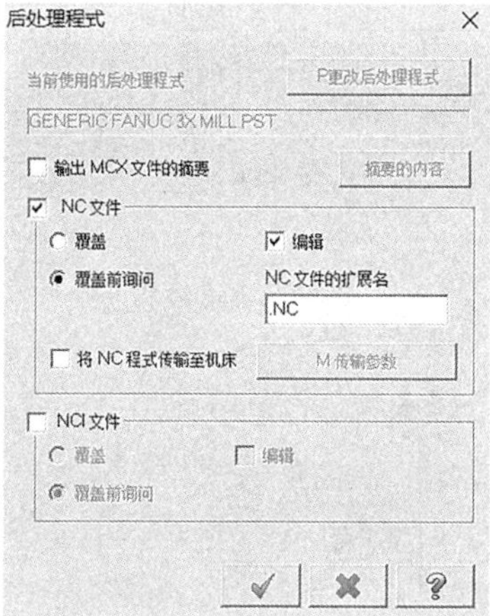

图6.46　后处理程式对话框

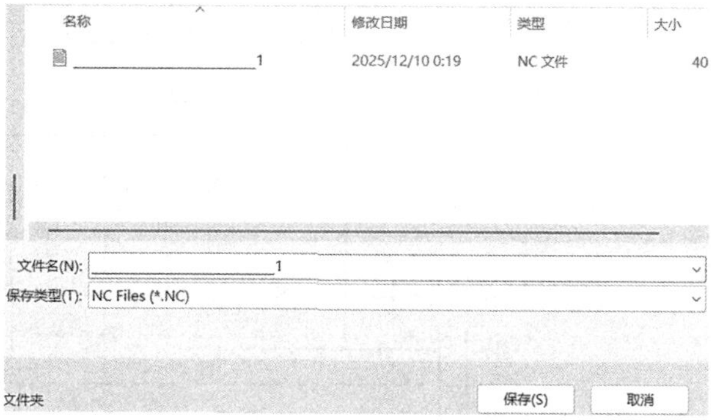

图6.47　保存位置

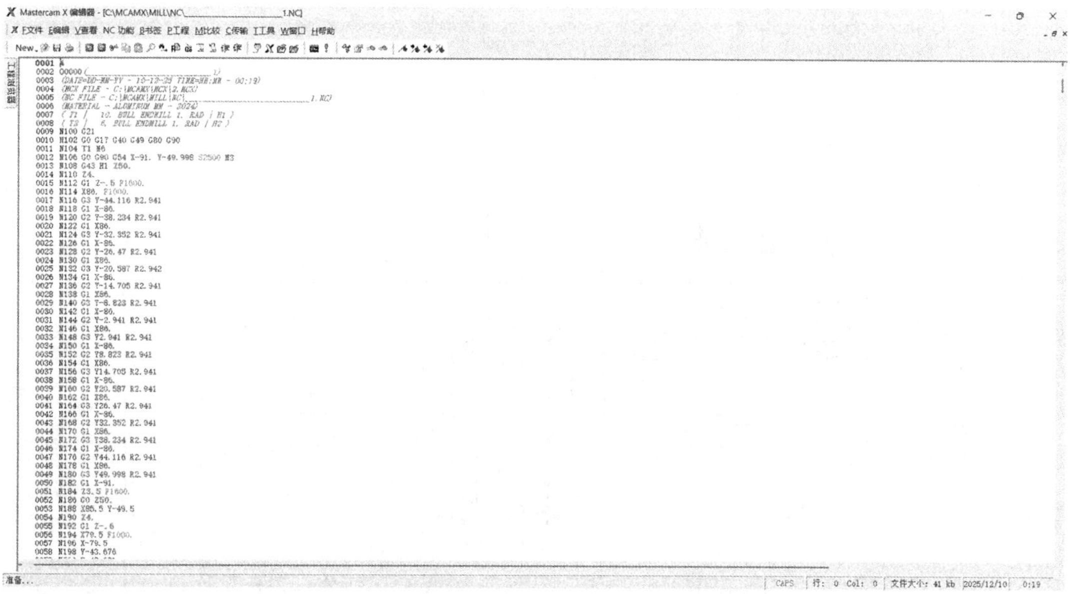

图6.48　生成G代码程序

3　Proe 软件加工仿真

以减速器上箱体零件加工为例，分别采用立式和卧式加工中心机床，利用Proe软件进行零件孔加工和面加工编程仿真。箱体零件如图6.49所示，保证加工符合设计要求。

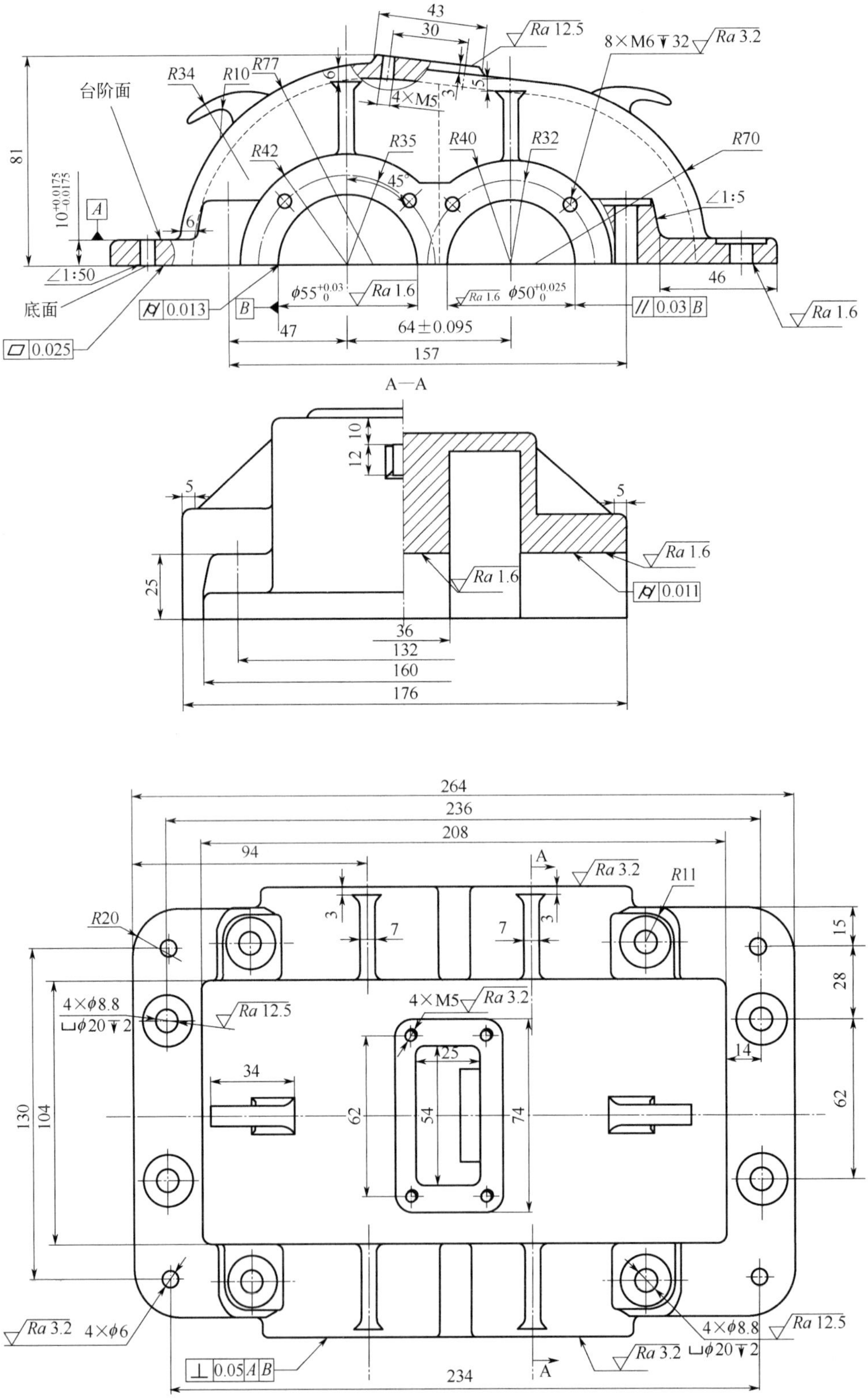

图 6.49 减速器上箱体零件图

(1) 孔加工编程仿真

工序制订：立式加工中心完成减速器上箱体零件孔加工，零件孔加工工序过程如表 6.2 所示。

表 6.2　工序过程

工序号	加工类型	刀具类型	刀具直径/mm	主轴转速/（r/min）	进给速度/（mm/min）
1	钻 4-ϕ8 锥销孔	麻花钻	8	1200	68
2	钻底部的 2-ϕ8.8 孔	麻花钻	8.8	900	80
	顶部台阶面的 4-ϕ8.8 孔				
3	钻底部的 2-ϕ20 沉台孔	锪孔钻	20	860	96
	锪顶部台阶面的 4-ϕ20 沉台孔				

① 程序组的创建。点击新建，选择类型为制造，程序为 NC 组件，名称为 mfg0001（图 6.50）。

② 创建刀具组。根据数控刀具卡片，完成对刀具的设置（图 6.51）。

图 6.50　程序组

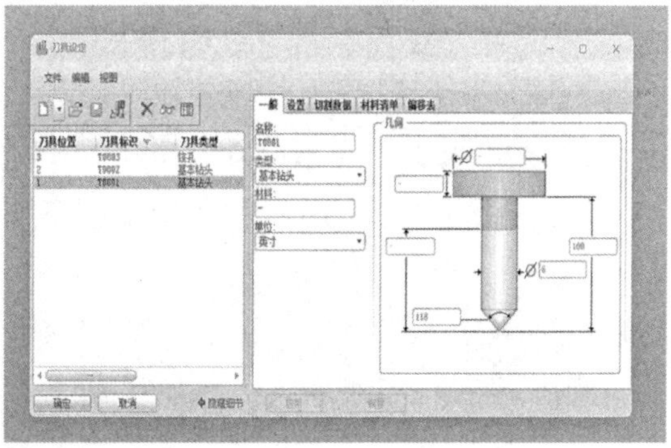

图 6.51　刀具组

③ 创建加工毛坯体。将零件的参照模型导入软件，选择缺省约束，导入毛坯体与参照模型装配（图 6.52），得到最终加工毛坯体（图 6.53）。

④ 加工准备。选择数控机床及类型，选取机床零点，采用新建立的 ASC0 作为机床零点（图 6.54）。

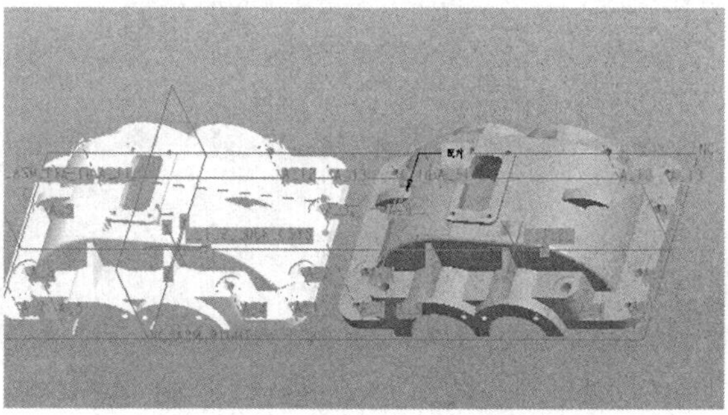

图 6.52　选择约束

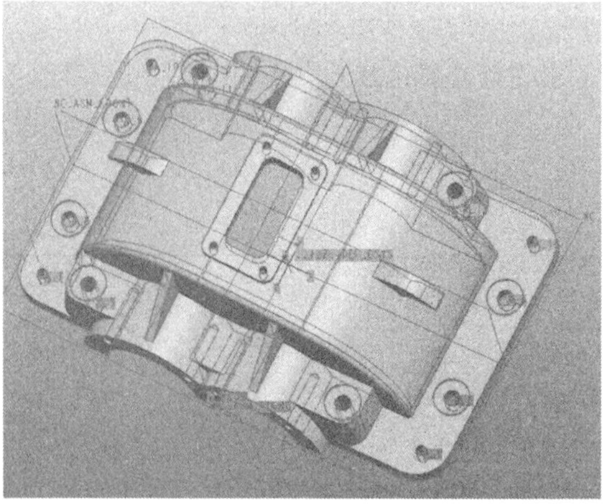

图 6.53　毛坯体

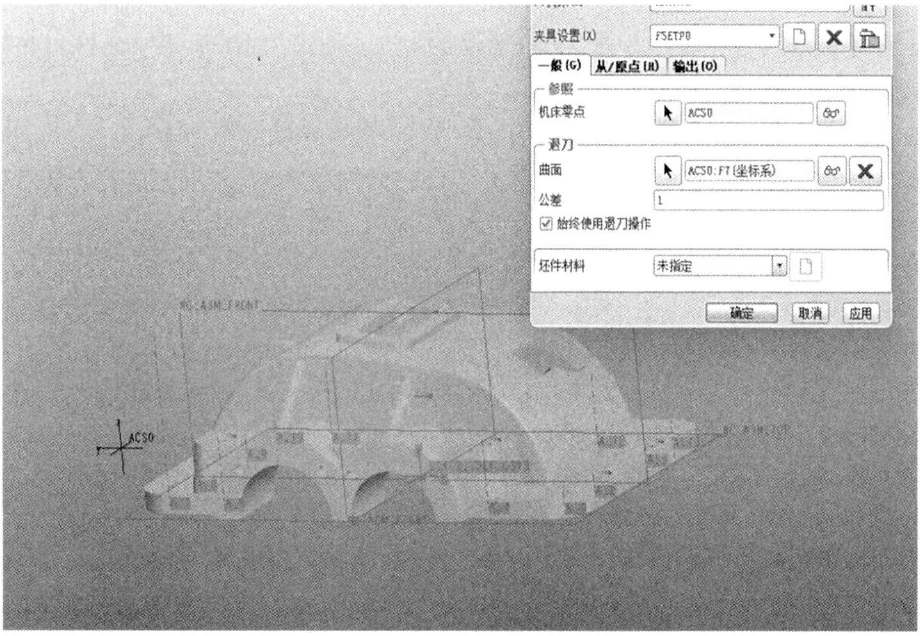

图 6.54　机床零点

⑤ 选择退刀曲面，基于 ASC0 朝 z 轴方向偏移 50mm，保证加工安全（图 6.55）。

图 6.55　退刀面的设定

⑥ 孔的加工。单击“操作”选择“钻孔”，选择编号为 T0001 刀具，对加工参数进行填写。选择要加工的孔（图 6.56），生成刀具轨迹（图 6.57）。

图 6.56 选择加工的孔

图 6.57 刀具轨迹

重复以上步骤，对所要加工的孔进行处理，生成最终刀具轨迹（图 6.58）。

图 6.58 完整轨迹

⑦ 后处理与数控代码输出。点击“CL 数据”进行编辑，选取“OP010”（图 6.59）。保存副本，并对副本进行后处理，选择详细和跟踪。选择后处理器“UNCX01.P11”（图 6.60）。在保存路径中找到经过后处理得到的数控代码。

（2）面及侧孔加工编程仿真

工序过程：卧式加工中心完成面加工，采取一面两销的定位方式，选取 ASC0 作为零点。零件的数控加工内容、切削刀具类型和切削工艺如表 6.3 所示。

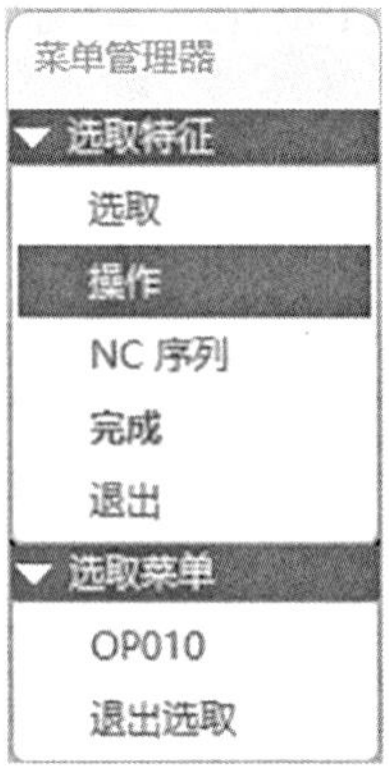

图 6.59　菜单管理器

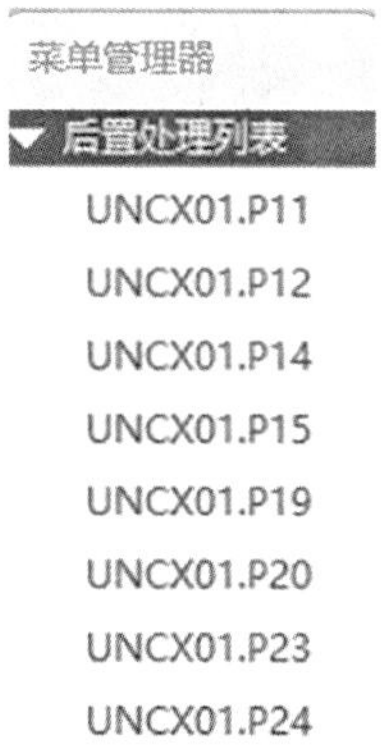

图 6.60　选择程序

表 6.3　工艺过程

工序号	数控加工内容	刀具类型	刀具直径/mm	主轴转速 /（r/min）	进给速度 /（mm/min）
1	底面为基准，粗铣 176mm 宽度面	硬质合金端面铣刀	80	800	98
2	半精铣 176mm 宽度面	硬质合金端面铣刀	80	900	80
3	粗镗ϕ50 孔和ϕ55 孔	硬质合金可调镗刀	50/55	600	96
4	半精镗ϕ50 孔和ϕ55 孔，大孔留精镗余量 0.2mm	硬质合金可调镗刀	50/55	950	105
5	钻两侧的 4-M6 螺纹底孔至ϕ4.8	麻花钻	4.8	1200	89
6	攻螺纹两侧的 4-M6 螺纹孔	M6 丝锥	M6	600	48

① 创建程序组。点击“新建”，选择类型为制造，程序为 NC 组件，名称为 mfg0002（图 6.61）。

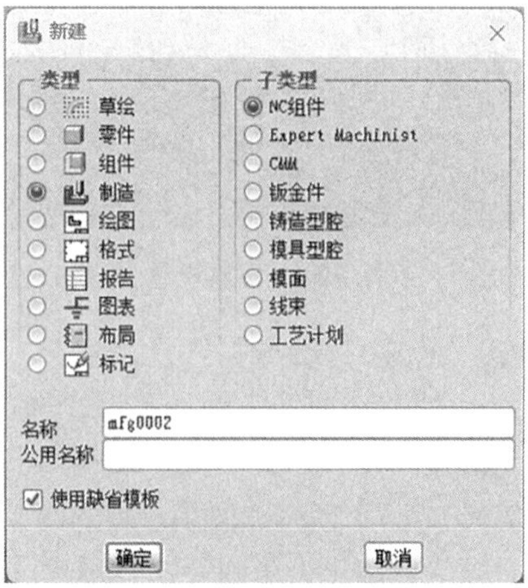

图 6.61　程序组创建

② 创建刀具组。根据数控刀具卡片，完成对刀具的设置（图 6.62）。

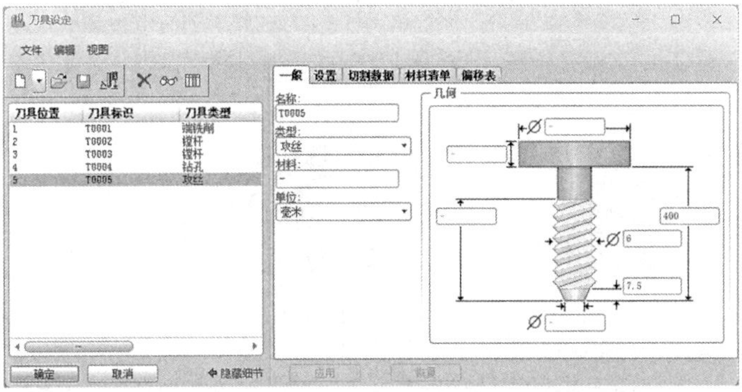

图 6.62 刀具卡片

③ 加工准备。选择数控机床及类型。选取机床零点，采用新建立的 ASC0 作为机床零点。选择退刀曲面，基于 ASCO 朝 z 轴方向偏移 10mm，保证加工安全（图 6.63）。

图 6.63 退刀面

④ 粗铣及半精铣端面。选择“体积块切削”，进行刀具的选择以及切削面的设置，设置加工参数，生成刀具轨迹（图 6.64），一侧完成加工后旋转工作台，对另一侧完成加工。

图 6.64 铣端面

⑤ 粗镗及精镗大孔。单击“操作”选择“钻孔”，选择刀具以及设置加工参数。选择要加工的孔，并生成刀具轨迹，同时为了保证加工要求，采用卧式加工中心在一侧对两侧孔同时进行加工，保证精度要求（图 6.65）。

⑥ 钻攻两侧 4-M6 螺纹孔。单击“操作”选择“钻孔”，进行刀具的选择以及设置加工参数。选择要加工的孔，并生成刀具轨迹（图 6.66 和图 6.67）。

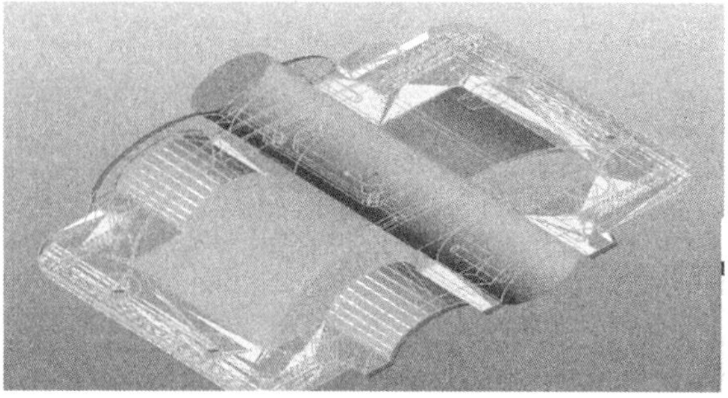

图 6.65　镗孔

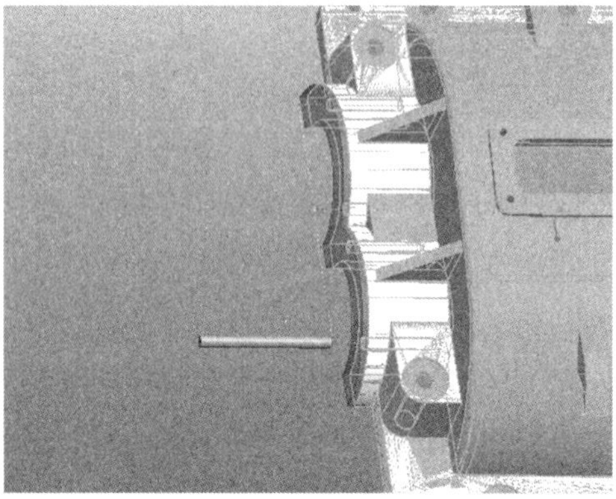

图 6.66　钻孔轨迹示意图

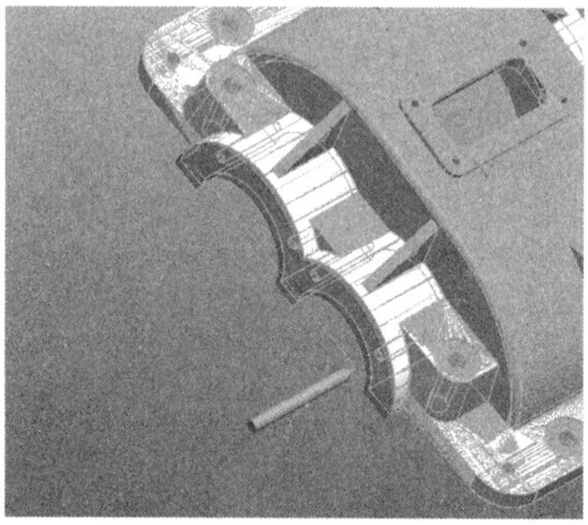

图 6.67　攻螺纹轨迹示意图

完成一侧加工后，通过旋转工作台对另一侧进行加工。

⑦ 后处理与数控代码输出。点击“CL 数据”进行编辑，选取“OP010”(图 6.68)。

保存副本，并对副本进行后处理。选择后处理器“UNCX01.P11”(图 6.69)。在保存路径中找到经过后处理得到的数控代码。

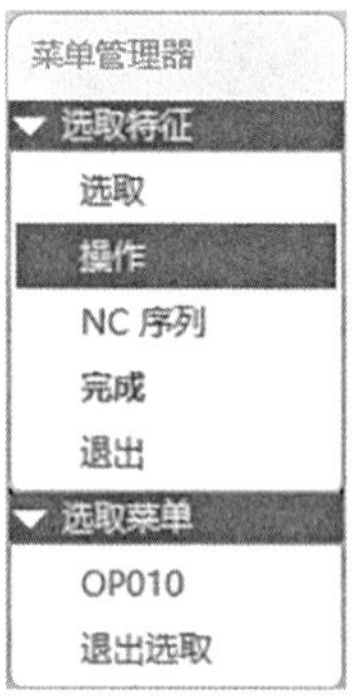

图 6.68　菜单管理器

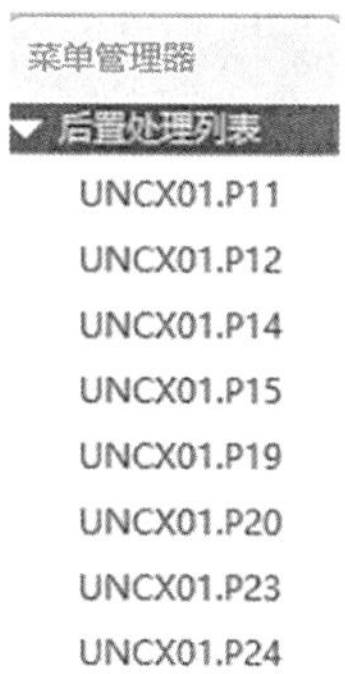

图 6.69　选择程序

课后习题

1. MastercamX 软件应用，给定零件自动编程。
2. 了解 Pro/E 软件编程过程。

· 模块七 ·

工业机器人与增材制造加工简介

知识引入

工业机器人是目前发展应用最广泛、技术最成熟的一类机器人，在智能制造加工技术发展中占据重要的地位。传统去材法加工形状复杂的叶片时，使用高精度模具成本高、周期长，采用增材制造加工方法突破传统改变加工思维。为紧跟技术更新的步伐，本模块从工业机器人基本概念、ABB RobotStudio 仿真软件应用、增材制造基本原理及应用等方面作为切入点，就工业机器人和增材制造加工做简要介绍。

课题一　工业机器人

1　初识工业机器人

机械制造行业，在要求大批量、高质量的工作中，能够代替技术工人完成任务的机器人，一般专称为工业机器人。工业机器人是一种高科技自动化装备，代表一个国家装备制造的水平，在现代大工业生产中起着关键的作用。国家制造业向高端制造加工迈进，必须有工业机器人的支撑。工业机器人是世界工业制造的最前沿，是工业制造发展的必然趋势。

1.1　工业机器人定义

当前国际上普遍遵循国际标准化组织提出的工业机器人定义，即：工业机器人是一种能够实现自动控制，可完成重复编程的多功能、多自由度的操作机，能通过搬运材料、工件或操持工具来从事各种作业。

定义明显反映出工业机器人的特点：特定的机械结构，能够完成的动作类似人类的肢体和感官；柔性和灵活性，改变程序即可改变机构动作，从事不同工作；不同程度的智能，记忆、学习、感知等；一旦程序调试设定完成，开始工作后机器人系统独立作业，不需要人为干预。

1.2　工业机器人系统构成

工业机器人主要由机械和电气两大系统构成。针对不同行业领域和不同应用场合，工业机器人的配置选型不同，工业机器人的具体系统组成也有明显差异，基本构成：工业机器人、末端执行器、辅助设备等。图 7.1 所示为机器人本体、控制柜、示教器、夹具、外围设备、输送带及 CCD 视觉传感器等组成的工业机器人系统。表 7.1 为工业机器人系统组成细分。

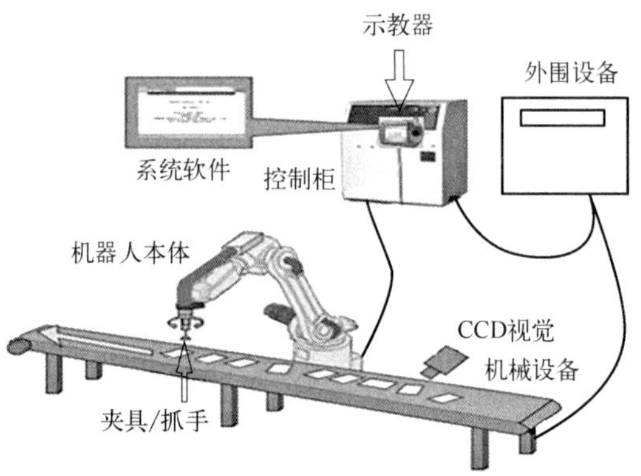

图 7.1　工业机器人系统组成示意图

表 7.1　工业机器人系统组成细分

工业机器人系统							
机械系统				电气系统			
本体（操作机）	变位机、传送带	导轨	末端工具	控制器	驱动器	操作单元	上级控制器
基本组件	可选部件	可选部件	可选部件	基本组件	基本组件	基本组件	可选部件
机械臂、传感器、减速器、驱动系统	附加装置，用于工件移动或机器人协调作业	本体机构移动工具	手腕末端安装的操作机构	控制柜内	控制柜内	示教器、示教盒	附加设备，用于机器人与其他设备协调控制

根据组成部件性质，从基本组件的角度划分，工业机器人基本组成主要有机器人本体（操作机）、控制器和操作单元三部分。

（1）机器人本体（操作机）

机器人本体主要由机械臂、驱动系统、传动单元和传感器组成，是工业机器人执行工作任务的机械结构主体。

机械臂：基座、腰部、大臂、小臂、腕部、手部，如图 7.2 所示。

驱动系统：为执行件提供动力，常用驱动方式有液压、气压和电气三种类型，其中电气驱动应用最多，一般一个关节采用一个驱动器。

传动单元：广泛采用减速器作为工业机器人机械传动单元，针对关节型机器人特有的柔性，常采用RV减速器和谐波减速器。由于RV减速器具有较高的刚度、较高的抗疲劳强度和较长的寿命，多被高精度工业机器人设计采用。

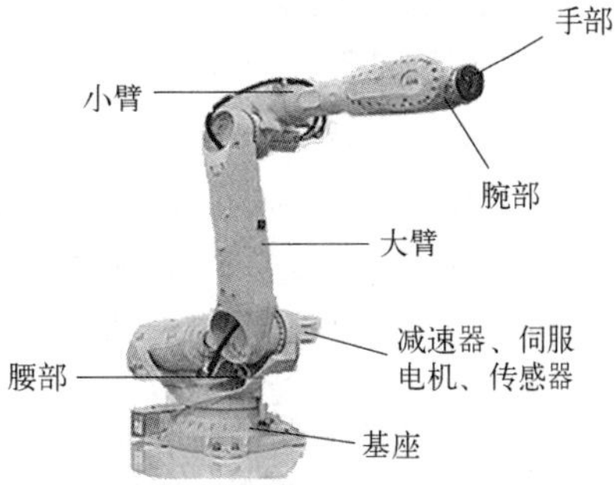

图7.2 机器人本体组成结构

传感器：连接外界环境与机器人的窗口，负责协助机器人获取大量信息。实际应用：编码器、测速计等传感器常用于检测机器人自身的状态，CCD视觉传感器常用于检测周围的环境和工作对象状况。

（2）控制器

控制器作为机器人系统核心机构，是实现控制机器人坐标轴位置和运动轨迹的重要装置，控制器主要有工业计算机型和PLC型两类，如图7.3、图7.4所示。

图7.3 工业计算机型

图7.4 PLC型

（3）操作单元

有传统型、菜单型和智能手机型三类。传统型由显示器和按键组成，操作者通过按键直接输入命令进行操作，如图7.5所示。菜单型由显示器和操作菜单组成，通过选择菜单项输入命令，如常用的示教器。智能手机型通过Wi-Fi连接控制器和网络实现控制功能。

示教器：是机器人系统核心、人机交互的接口，机器人所有操作及指令均通过示教器完成，例如编写程序、测试、修改及运行程序、机器人状态设置等，如图7.6所示。

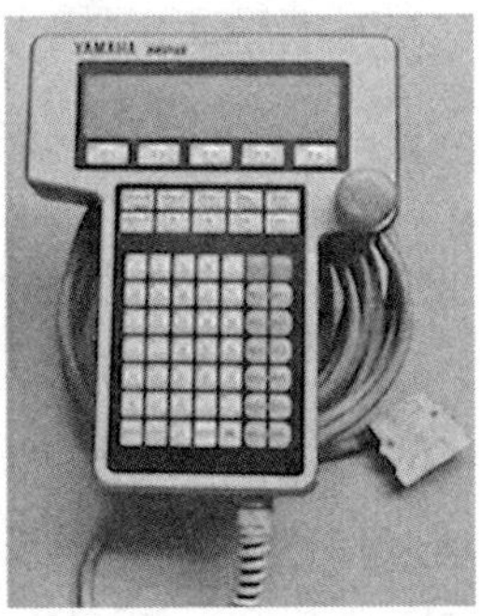

图7.5 传统型

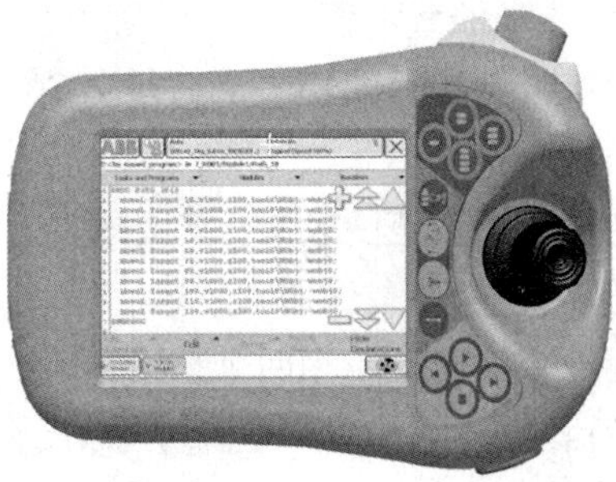

图7.6 菜单型（ABB示教器）

1.3 工业机器人的性能指标

1）自由度：机器人本体相对于机器人坐标系能够独立完成运动的数目。通常以沿轴作直线移动和绕轴转动运动的总数目衡量机器人动作灵活程度。自由度可以全部是直线或转动，也可以是直线+转动，大多数机器人有 3 ~ 6 个自由度。

2）工作空间：又称工作范围或工作区域，是机器人手臂末端能够到达的所有点的集合，是机器人手部未安装任何末端执行器的情况下的最大活动空间，反映了机器人的最大空间工作范围，如图 7.7、图 7.8 所示为二维、三维工作空间。

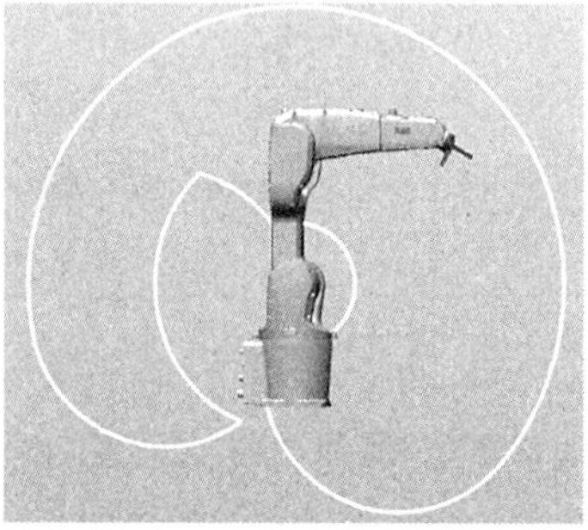

图 7.7 二维工作空间

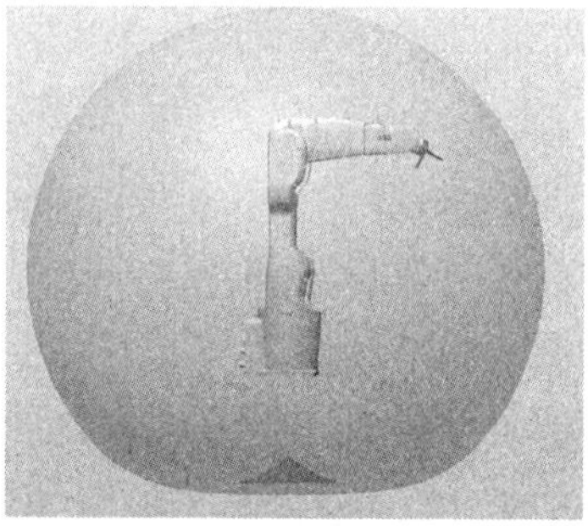

图 7.8 三维工作空间

3）负载：能够承受的最大工作载重。目前常用工业机器人负载范围为 0.5 ~ 800kg，负载=零件重量+手爪重量。

4）工作准确度：指机器人末端执行器定位准确度和重复定位准确度。定位准确度是机器人末端执行器实际达到位置点与目标位置点之间的偏差值，反映到达目标位置的绝对精度；重复定位准确度是机器人手部重复定位于同一点的能力。因作业任务和负载的不同，重复定位准确度要求不同。

1.4 工业机器人分类

常见工业机器人类型如图 7.9 所示。具体分类如下。

（1）按机械结构类型分类

① 直角坐标型机器人。

空间互相垂直的三个方向上的独立移动直线轴实现手部位置调节，全部为直线移动关节。

特点：整体结构简单，刚度高；各关节之间没有耦合作用，运动相互独立；整机占地面积大，路径长，导轨面防护比较困难。

② 球坐标型机器人。

由两个旋转运动和一个直线运动组成，可完成俯仰、回转和伸缩运动，工作空间是部分球面。

特点：工作范围较大，占地面积小，控制系统复杂，刚度和精度较差。

③ 圆柱坐标型机器人。

有一个旋转运动和两个直线运动。

特点：通用性较强；整机结构紧凑；手臂向下移动受限于机器人底座结构，不能抵达底部。

④ 关节型机器人。

动作灵活，工作空间大；关节运动部位密封性好；运动学复杂，不便于控制。关节型机器人类型见表 7.2。

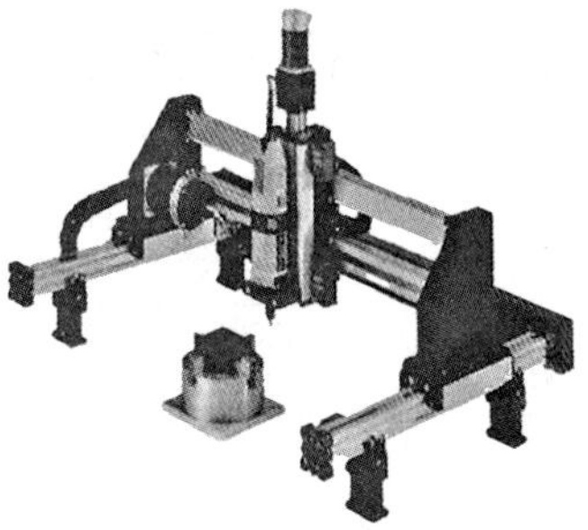

(a) 直角坐标型(3直线)

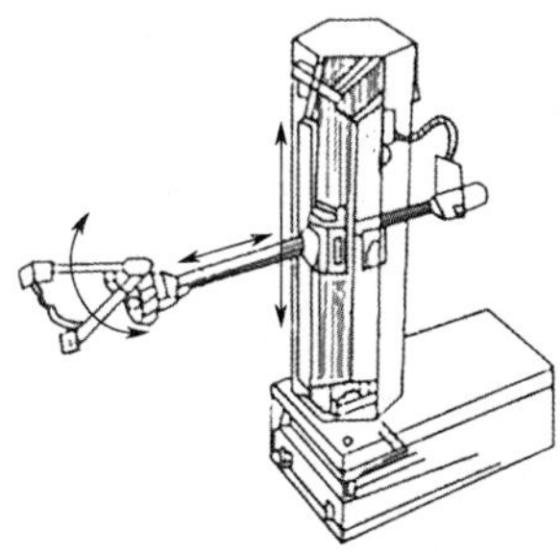

(b) 圆柱坐标型(1旋转+2直线)

(c) 垂直关节型(4旋转)

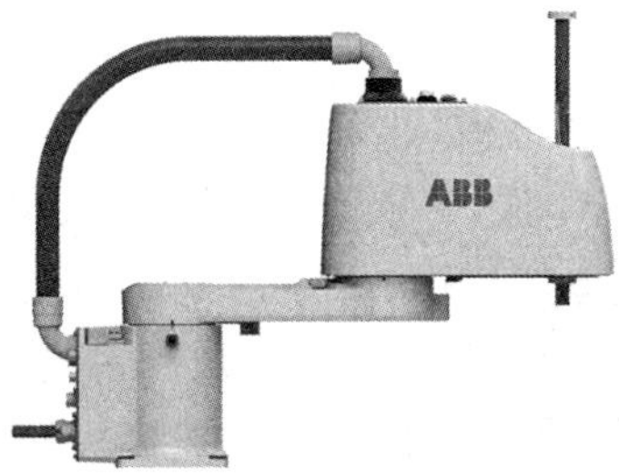

(d) 平面关节型(3旋转+1直线)

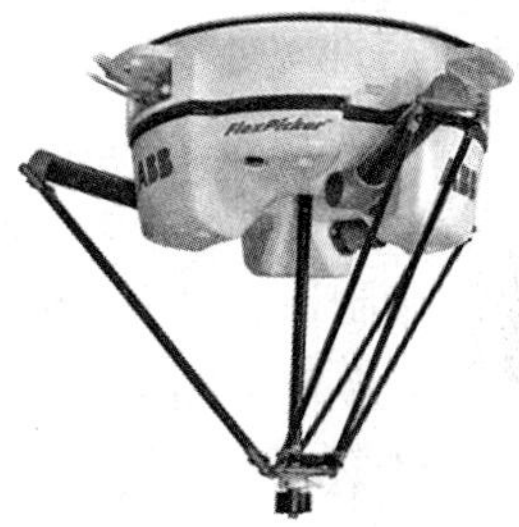

(e) 关联式(Delta)(4转动)

图 7.9　常见工业机器人类型

表 7.2　关节型机器人类型

类型	垂直关节型	平面关节型（SCARA）	并联式（Delta）
运动特点	4 个以上旋转轴，大臂与立柱构成肩关节，大小臂构成肘关节	臂部：2 个旋转+1 个直线移动。腕部：1 个旋转轴	4 个转动关节，1 个轴的运动不改变另 1 个轴的坐标原点
作用	1 个转动关节 +2 个俯仰关节，方便抓取靠近机身的物体	3 个转动关节轴线互相平行，在平面内实现定位和定向功能。1 个移动关节实现手爪在垂直于平面方向上的运动	3 个机构并联，方便准确抓取物体
工作空间	工作空间近似球体形状	工作空间为圆柱体的一部分	工作空间是球面的一部分
结构特点	结构紧凑，动作灵活，刚度和精度较低	结构简单，动作灵活，水平方向有柔性，竖直方向有刚性	结构稳定，微动精度高，运动负荷小
适应场合	搬运、装配、焊接、检测等	分拣、装配	高速分拣、装配

（2）按用途和作业类别分类

根据用途和作业要求，机器人分为焊接机器人、装配机器人、喷涂机器人、浇注机器人、搬运机器人、切削加工机器人、采掘机器人等类型。

1.5　工业机器人的品牌

（1）常见工业机器人品牌

常见工业机器人品牌对比见表 7.3。

表 7.3 常见工业机器人品牌对比

名称	国家	特点	优势	应用领域
ABB	瑞士	算法最好，价格略贵	运作控制系统性能优势突出，机器人算法最优	焊接、装配、材料处理、包装、喷涂等领域
库卡 KUKA	德国	重负载机器人领域好，操作简单，但故障率较高	二次开发性能卓越，操作简单，易于学习	汽车制造、电子电气、物流仓储、金属加工、木材加工等
发那科 FANUC	日本	精度非常高，过载不行	强大的数控系统实力应用于机器人系统	适用于轻负载、高精度场合。制造业：汽车制造、电子制造
安川 Yaskawa	日本	负载大，稳定性高，与发那科相比精度略差	电机惯量最大化，性价比高	汽车制造：焊接、涂装、装配。电子制造：组装、检测。食品加工：码垛、包装、搬运等

（2）国外其他工业机器人公司

意大利 COMAU 公司是著名工业机器人生产商，自 20 世纪 70 年代末期开始研发生产机器人，典型产品包括 Smart 系列多功能机器人和 MAST 系统龙门焊接机器人，性能优越，广泛应用于汽车制造、化工、航天等行业。日本的川崎重工业公司拥有 40 余年的机器人研发历史，机器人多用于组装、处理、焊接等工业生产；日本的爱普生机器人公司研发了高精高速、紧凑型工业机器人；瑞士史陶比尔集团致力于四轴和六轴机器人，应用于电子、光电、生命科学等领域。

（3）国内机器人公司

国内工业机器人虽然起步较晚，但随着我国研发力量的大规模投入及借鉴国外工业机器人的发展技术，得以快速发展，目前市场品牌非常多。例如：首钢莫托曼机器人有限公司是国内工业机器人领域的一个主要平台；中国沈阳新松机器人自动化股份有限公司是国内知名的机器人高技术公司、最大的工业机器人产业基地，生产代表性产品有 rh6 弧焊机器人和 rd120 点焊机器人，以及搬运、码垛、涂胶及激光加工、浇注等机器人；广州数控设备有限公司自主研发的 RB 系列工业机器人，应用了 GSK-RC 控制器，具有高稳定性、长寿命、高性价比等特点。这些企业在机器人行业中的不懈努力促进了我国机器人工业飞速发展。

2 ABB RobotStudio 仿真软件及应用

ABB RobotStudio 是 ABB 公司开发的一款基于 PC 机的应用软件，适用于各类 ABB 工业机器人的操作运行仿真，其功能设置与实际工作运行中的工业机器人使用的软件功能完全一致，所用程序和配置文件完全相同，普遍应用于机器人单元的建模、离线编程和仿真操作。离线编程功能使用户在实际构建机器人系统前进行设计和试运行，大幅降低机器人运行风险，通过创建精确的路径获得更高质量的部件。

2.1 ABB RobotStudio 界面

启动软件，软件界面包含七个功能选项。图 7.10 为软件开启界面。

① 文件：包括新建工作站、在线连接到控制器、创建并制作机器人系统、共享数据等，如图 7.11 所示。

② 基本：包括建立工作站、路径编程、坐标系设置选择、移动物体控件等选项，如图 7.12（a）所示。

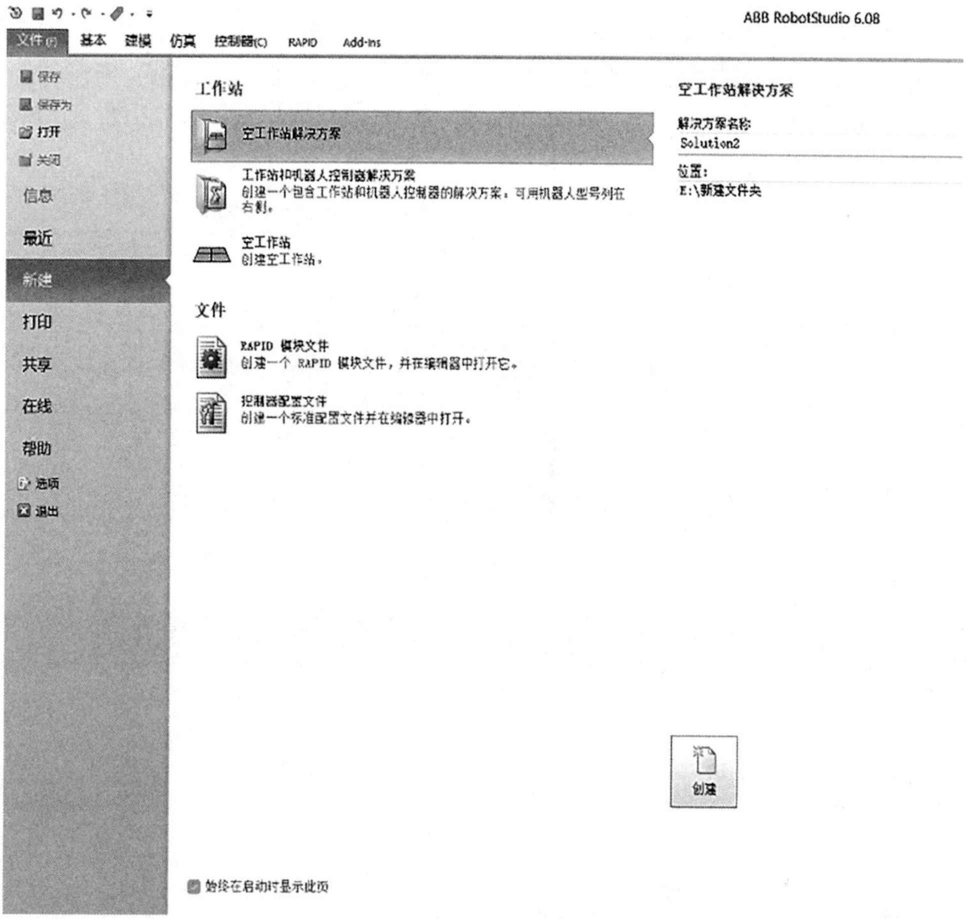

图 7.10　软件开启界面

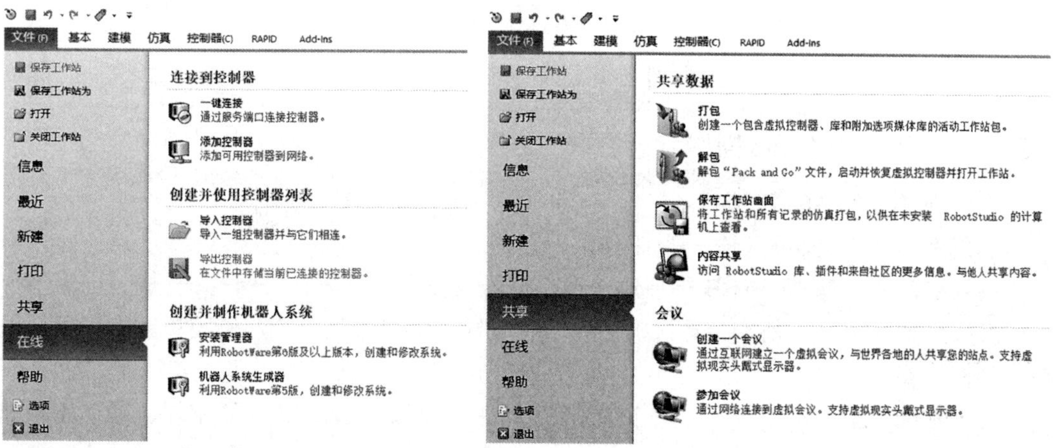

(a) 在线功能　　　　(b) 共享功能

图 7.11　“文件”选项功能

③ 建模：创建工作站组件、建立实体、导入几何体、测量、CAD 操作及创建机械装置等，如图 7.12（b）所示。

④ 仿真：创建碰撞监控、仿真配置、控制、信号分析及录像等，如图 7.12（c）所示。

⑤ 控制器：添加控制器、控制器工具、配置需要的控件的功能，如图 7.12（d）所示。

⑥ RAPID：编辑器功能、文件管理和编辑控件等功能，如图 7.12（e）所示。

⑦ Add-Ins：RobotApps 社区、RobotWare 安装及迁移控件等，如图 7.12（f）所示。

(a)“基本”功能选项

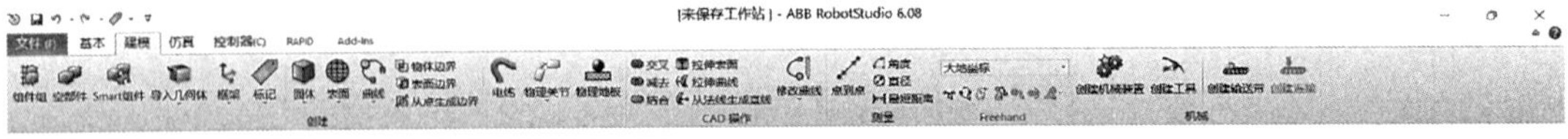

(b)“建模”功能选项

(c)“仿真”功能选项

(d)“控制器”功能选项

(e)“RAPID”功能选项

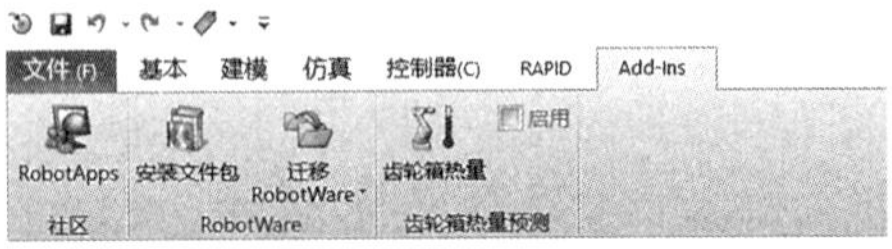

(f)“Add-Ins”功能选项

图 7.12　主菜单各功能选项

2.2　ABB RobotStudio 操作

(1) 基本工作站创建

创建工作站：文件→新建→空工作站→创建。

导入机器人：基本→ABB 模型库→选择机器人类型。

安装机器人工具：基本→导入模型库→按需导入机器人工具→左侧菜单点击工具，鼠标左键拖拽安装。

建立基础模型：建模→固体→按需求选取形状（例如：矩形体、圆锥体、圆柱体、球体等）→输入需要设置的尺寸参数→创建。

工作站建立完成，但机器人还不能进行工作，需要添加控制系统才能执行任务。

(2) 创建工业机器人系统

目的：建立虚拟控制器，使机器人具备电气特征，完成驱动实现仿真操作。

过程：基本→机器人系统→从布局（根据已有布局创建系统）→默认下一个→下一个→选项→Default Language→Chinese→确定，如图 7.13 所示。

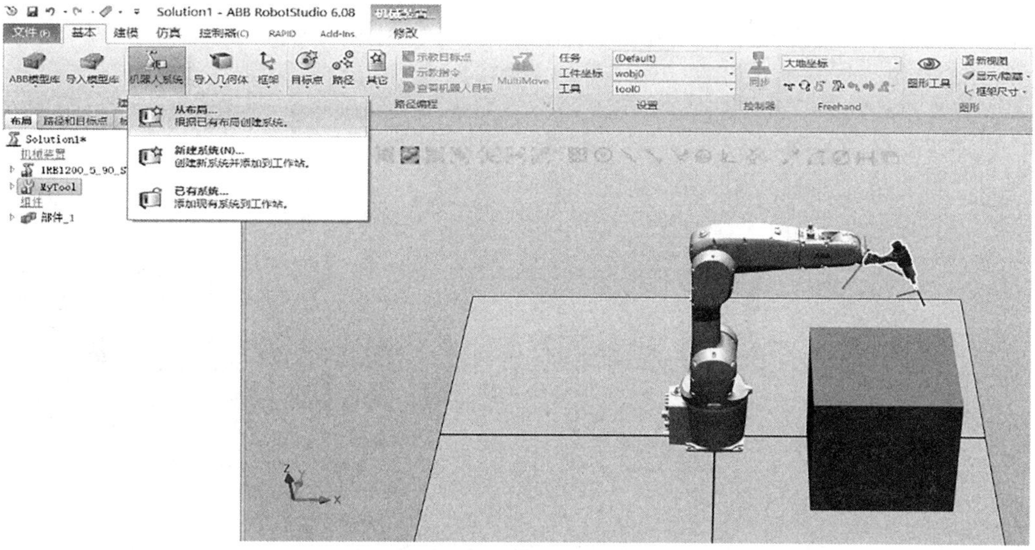

(a) 从布局创建系统

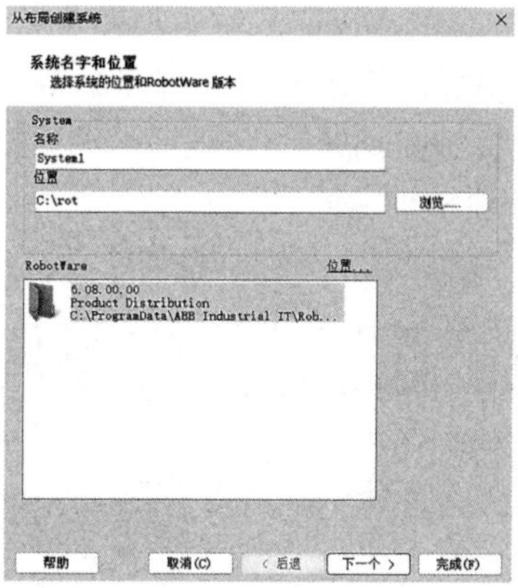

(b) 系统名称和位置

(c) 选择系统的机械装置

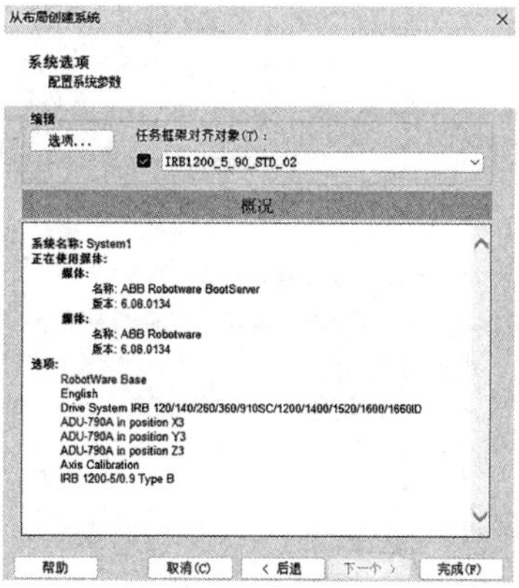

(d) 选择系统选项

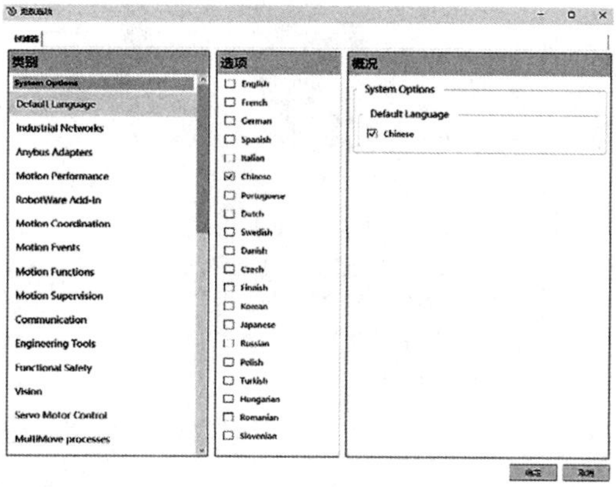

(e) Default Language 选项

图 7.13　创建工业机器人系统过程

(3) 工业机器人系统中组件位置变化

左侧菜单点选移动组件→组件颜色加深→选择移动或旋转图标（红色圆圈标注）。如果需要整个系统平移：ctrl+鼠标左键。整个系统旋转：shift+ctrl+鼠标左键。整个系统缩放：shift+鼠标滑轮。系统中组件移动如图 7.14 所示。

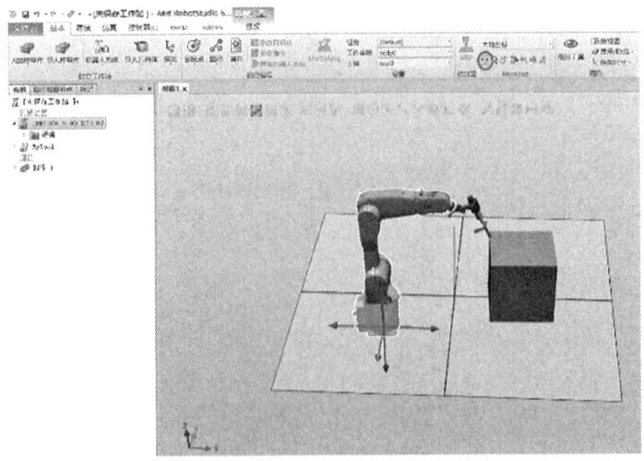

(a) 系统中组件平移位置

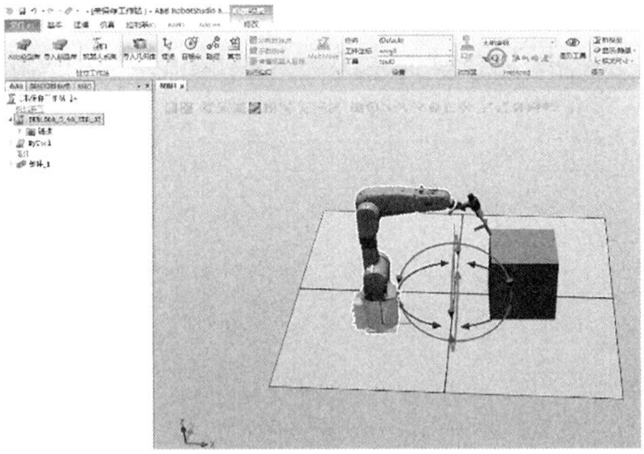

(b) 系统中组件旋转角度

图 7.14　系统中组件移动

（4）示教器

示教器是工业机器人控制系统的核心部件，是负责完成手动操作、程序编写、参数配置及监控的手动控制装置。示教器各部分组成及功能按键如图 7.15 所示。

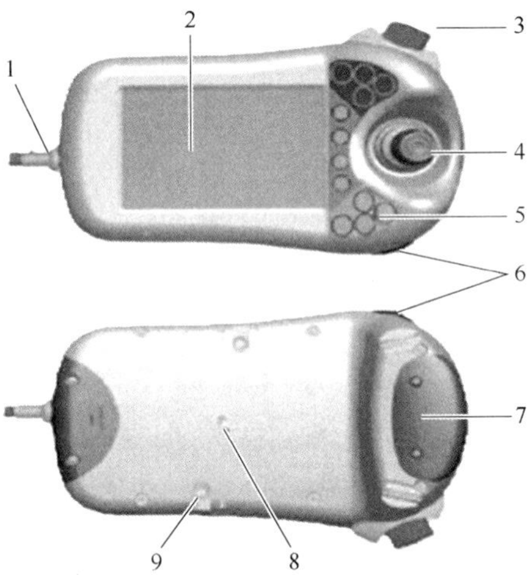

(a) 示教器各部分组成

1—连接电缆；2—触摸屏；3—急停开关；4—手动操作摇杆；5—专用硬件按钮；6—数据备份用USB接口；7—使能器按钮；8—复位按钮；9—触摸屏用笔

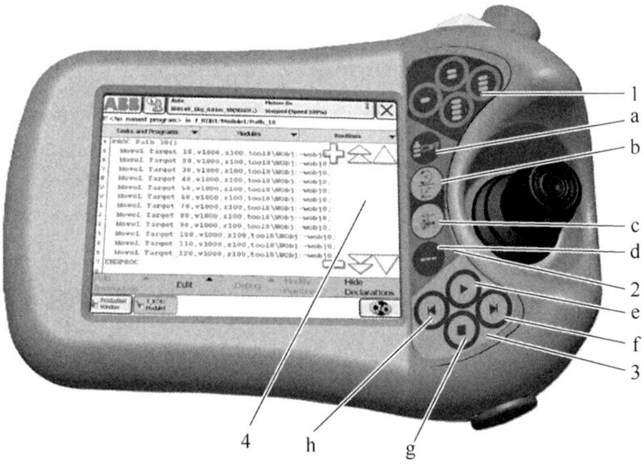

(b) 触摸屏及控制按钮

1—预设按钮；2—快捷菜单按钮：a—选择机械单元，b—切换运动模式，重定向或线性，c—切换运动模式，轴1～3或轴4～6，d—切换增量；3—运行按钮：e—启动，f—步进，g—停止，h—步退；4—触摸屏

图 7.15　示教器各功能键简图

示教器左手持握，手指按住使能键，右手操作，如图 7.16 所示。示教器使能键是工业机器人为保障操作员安全而设置的按钮，共分三挡，第一挡自然状态下，防护装置停止状态；第二挡手动状态下适当力度按键，电机开启状态；第三挡较大力度按下，防护装置停止状态。使能器按钮被按下，并且始终保持在“电机开启”的状态，操作员才能够从事机器人正常的手动操作和程序调试等作业；如发生意外或危险，操作员本能松开或握紧使能

器按钮，机器人马上停止工作，不再动作，直接保障操作员的安全。

手动操作摇杆使用：操纵幅度大小决定机器人运动速度快慢，幅度较小运动速度较慢，幅度较大运动速度较快。

示教器包括手动和自动两种运行模式。手动：进行系统参数设置、程序编辑、手动控制机器人运行，机器人运行速度较慢。自动：机器人调试完成后投入运行的模式，一旦进入此模式，机器人大部分功能将被禁用。

(5) 工业机器人的单轴运动

单轴运动：工业机器人含六个关节轴，每次只能手动操纵实现其中一个关节轴的运动，其他轴不能参与运动。操作过程：

① 打开示教器“手动模式”，如图 7.17 所示；

图 7.16　示教器把持操作方法

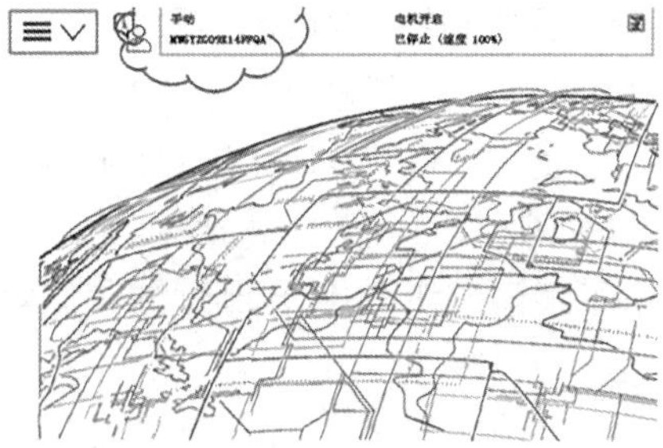

图 7.17　示教器手动模式

② 打开左上角主菜单，选择“手动操纵”→“动作模式”→轴 1-3 与轴 4-6 切换。手动单轴操纵过程如图 7.18 所示。

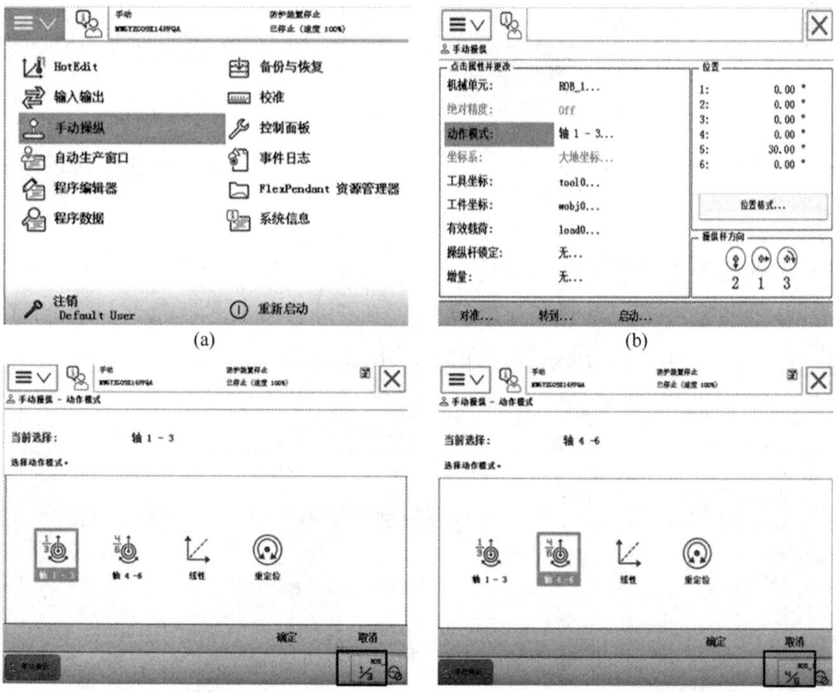

图 7.18

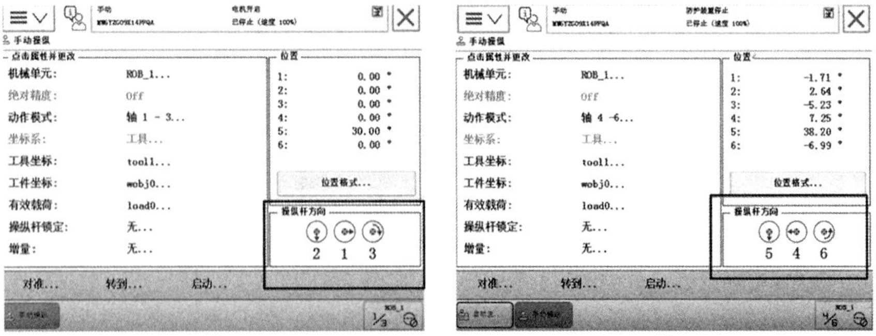

(e) (f)

图 7.18 手动单轴操纵过程

（6）工业机器人的线性运动

线性运动：控制机器人第六轴法兰盘上安装的工具的 TCP，在空间做 X、Y、Z 三个方向的线性移动。TCP（Tool Center Point）是工具的中心点或工具的中心尖端。如图 7.19 所示，默认 TCP 是没有装工具的时候的第六轴法兰盘中心点位置，装好工具后，需要进行定义，用工具端点作为 TCP 进行运动，如图 7.20 所示。

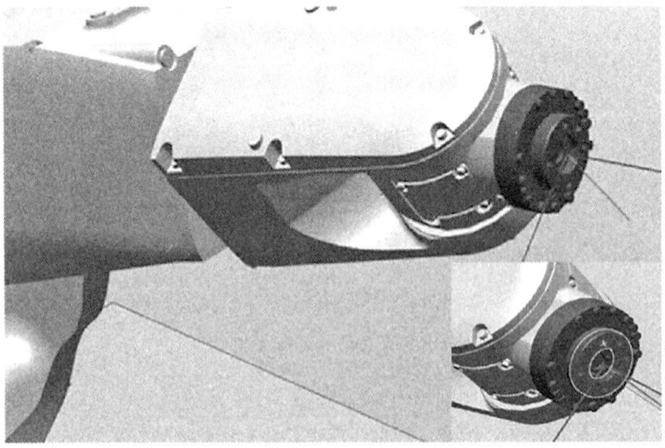

图 7.19 法兰盘 TCP 点

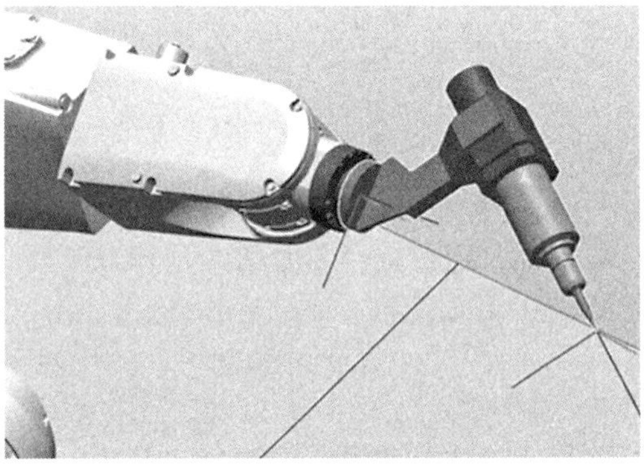

图 7.20 工具端 TCP 点

操作过程：

① 打开示教器“手动模式”；

② 打开左上角主菜单，选择“手动操纵”→“动作模式”→线性，进行 X、Y、Z 三个方向的直线运动。手动线性操纵过程如图 7.21 所示。

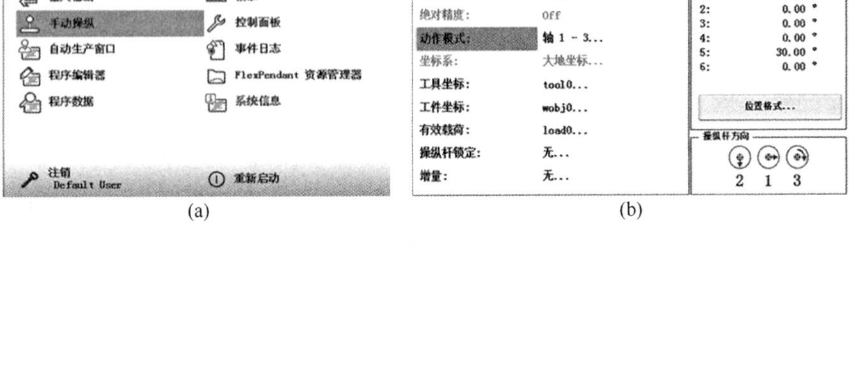

(a) (b)

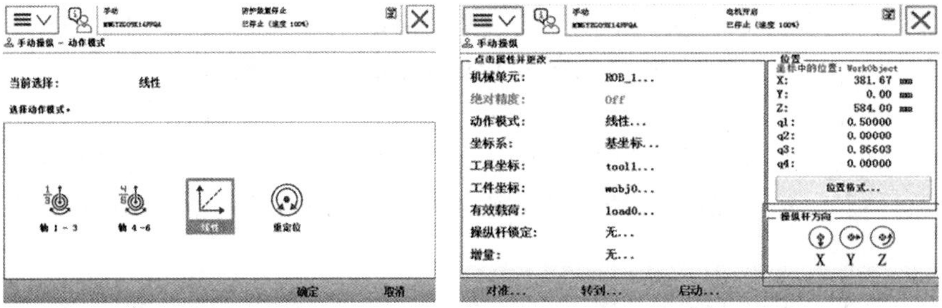

(c) (d)

图 7.21 手动线性操纵过程

2.3 ABB 机器人程序编写简单介绍

（1）ABB 编程语言 RAPID

RAPID 是一种基于计算机的高级编程语言。优点：灵活，简洁，易学，易用。支持中断、错误处理、多任务处理等高级功能。利用 RAPID 编程语言中特定词汇和语法编写得到 ABB 机器人控制程序，其指令包括：输入读取、输出设置、机器人移动、构造程序、实现决策、重复其他指令等。

ABB 机器人程序结构为任务、模块、例行程序三层结构，如图 7.22 所示。

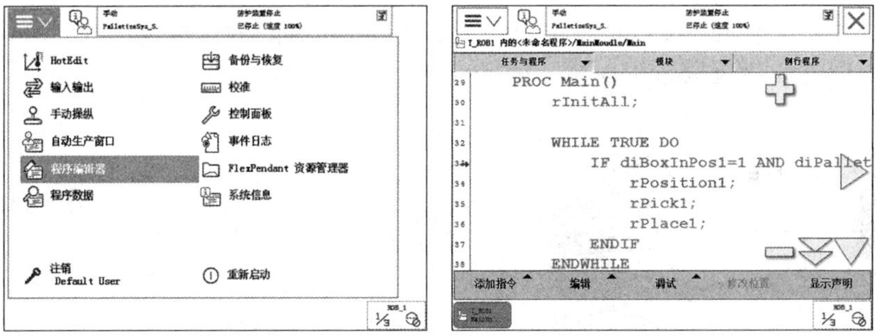

(a) (b)

图 7.22 程序结构

一个 RAPID 程序称为一个任务，由一系列模块组成，单任务系统只能同时存在一个任务，新建和加载操纵都会替换现存的一个任务。模块分为系统模块和程序模块两部分。系统模块包含系统数据，完成系统控制。通常只需要新建程序模块即可构建机器人的程序。每个程序模块都包含程序数据、例行程序、中断程序和功能程序四种不同的对象，这四种对象在不同的程序模块中可以实现互相调用。任务中只有一个主程序 main，可存在于任意一个程序模块中，并且作为任务执行的起点，这个包含主程序的模块常被称为主程序模块。

假设任务是一个机器人，那么这个机器人可以完成模块 1（码垛）、模块 2（涂装）、模块 3（搬运）等多种不同的工作，每个模块由程序数据、例行程序、中断程序、功能程序组成，主程序被包含在其中一个模块中，作为执行任务的起点。

（2）常用 RAPID 编程指令

ABB 工业机器人的 RAPID 编程提供了丰富的指令，以应对多变的功能应用。

① “添加”指令：选中插入指令位置，蓝色高亮→“添加指令”→指令列表切换选择，“编辑”菜单→“更换选择内容”（或者“ABC”选项）进行修改。

② 基本指令：

a. MoveL：线性运动指令。机器人 TCP 点沿直线运动到目标点，运动路径为直线，速度较慢，路径精度高，小范围运动，运动路径唯一，状态可控；常在码垛抓取点和放置点时应用。

格式：MoveL，P1，v100，Z10，tPen。其中，P1 为目标位置；v100 为运行速度；Z10 为转弯区数据；tPen 为工具中心点。如图 7.23 所示为直线指令编程。

例如：MoveJ P10，v1000，Z50，tool10；

MoveL P20，v1000，Z50，tool10；从 P10 点位置走直线至 P20 点。

b. MoveJ：关节运动指令。运动路径为曲线，速度较快，以最快捷的方式运动至目标点，常在大范围空间移动，运动路径唯一，运动状态不完全可控。

格式：MoveJ P_1，v100，z10，tpen。

c. MoveC：圆弧运动指令，将机器人 TCP 点通过中间点以圆弧方式运动至给定目标点，当前点、中间点和目标点三点决定一段圆弧，运动状态可控，运动路径保持唯一，运动圆弧一般不超过 240°。

格式：MoveC P_1，P_2，V1000，Z100，tpen。其中，P_1 为中间位置，P_2 为目标位置。

如图 7.24 所示为圆弧指令编程，P30 为中间位置点，P40 为目标位置点。MoveL、MoveJ、MoveC 三种指令路径描述轨迹比较如图 7.25 所示。

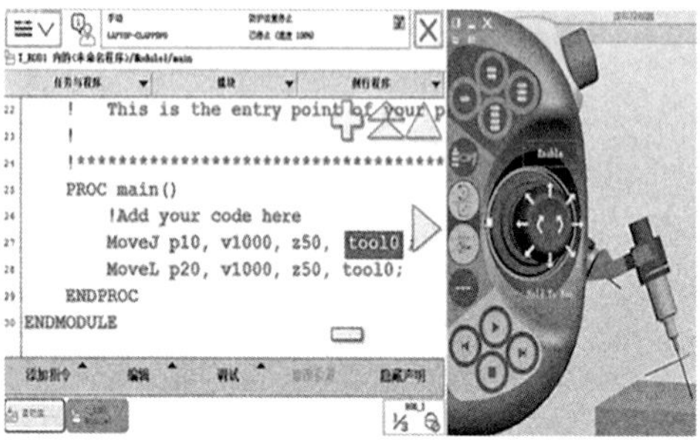

图 7.23　线性指令

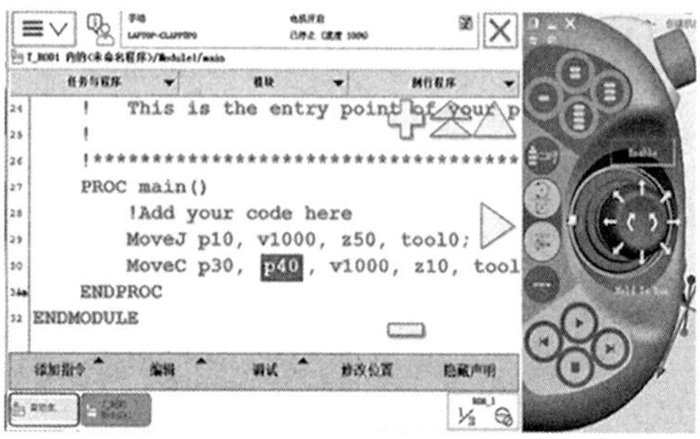

图 7.24　圆弧运动指令

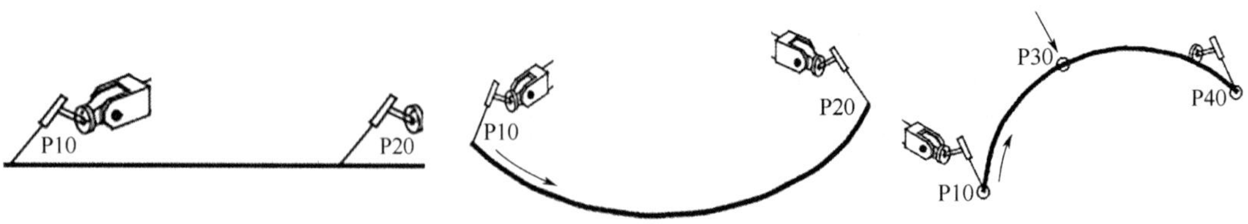

(a) MoveL　　(b) MoveJ　　(c) MoveC

图 7.25　三种指令路径比较

d. MoveAbsj：绝对位置运动指令，机器人各关节运动至给定位置，常用于机器人回原点的操纵。

格式：MoveAbsj P_1，v1000，z10，tpen。其中，P_1 为目标位置。

③ ABB 工业机器人坐标系。

ABB 工业机器人应用包括四类坐标系：默认坐标系（基坐标）、大地坐标系（大地坐标）、机器人安装工具所建立的坐标系（工具坐标）、机器人工作台面建立的坐标系（工件坐标）。

a. 基坐标：机器人本体中心原点的位置，基座底部中心点。

b. 工具坐标：描述安装在机器人第六轴上的工具的 TCP 位置、工具重量及重心等参数数据。

机器人应用功能不同，配置的工具也不同，如：弧焊机器人配置的工具为弧焊枪，搬运板材的机器人配置的工具为吸盘或夹具。机器人应用配置不同工具作业时，工具坐标确定工具 TCP 的位置和安装方式，无需修改程序，只需改变工具坐标系即可保证 TCP 达到指令点。工具坐标分为标准对称型和非标准对称型。

非标准对称型工具坐标创建步骤：主菜单按钮→手动操纵→工具坐标→新建→工具数据名称命名（tool1）→命名后，点击“初始值”→输入工具重量（mass）→工具重心（cog）→输入后，确定→工具数据初始值设定后，确定→选中“tool11”，“编辑”菜单“定义”→选择“TCP”设定 TCP（四点创建法）→选择合适的手动操纵模式→按下使能键，摇杆控制工具参考点靠上固定点，作为第 1 点→选中“1”，点击“修改位置”，将点 1 位置记录→工具参考点靠上固定点，作为第 2 点，选中“2”，点击“修改位置”，将点 2 位置记录→工具参考点靠上固定点，作为第 3 点，选中“3”，点击“修改位置”，将点 3 位置记录→工具参考点垂直参考物靠上固定点，作为第 4 点，选中“4”，点击“修改位置”，将点 4 位置记录→确定（设定完成）→确定最大误差不超过 1mm→不超过 1mm 点击确定，超过点击取消并重新设定。简要设定过程如图 7.26 所示。

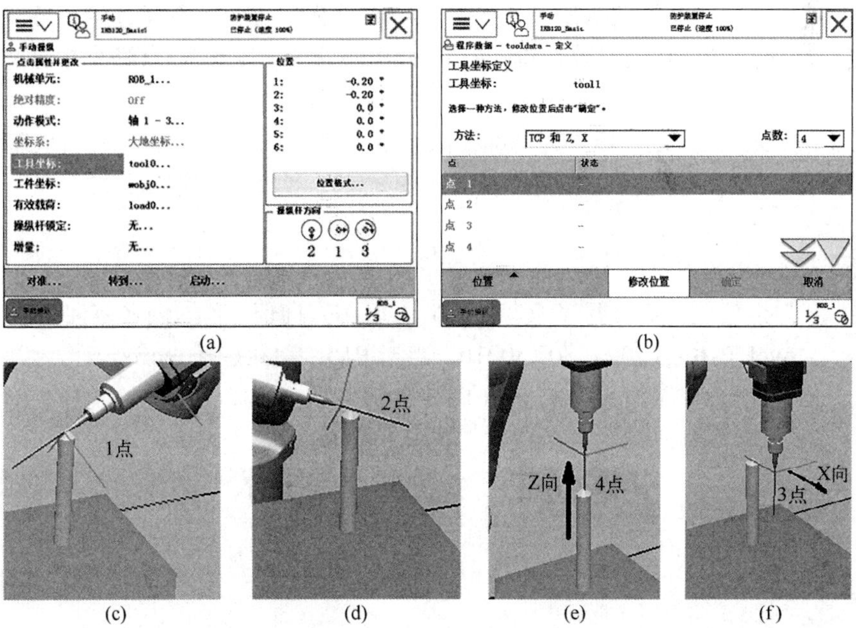

图 7.26

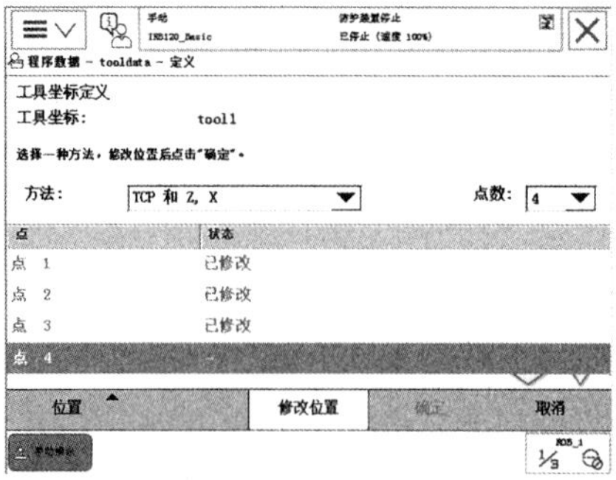

(g)

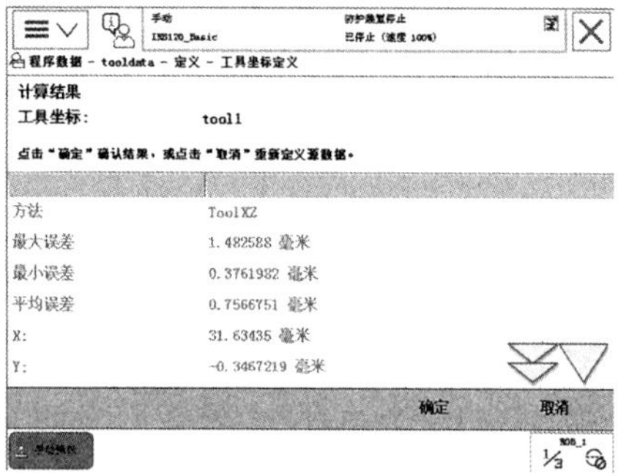

(h)

图 7.26 工具坐标设定过程

c. 工件坐标：以机器人基坐标作为 A，在工作台上建立一个原点位置不同的工件坐标 B 和工件坐标 C。当位置发生变化时，轨迹程序可以根据变化重新使用，无需对运动轨迹重复编程，从而节省时间。

例如：工业机器人走相同的运动轨迹抓取工件，当工作台位置移动后，只需重新定义工作台和工件的坐标系，不需重新编写运动轨迹程序。

三点法创建工件坐标系，即在工件表面位置或工件边缘角位置定义三个点。

创建原理：手动操纵机器人，找到第一点 X_1→工件表面或边缘角位置→作为坐标系原点；手动操纵机器人，找到第二个点 X_2→工件表面或边缘角位置→X_1、X_2 两点确定工件坐标系的+X 方向；手动操纵机器人，Y 为正的方向找到一点 Y_1→XY 平面上→确定+Y 正向。

创建步骤：主菜单→手动操纵→工件坐标→新建→工件数据类型，设定，确定名称→选中名字，编辑→三点法确定 X_1，X_2，Y_1→操纵机器人工具参考点靠近定义工件坐标系的 X_1 点→选中用户点 X_1，点击修改位置，记录 X_1 点→同理，找到 X_2 点修改并记录→同理找到 Y_1 点。

④ 偏移指令：以选定目标点为基准，沿选定工件坐标系 X、Y、Z 轴方向偏移一定距离，但不能绕 X、Y、Z 轴旋转。偏移指令应用定点少，距离更加精确，常应用于工件坐标系中。

格式：offs（P, X, Y, Z）。

其中，P 为选位置；X 为偏 X 方向值；Y 为偏 Y 方向值；Z 为偏 Z 方向值。

例如：MoveL P10，V500，Z0，t0010；点击 P10，功能选择→offs。

MoveL offs（P10，100，0，0），V500，Z0，t0010；

课题二 增材制造技术

1 概述

增材制造技术是一种以离散堆积原理为基础，借助三维数据模型驱动实现直接制造零部件的先进科学技术体系，采用自下而上逐层累加材料的制造方法。在复杂结构件制造领域，增材制造技术展现出显著的优势。

近年来，增材制造技术（Additive Manufacturing，AM）基于不同的分类准则与认知视角，被赋予多种别称，例如快速成型（Rapid Prototyping）、快速原型制造、快速制造（Rapid Manufacturing）、3D 打印、实体自由制造等。这些术语的内涵不断深化，外延持续扩展，从多个维度视角体现该技术的独特特质。文中提及的增材制造，在概念范畴上与快速成型、快速制造相一致。

快速成型系统融合了众多先进技术，例如计算机辅助设计及制造、数控技术、激光技术、精密伺服驱动技术以及新型材料技术等。快速成型制造技术从根本上革新了零件加工的思维模式，将“去除”毛坯多余材料的传统加工模式，改变为采用创新的逐层叠加材料的“增材”加工模式，成功将复杂的三维加工过程有效分解为多个简单的二维加工步骤的组合。

快速成型制造技术（又称快速原型制造技术）作为一种先进的制造工艺手段，其核心是以计算机辅助设计（CAD）生成的数字化模型为依据，选用特定材料通过逐层累加堆叠的方式构建三维实体模型。该工艺技术基于离散-堆积机制，采用增材制造模式。具体实施流程：首先将计算机中设计完成的三维零件模型以特定数据格式进行存储与格式转换，通过专业软件对模型实施分层处理，提取各层截面的二维轮廓数据。然后依据这些轮廓数据自动生成加工轨迹。在控制系统的精准操控下，通过选择性固化光敏树脂、烧结粉末状材料或层层切割成型材料等方式，逐层构建出各个截面轮廓薄片，并按照预先设定的顺序依次叠加，最终形成三维实体。实体构建完成后，还需进行后处理工序，以获取符合要求的原型或零件。

目前提及的快速成型制造方式通常指累加式成型方法，通常依据原型所使用的材料及相应的构建技术分类。快速成型分类如图 7.27 所示。

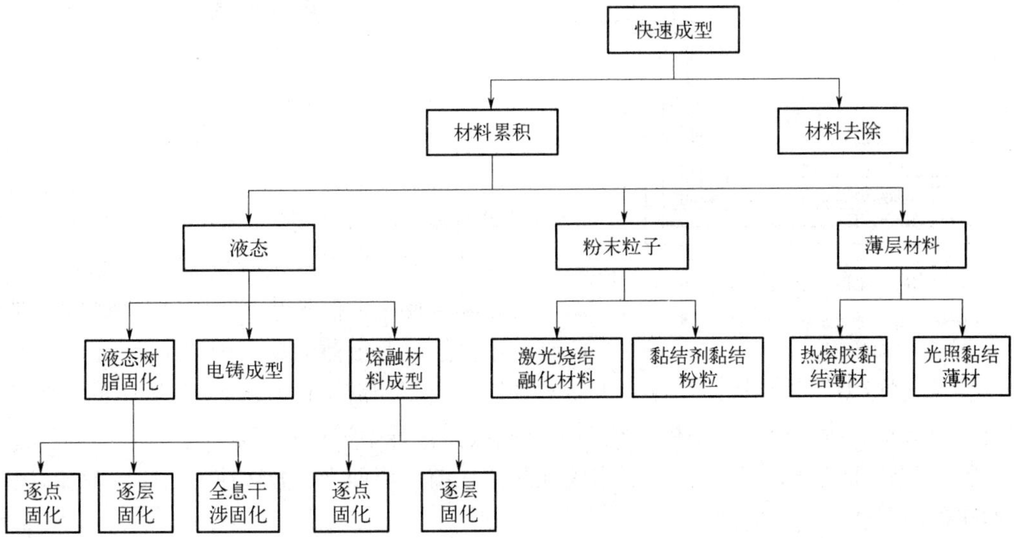

图 7.27　快速成型分类

根据选材和建造技术的差异，目前常用的快速成型工艺主要包含以下四种：

1）光固化成型工艺（SLA）：光敏树脂作为原材料，通过激光逐层照射使材料逐层固化，从而实现成型。

2）叠层实体制造工艺（LOM）：以纸材等薄层材料为基础，通过逐层黏结和激光切割的方式实现成型。

3）选择性激光烧结工艺（SLS）：使用粉末状原材料，借助激光选择性烧结作用，使材料逐层固化以实现成型。

4）熔融沉积制造工艺（FDM）：将熔融材料进行加热、熔化、挤压、喷射操作，随后经冷却处理实现成型。

快速成型模型的典型应用：①新产品的外观评估、装配检验及功能检验等；②作为样件直接替代机加工或者其他成型工艺制造的单件或小批量的产品；③作为硅胶模具的母模或熔模铸造的消失模等，实现批量翻制塑料及金属零件。

快速成型模型的获得方法与以往的实现方法相比，制造周期大幅缩短，制造成本大大降低。基于快速原型的衍生技术——快速模具制造技术，追求满足用户新、特、快、异的需求，可在短期内迅速推出一定批量的产品；针对开发研制新产品的工作，可大幅减少生产成本和投资风险，同步缩短研制周期和市场投放周期。

2 常用快速成型技术

（1）光固化快速成型技术

光固化快速成型技术（stereolithography apparatus，SLA）是一种以光聚合反应为基础的增材制造技术，其核心原理是利用紫外激光对液态光敏树脂完成逐层固化，从而构建出三维实体模型。其具体成型过程如图 7.28 所示。

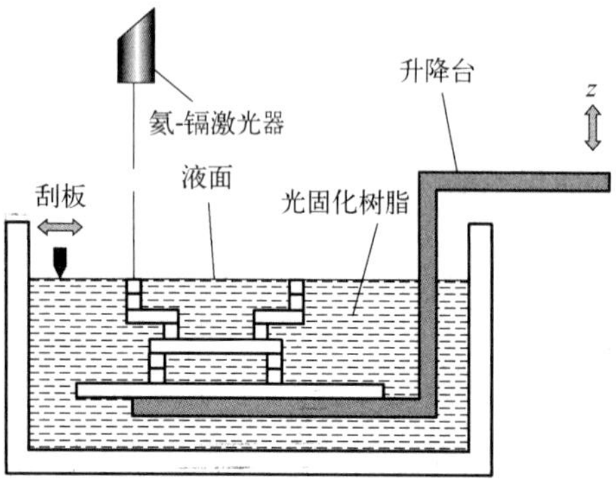

图 7.28 光固化成型工艺的成型过程

具体过程：

① 应用切片软件离散分解三维数字模型，得到一系列二维截面层。

② 液态光敏树脂充满成型液槽，氦镉激光器发射紫外激光束；在光敏树脂表面，借助计算机的精准操控实施逐点扫描（按照模型分解的各层截面轮廓数据信息）；在被扫描区域，当激光光斑照射到树脂表面时，光敏树脂发生光聚合反应；液态树脂转化为固态树脂，形成零件的一个很薄的单层固化结构。

③ 单层成型固化完毕，工作台下降一个设定层高（沿垂直方向），已固化的树脂表面被覆盖一层新的液态树脂，刮板移动刮平树脂液面，开始进行扫描加工。

④ 液态树脂形成的新固化层面牢固地黏结在前一层面上，循环往复、层层叠加，整个三维实体模型逐层构建完成。

光敏树脂材料黏性较高，采用刮板刮切工艺有助于重新覆盖的液面短时间内快速均匀地涂敷在上一叠层表面，经激光固化后能获得更高的精度，极大提高产品表面光洁度及平整度。

光固化快速成型技术具有显著的工艺优势和应用特点。其成型精度极高，通常可达

0.05mm 左右，能够实现复杂几何形状和精细结构的高精度制造；该技术无需传统加工中的切削工具与模具，大大缩短产品开发周期，降低生产成本；光固化成型的原材料利用率接近 100%，且成型后的零件可以通过后处理进一步提高强度和稳定性；光敏树脂具有良好的光学透明性、力学性能和化学稳定性，可满足多种场景的应用需求。

光固化快速成型技术常应用在制造业中，如汽车零部件、航空发动机叶轮等高精度的原型、模具和小批量生产的复杂零件制造。在医疗领域，使用光固化快速成型技术，根据 CT 或 MRI 数据制造手术模型，辅助医生进行复杂手术的规划和练习。此外，在珠宝设计、牙科修复、电子设备制造等行业，光固化成型技术也得到广泛应用。

（2）选择性激光烧结工艺

选择性激光烧结（selective laser sintering，SLS）制造工艺基本过程如图 7.29 所示。过程：①在成型缸基板上→铺粉辊（铺粉机构）→均匀铺设一层粉末材料（如金属合金粉末、陶瓷粉末）；②加热，加工区域的温度调控略低于该粉末烧结点的预定温度时，控制系统精准驱动激光束在粉末层上实施扫描（按照该层的二维截面轮廓）；③粉末吸收激光能量后温度急速上升，温升达到粉末熔点温度时，粉末颗粒之间发生烧结或熔合反应，并与下面已成型的部分实现稳固粘结；④单层截面烧结完成，工作台下降一个层厚（沿竖直方向），铺粉辊将单层粉末均匀密实平铺，进入下一层截面的烧结操作流程；⑤上述工艺流程循环不断，直至整个三维模型整体成型。

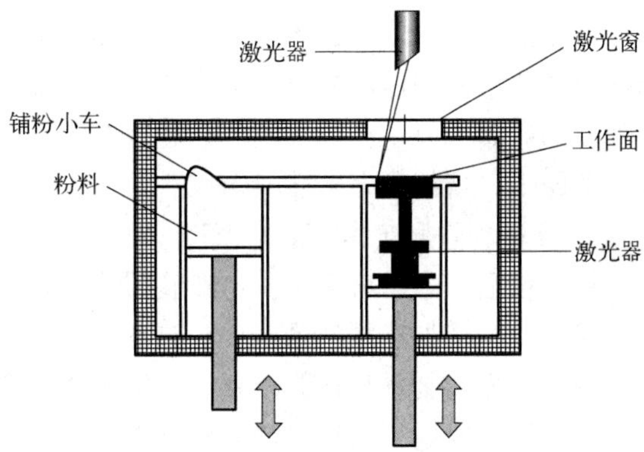

图 7.29　选择性激光烧结工艺的基本过程

在全部成型过程中，未参与烧结的粉末材料承担支承功能，对模型的空腔和悬臂部分形成有效支承。相较于 SLA 和 FDM 工艺，SLS 工艺不需要额外设计生成专用的支承结构。

实体构建完成，原型部分经充分冷却后，将成型件取出并放置到后处理工作台上，去除附着在工件表面的松散粉末，经打磨、抛光、浸渗处理得到最终产品。

选择性激光烧结技术的应用：在航空航天领域，用于制造发动机叶片、卫星支架等复杂结构零部件，提高结构强度和可靠性，减轻重量；汽车制造行业，用于汽车零部件的快速原型制造和小批量生产，降低生产成本；医疗领域，用于制造个性化医疗器械，利于患者康复；在模具制造行业，用于制造快速模具和随形冷却模具，显著提高产品质量。

（3）熔融沉积快速成型工艺

熔融沉积快速成型工艺（fused deposition modeling，FDM）又称熔丝沉积成型工艺。成型工艺过程：加热熔化的热塑性丝状材料，经配备微细喷嘴的高温喷头挤喷出来；控制热熔性材料的温度始终稍高于固化温度，控制已成型部分的温度始终稍低于固化温度，每当喷嘴挤喷出热熔性材料后，随即在喷嘴出口处与前一层已固化面迅速熔结；完成一层材料的沉积后，工作台沿垂直方向下降一个预设的增量层厚，之后继续实施熔喷沉积作业，直至整个三维实体造型完成。

如图 7.30 所示，FDM 工艺具体流程：①实心热塑性丝材缠绕在供料辊上，电动机驱动供料辊作旋转运动；②借助辊体和丝材之间的摩擦力，丝材被推送至喷头的出料口；③在供料辊与喷头组件之间装配低摩擦材料制成的导向套，确保供料辊上的丝材（顺畅、平稳、准确）传送到喷头的内腔；④电阻丝式加热元件（喷头前端）加热丝材，丝材被加热达到熔融工作状态，经喷头出口涂覆至工作台上，经冷却固化后形成实体制件。

在熔融沉积快速成型工艺中，支承结构是复杂原型制作的必要部分之一。新型 FDM 设备突破传统单喷头设计模式，采用双喷头结构实现工艺迭代升级，其中一个喷头负责模型材料铺覆沉积，另一个喷头用于定向沉积支承材料。双喷头设备的优势：①效率和成本，并行沉积作业的过程可以提高沉积效率，精准分配支承材料用量，节省材料降低模型制作成本；②材料灵活适配，灵活选择具有特殊物理化学属性的支承材料，如水溶材料、低于模型材料熔点的热熔材料等，便于后处理过程中支承材料的去除。

熔融沉积快速成型工艺应用：在产品设计与原型制造方面，用于制造产品外观模型和功能验证模型，加速产品推向市场的进程；在教育领域，用于制作教具，帮助学生直观理解抽象的概念和复杂机械结构；在建筑与土木工程领域，用于制作建筑模型和小型构件制造，有助于分析结构力学性能。

（4）薄材叠层实体快速成型工艺

组成包括：①供料系统：送料装置确保薄材平稳释放平整运送，收料装置收集未切割的边缘废料。②加热黏结系统：加热辊负责加热施压，黏结当前层与成型部分。③二维切割系统：激光切割系统、数控系统。④工作台和分层控制系统：可升降工作台、机架、分层控制系统。⑤控制系统：计算机硬件、软件系统等。

工作流程：送料装置送料（工作台上制作基底），铺料（工作台下降一个层厚，一个步距的纸材被匀速送进），热压（工作台回升，设定温度与压力参数，加热辊滚压背面预涂热熔胶的纸材，当前叠层与成型叠层粘贴），切割（切片软件控制激光器进行层面轮廓切割，切割废料成规则网格结构降低剥离阻力），依此方法逐层制作直到全部叠层累加成型→后处理工序剔除多余小方格废料，得到成型实体制件。叠层实体快速成型工艺基本原理如图 7.31 所示。

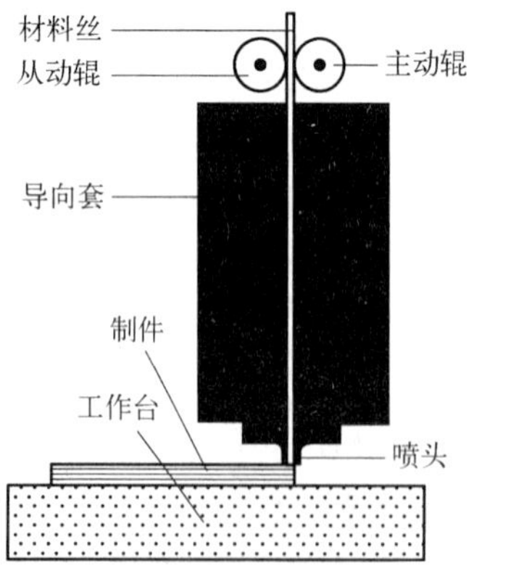

图 7.30　熔融沉积快速成型工艺基本原理

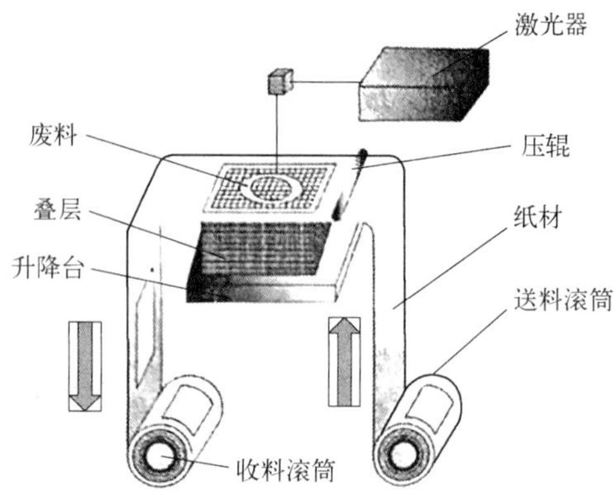

图 7.31　叠层实体快速成型工艺基本原理

特点：采用大面积层压与轮廓切割，成型速度快，适用于大型模型制造；使用的薄材价格低廉，废料可回收，设备维护成本低，降低制作成本；材料兼容性强，能够适配纸基、塑料基等多种薄材；工艺存在局限性，材料种类有限，不适合制造精细复杂及对材料要求严苛的结构件。

在实际应用中，该工艺在产品设计领域可用于快速制作产品原型，进行外观、结构验证，缩短设计周期；用于制作教学模型与实验样品，制作建筑沙盘模型、复制品等。

课后习题

1. 简述工业机器人的概念、组成、分类及主要应用。
2. 简述增材制造加工技术的基本概念、常用分类方法及其基本原理。

参考文献

[1] 葛英飞．智能制造技术基础［M］．北京：机械工业出版社，2019.

[2] 陈龙灿，彭全，张钰柱，等．智能制造加工技术［M］．北京：机械工业出版社，2020.

[3] 许德章，刘有余．机床数控技术［M］．北京：机械工业出版社，2020.

[4] 裴旭明．现代机床数控技术［M］．北京：机械工业出版社，2020.

[5] 成建峰，赵猛．机床数控技术［M］．北京：机械工业出版社，2018.

[6] 兰虎，王冬云．工业机器人基础［M］．北京：机械工业出版社，2020.

[7] 邓三鹏，周旺发，祁宇明．ABB 工业机器人编程与操作［M］．北京：机械工业出版社，2018.

[8] 王纬波，李凯．数控设备与编程［M］．西安：西北工业大学出版社，2011.

[9] 卢万强，饶小创．数控加工工艺与编程［M］．北京：机械工业出版社，2020.

[10] 惠延波，沙杰，刘战术，等．加工中心的数控编程与操作技术［M］．北京：机械工业出版社，2001.

[11] 关颖．FANUC 系列数控车床培训教程［M］．北京：化学工业出版社，2007.

[12] 党志宏，廖兆荣．数控机床操作与维护［M］．北京：机械工业出版社，2002.

[13] 王振宇．数控加工编程及操作实训指导［M］．北京：高等教育出版社，2006.

[14] 龙光涛．数控铣削（含加工中心）编程与考级（FANUC 系统）［M］．北京：化学工业出版社，2006.

[15] 康亚鹏．数控编程与加工—MastercamX 基础教程［M］．北京：人民邮电出版社，2007.

[16] 孙江宏．Pro/E 野火版 3.0 数控加工全程详解［M］．北京：电子工业出版社，2007.

[17] 朱明松，朱德浩．数控加工技术［M］．北京：机械工业出版社，2022.

[18] 卢万强，饶小创．数控加工技术基础［M］．北京：机械工业出版社，2014.

[19] 王晓洁．数控车床编程与加工［M］．北京：机械工业出版社，2018.

[20] 陈宾．数控车床编程与操作项目教程［M］．北京：机械工业出版社，2022.

[21] 顾晔，张秀玲，金山．数控编程与操作［M］．北京：人民邮电出版社，2010.

[22] 崔兆华．从零开始学数控编程与操作［M］．北京：化学工业出版社，2010.

[23] 何贵显．FANUC 0i 数控铣床/加工中心编程技巧与实例［M］．北京：机械工业出版社，2018.

[24] 刘蔡保．数控铣床（加工中心）编程与操作［M］．北京：化学工业出版社，2020.

[25] 徐衡．跟我学 FANUC 数控系统手工编程［M］．北京：化学工业出版社，2013.

[26] FANUC 0i Mate-TB 操作编程说明书.

[27] FANUC 0i Mate-MB 操作编程说明书.